大学生必备数学公式口袋书

大学生数学手册

（第2版）

张天德
孙钦福
陈永刚
主编

山东科学技术出版社
·济南·

图书在版编目（CIP）数据

大学生数学手册 / 张天德，孙钦福，陈永刚主编. -- 2版. -- 济南：山东科学技术出版社，2023.8（2024.4 重印）

ISBN 978-7-5723-1748-4

Ⅰ. ①大…　Ⅱ. ①张…　②孙…　③陈…　Ⅲ. ①高等数学-高等学校-教学参考资料　Ⅳ. ①O13

中国国家版本馆CIP数据核字（2023）第147870号

大学生数学手册（第2版）
DAXUESHENG SHUXUE SHOUCE（DI 2 BAN）

责任编辑：段　琰
装帧设计：孙小杰

主管单位：山东出版传媒股份有限公司
出 版 者：山东科学技术出版社
地址：济南市市中区舜耕路517号
邮编：250003　　电话：（0531）82098088
网址：www.lkj.com.cn
电子邮件：sdkj@sdcbcm.com
发 行 者：山东科学技术出版社
地址：济南市市中区舜耕路517号
邮编：250003　　电话：（0531）82098067
印 刷 者：山东华立印务有限公司
地址：山东省济南市莱芜高新区钱塘江街 019 号
邮编：271100　　电话：（0531）76216033

规格：890 mm × 1240 mm　1/64
印张：7　　字数：281 千
版次：2023 年 8 月第 2 版　　印次：2024 年 4 月第 7 次印刷
定价：24.00 元

第二版前言

本书在第一版的基础上，根据我们多年教学实践及考研辅导经验，按照硕士研究生入学考试大纲，全面改版修定而成. 对于大学生来说，数学公式的记忆是一个难点. 本书将大学开设的高等数学、线性代数和概率论与数理统计三大板块中的定义、定理、公式等加以总结归纳，并加以点拨. 为方便同学们使用，编者在附录中增加了初等数学的常用公式、常用数表等内容. 本书做成口袋书形式，方便携带. 一册在手，大学数学尽在掌握之中.

编者

2023.8

第一版前言

大学数学是理工类专业的重要基础课，也是硕士研究生入学考试的必考科目。对于大学生来说，数学公式的记忆是一个难点。本书将大学开设的高等数学、线性代数和概率论与数理统计三大板块中的定义、定理、公式等加以总结归纳，必要时加以点拨。为方便读者使用，在附录中增加了初等数学的常用公式、常用数表等内容。为方便携带，本书做成袖珍本形式，一册在手，大学数学尽在掌握之中。

编者

2010.9

目录

预备篇　初等数学有关知识

第一篇 高等数学

第二篇　线性代数

第三篇 概率论与数理统计

第四篇　附　录

预备篇 初等数学有关知识

一 代数

1. 绝对值 $|a|=\begin{cases} a, & \text{当 } a>0 \text{ 时}, \\ 0, & \text{当 } a=0 \text{ 时}, \\ -a, & \text{当 } a<0 \text{ 时}. \end{cases}$

2. 指数

(1) $a^m \cdot a^n=a^{m+n}$；(2) $\dfrac{a^m}{a^n}=a^{m-n}$；(3) $(a^m)^n=a^{mn}$；(4) $(ab)^n=a^nb^n$；

(5) $a^{-n}=\dfrac{1}{a^n}(a\neq 0)$；(6) $a^{\frac{m}{n}}=\sqrt[n]{a^m}(a\geqslant 0)$.

3. 对数

设 $a>0, a\neq 1$，则

(1) $\log_a(xy)=\log_a x+\log_a y$；(2) $\log_a \dfrac{x}{y}=\log_a x-\log_a y$；(3) $\log_a x^b=b\log_a x$；

(4) $\log_a x=\dfrac{\log_m x}{\log_m a}$；(5) $a^{\log_a x}=x,\log_a 1=0,\log_a a=1$.

4. 排列组合

(1) $P_n^m=n(n-1)\cdots[n-(m-1)]=\dfrac{n!}{(n-m)!}$（约定 $0!\ =1$）；(2) $C_n^m=\dfrac{P_n^m}{m!}=\dfrac{n!}{m!\ (n-m)!}$；

(3) $C_n^m=C_n^{n-m}$；(4) $C_n^m+C_n^{m-1}=C_{n+1}^m$；(5) $C_n^0+C_n^1+C_n^2+\cdots+C_n^n=2^n$.

5. 二项式定理

$(a+b)^n=C_n^0a^n+C_n^1a^{n-1}b+C_n^2a^{n-2}b^2+\cdots+C_n^ka^{n-k}b^k+\cdots+C_n^{n-1}ab^{n-1}+C_n^nb^n$.

6. 因式分解

(1) $a^2-b^2=(a+b)(a-b)$；

(2) $a^3+b^3=(a+b)(a^2-ab+b^2)$；$a^3-b^3=(a-b)(a^2+ab+b^2)$；

(3) $a^n-b^n=(a-b)(a^{n-1}+a^{n-2}b+\cdots ab^{n-2}+b^{n-1})$.

7. 数列的和

(1) $a+aq+aq^2+\cdots+aq^{n-1}=\dfrac{a(1-q^n)}{1-q},|q|\neq1$；

(2) $a_1+(a_1+d)+(a_1+2d)+\cdots+[a_1+(n-1)d]=na_1+\dfrac{n(n-1)d}{2}$；

(3) $1+2+3+\cdots+n=\dfrac{n(n+1)}{2}$;

(4) $1^2+2^2+3^2+\cdots+n^2=\dfrac{1}{6}n(n+1)(2n+1)$;

(5) $1^3+2^3+3^3+\cdots+n^3=\left[\dfrac{n(n+1)}{2}\right]^2$.

二 三角恒等式

1. 平方关系 $\sin^2 x+\cos^2 x=1, \tan^2 x+1=\sec^2 x, \cot^2 x+1=\csc^2 x$.

2. 两角和与差的公式

$\sin(x\pm y)=\sin x\cos y\pm\cos x\sin y$,

$\cos(x\pm y)=\cos x\cos y\mp\sin x\sin y$,

$\tan(x\pm y)=\dfrac{\tan x\pm\tan y}{1\mp\tan x\tan y}$.

3. 和差化积公式

$\sin x+\sin y=2\sin\dfrac{x+y}{2}\cos\dfrac{x-y}{2}$,

$\sin x-\sin y=2\sin\dfrac{x-y}{2}\cos\dfrac{x+y}{2}$,

$$\cos x+\cos y=2\cos\frac{x+y}{2}\cos\frac{x-y}{2},$$

$$\cos x-\cos y=-2\sin\frac{x+y}{2}\sin\frac{x-y}{2}.$$

4. 积化和差公式

$$\sin x\cos y=\frac{1}{2}[\sin(x+y)+\sin(x-y)],$$

$$\cos x\sin y=\frac{1}{2}[\sin(x+y)-\sin(x-y)],$$

$$\cos x\cos y=\frac{1}{2}[\cos(x+y)+\cos(x-y)],$$

$$\sin x\sin y=-\frac{1}{2}[\cos(x+y)-\cos(x-y)].$$

5. 倍角公式与半角公式

$$\sin 2x=2\sin x\cos x=\frac{2\tan x}{1+\tan^2 x},$$

$$\cos 2x=\cos^2 x-\sin^2 x=2\cos^2 x-1=1-2\sin^2 x=\frac{1-\tan^2 x}{1+\tan^2 x},$$

$$\tan 2x=\frac{2\tan x}{1-\tan^2 x},\cot 2x=\frac{\cot^2 x-1}{2\cot x},$$

$$\sin^2\frac{x}{2}=\frac{1-\cos x}{2},\cos^2\frac{x}{2}=\frac{1+\cos x}{2},$$

$$\tan\frac{x}{2}=\frac{1-\cos x}{\sin x}=\frac{\sin x}{1+\cos x},$$

$$\sin 3x=3\sin x-4\sin^3 x,\sin^3 x=\frac{1}{4}(3\sin x-\sin 3x),$$

$$\cos 3x=4\cos^3 x-3\cos x,\cos^3 x=\frac{1}{4}(3\cos x+\cos 3x).$$

6. 万能公式

$$\sin x=\frac{2\tan\frac{x}{2}}{1+\tan^2\frac{x}{2}},\cos x=\frac{1-\tan^2\frac{x}{2}}{1+\tan^2\frac{x}{2}},\tan x=\frac{2\tan\frac{x}{2}}{1-\tan^2\frac{x}{2}}.$$

7. 正弦定理与余弦定理(图 0-1)

(1) 正弦定理

$$\frac{a}{\sin A}=\frac{b}{\sin B}=\frac{c}{\sin C}.$$

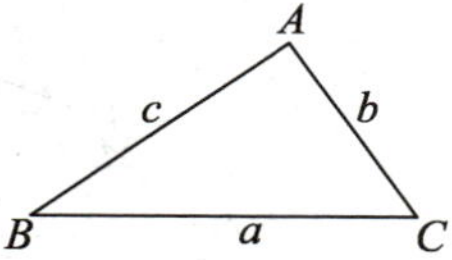

图 0-1

(2) 余弦定理

$$a^2=b^2+c^2-2bc\cos A,b^2=a^2+c^2-2ac\cos B,c^2=a^2+b^2-2ab\cos C.$$

三 平面解析几何的三个基本公式

1. 两点之间的距离公式 $P_1(x_1,y_1)$与$P_2(x_2,y_2)$之间的距离

$$d=\sqrt{(x_2-x_1)^2+(y_2-y_1)^2}.$$

2. 分线段为定比的分点公式 如图 0-2 所示，设$M_1(x_1,y_1)$，$M_2(x_2,y_2)$，且$\frac{M_1M}{MM_2}=\lambda$，则分点 M 的坐标为$x=\frac{x_1+\lambda x_2}{1+\lambda}(\lambda\neq-1)$，$y=\frac{y_1+\lambda y_2}{1+\lambda}(\lambda\neq-1)$.

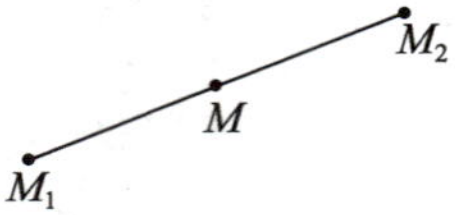

图 0-2

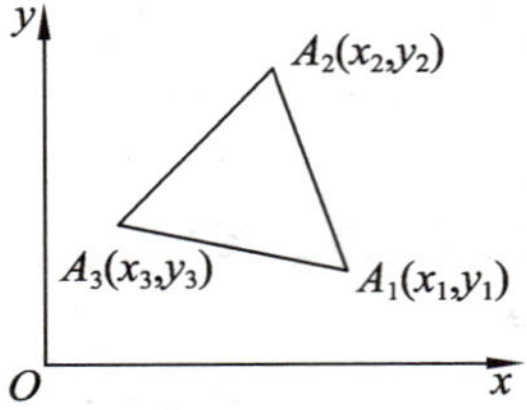

图 0-3

线段的中点坐标为$x=\frac{x_1+x_2}{2}$，$y=\frac{y_1+y_2}{2}$.

3. 三角形的面积公式 设$\triangle A_1A_2A_3$(图 0-3),则它的面积为

$$S=\frac{1}{2}\begin{vmatrix} x_1 & y_1 & 1 \\ x_2 & y_2 & 1 \\ x_3 & y_3 & 1 \end{vmatrix}\text{的绝对值.}$$

四 平面直线

1. 平面直线方程

(1) **斜截式** $y=kx+b$,k 为斜率,b 为纵截距.

(2) **截距式** $\frac{x}{a}+\frac{y}{b}=1$,$a$,$b$ 分别为横截距、纵截距($ab\neq0$).

(3) **点斜式** $y-y_0=k(x-x_0)$,k 为斜率,直线通过点(x_0,y_0).

(4) **两点式** $\frac{x-x_1}{x_2-x_1}=\frac{y-y_1}{y_2-y_1}$,直线过两点$(x_1,y_1)$,$(x_2,y_2)$,$x_1\neq x_2$,$y_1\neq y_2$.

(5) **一般式** $Ax+By+C=0$,A,B 是不同时为零的常数.

(6) **参数式** $\begin{cases} x=x_0+t\cos\alpha, \\ y=y_0+t\sin\alpha, \end{cases}$ t 为参变量(图 0-4).

(7) **极坐标式** $r=\frac{p}{\cos(\theta-\alpha)}$(图 0-5).

(8) **法线式**　$x\cos\beta+y\sin\beta-p=0$(图 0-6).

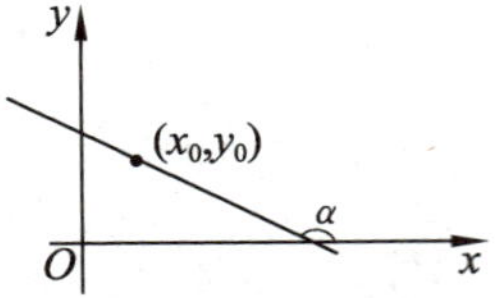

图 0-4

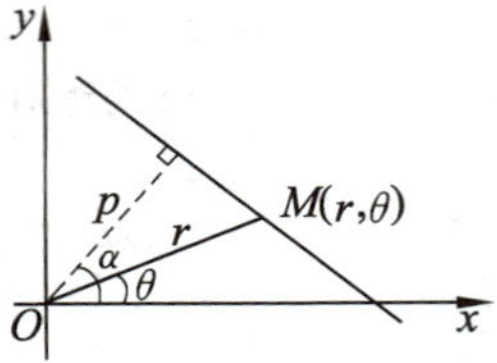

图 0-5

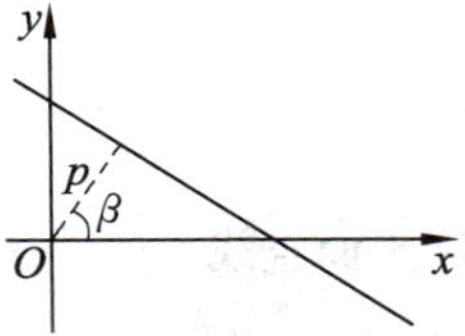

图 0-6

2. 点到直线的距离

$$d=\frac{|Ax_0+By_0+C|}{\sqrt{A^2+B^2}}\quad(\text{图 } 0\text{-}7).$$

3. 两条直线之间的夹角　如图 0-8 所示，设直线

$$L_1: A_1x+B_1y+C_1=0,\text{或 } y=k_1x+b_1,$$

$$L_2: A_2x+B_2y+C_2=0,\text{或 } y=k_2x+b_2,$$

则

$$\tan\theta=\frac{A_1B_2-A_2B_1}{A_1A_2+B_1B_2}=\frac{k_2-k_1}{1+k_1k_2},$$

其中 θ 是指由斜率为 k_1 的直线 L_1 以逆时针转第一次与 L_2 重合的角.

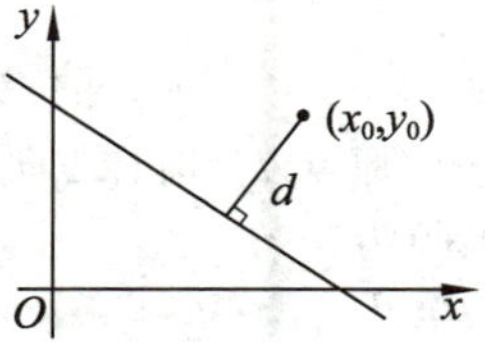

图 0-7

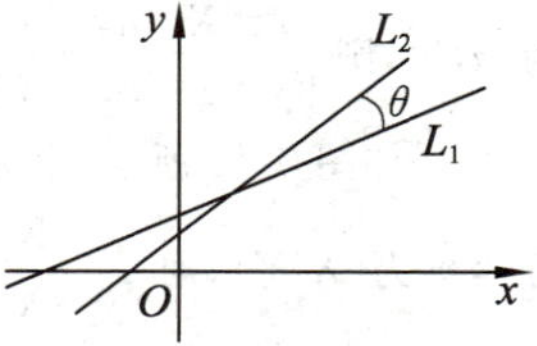

图 0-8

五 圆的方程

1. 圆心在原点，半径为 R 的圆的方程 $x^2+y^2=R^2$.
2. 圆心在点(x_0,y_0)，半径为 R 的圆的方程$(x-x_0)^2+(y-y_0)^2=R^2$.
3. 圆心在 x 轴上且与 y 轴相切的圆的方程

$$x^2+y^2=2Rx\text{(圆在 }y\text{ 轴右侧)};\ x^2+y^2=-2Rx\text{(圆在 }y\text{ 轴左侧)}.$$

4. 圆心在 y 轴上且与 x 轴相切的圆的方程

$$x^2+y^2=2Ry\text{(圆在 }x\text{ 轴上方)};\ x^2+y^2=-2Ry\text{(圆在 }x\text{ 轴下方)}.$$

六 坐标变换

1. **坐标平移公式** 如图 0-9 所示，设旧坐标为(x,y)，新坐标为(X,Y)，新坐标原点在旧坐标系中的坐标为(a,b)，则$\begin{cases}x=X+a,\\y=Y+b,\end{cases}$或$\begin{cases}X=x-a,\\Y=y-b.\end{cases}$

2. 坐标旋转公式　如图 0-10 所示，坐标系 xOy 绕原点以逆时针方向旋转 θ 角. 设点的旧坐标为(x,y)，新坐标为(X,Y)，则$\begin{cases}x=X\cos\theta-Y\sin\theta,\\y=X\sin\theta+Y\cos\theta.\end{cases}$

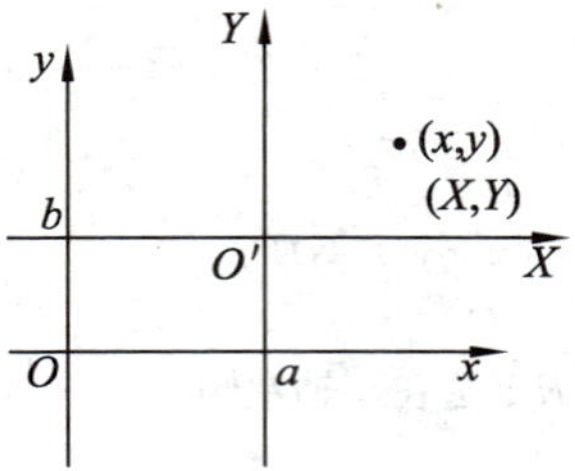

图 0-9

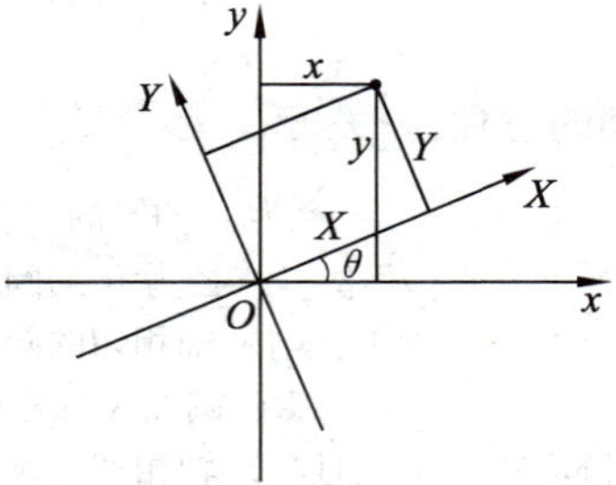

图 0-10

七 椭圆

1. 椭圆的定义　到两个定点的距离和为常数的动点的轨迹. 定点称为椭圆的焦点.

2. 椭圆的标准方程

$\frac{x^2}{a^2}+\frac{y^2}{b^2}=1$($a>b$,长轴在 x 轴上),焦点坐标为$(c,0)$,$(-c,0)$;

$\frac{x^2}{b^2}+\frac{y^2}{a^2}=1$($a>b$,长轴在 y 轴上),焦点坐标为$(0,c)$,$(0,-c)$;

其中 $a^2-b^2=c^2$.

3. 椭圆的参数方程 $\begin{cases} x=a\cos t, \\ y=a\sin t \end{cases}$($t$ 为参变量).

八 双曲线

1. 双曲线的定义 到两定点的距离之差为常数的动点的轨迹.定点称为双曲线的焦点.

2. 双曲线的标准方程

$$\frac{x^2}{a^2}-\frac{y^2}{b^2}=1\text{(实轴在 } x \text{ 轴上),焦点坐标为}(c,0),(-c,0);$$

$$-\frac{x^2}{a^2}+\frac{y^2}{b^2}=1\text{(实轴在 } y \text{ 轴上),焦点坐标为}(0,c),(0,-c);$$

其中 $a^2+b^2=c^2$.

3. 双曲线的渐近线方程 $\frac{x}{a}-\frac{y}{b}=0$ 及 $\frac{x}{a}+\frac{y}{b}=0$.

九 抛物线

1. 抛物线的定义 动点到定点与定直线的距离相等的动点的轨迹，定直线称为抛物线的准线，定点称为抛物线的焦点.

2. 抛物线的标准方程

$y^2=2px$，焦点坐标为$\left(\frac{p}{2},0\right)(p>0)$；$y^2=-2px$，焦点坐标为$\left(-\frac{p}{2},0\right)(p>0)$.

$x^2=2py$，焦点坐标为$\left(0,\frac{p}{2}\right)(p>0)$；$x^2=-2py$，焦点坐标为$\left(0,-\frac{p}{2}\right)(p>0)$.

十 常用曲线的极坐标方程及参数方程

1. 圆的方程

$r=R$（圆心在极点，半径为 R）；

$r=2R\cos\theta$（圆心在 x 轴上且与射线 $\theta=\frac{\pi}{2}$ 相切）；

$r=2R\sin\theta$（圆心在 y 轴上且与极轴相切）.

2. 双纽线方程及其图形（图 0-11）

在直角坐标系中：$(x^2+y^2)^2=2a^2(x^2-y^2)$；$(x^2+y^2)^2=4a^2xy$.

在极坐标系中：$r^2=2a^2\cos 2\theta$；$r^2=2a^2\sin 2\theta$.

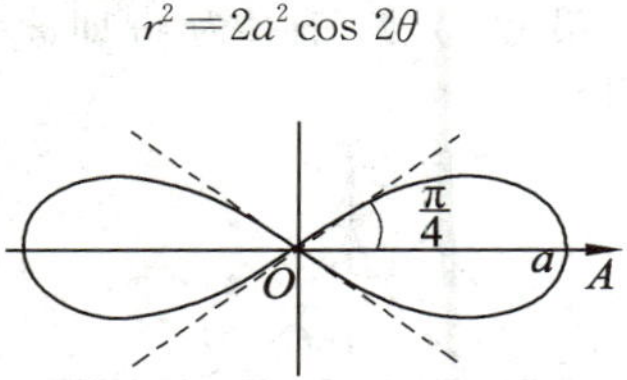

(a)图形关于极轴及 $\theta=\frac{\pi}{2}$ 对称

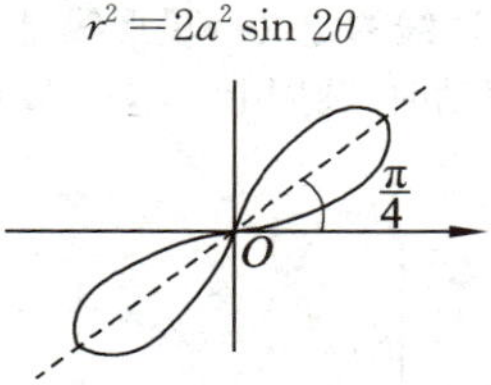

(b)图形关于 $\theta=\frac{\pi}{4}$ 和 $\theta=\frac{5\pi}{4}$ 对称

图 0-11

3. 摆线(或称普通旋轮线)方程及其图形

(1) **摆线的定义**　定圆上一点 M 在直线上作不滑动的滚动的轨迹(图 0-12)

(2) **摆线的参数方程**　$\begin{cases} x=a(t-\sin t), \\ y=a(1-\cos t) \end{cases}$(定点 M 开始时在坐标原点).

4. 星形线的方程及其图形

（1）**星形线的定义**　星形线是一圆周（直径为 a）沿另一定圆（直径为 $4a$ 即 $m=4$）的内部不滑动而滚动时，圆周上一定点 M 所构成的轨迹（图 0-13）.

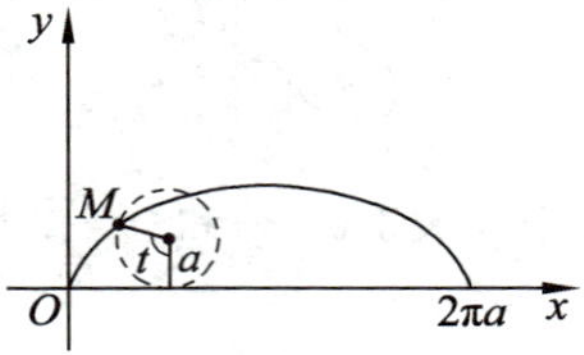

图 0-12

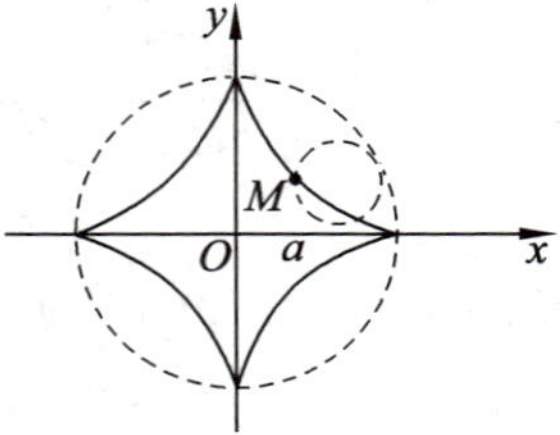

图 0-13

（2）**星形线的方程**　$x^{\frac{2}{3}}+y^{\frac{2}{3}}=a^{\frac{2}{3}}$ 或 $x=a\cos^3 t, y=a\sin^3 t$（定点 M 开始时在 x 轴上）.

5. 玫瑰线的方程及其图形

（1）**心形线**（图 0-14）

（2）**三叶玫瑰线**（图 0-15）

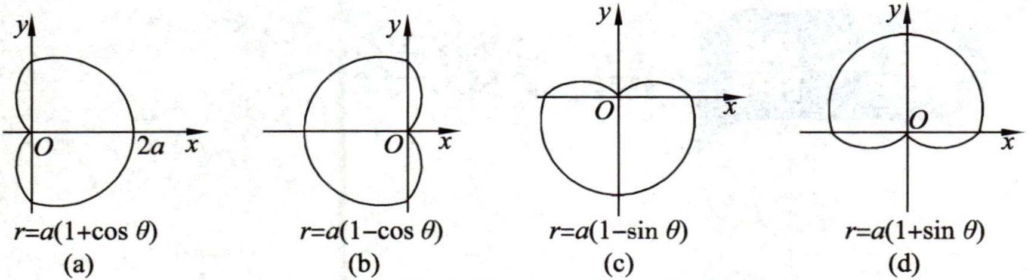
y
O
2a
x
r=a(1+cos θ)
(a)
y
O
x
r=a(1−cos θ)
(b)
y
O
x
r=a(1−sin θ)
(c)
y
O
x
r=a(1+sin θ)
(d)

图 0-14

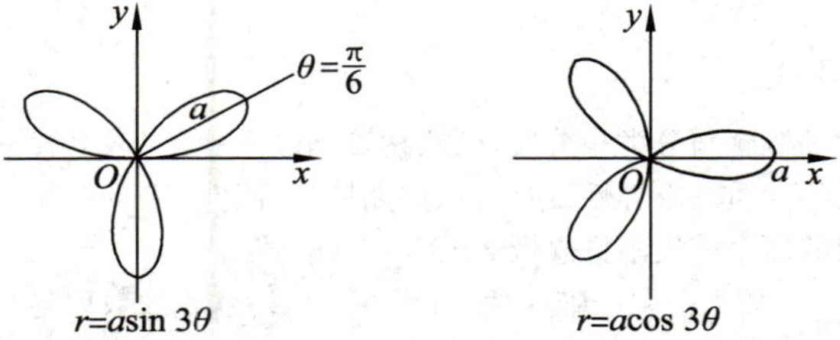
y
θ=π/6
a
O
x
r=asin 3θ
y
O
a
x
r=acos 3θ

图 0-15

第一篇 高等数学

第一章 函数 极限 连续

本章知识结构

- 函数极限与连续
  - 函数
    - 函数的概念与分类—分段函数、初等函数
    - 函数的性质—有界性、单调性、周期性、奇偶性
  - 极限
    - 极限的概念—极限概念及 $\varepsilon-N$,$\varepsilon-\delta$ 表述
    - 极限的性质
      - 数列极限的唯一性、有界性、保号性,收敛数列与其子数列间的关系
      - 函数极限的唯一性、局部有界性、局部保号性及函数极限与数列极限的关系

- 函数极限与连续
  - 极限
    - 极限的计算方法
      - 四则运算法则、幂指函数运算
      - 夹逼准则、单调有界原理
      - 洛必达法则(重点)、泰勒公式(第 2 章讲)
      - 两个重要极限、等价无穷小因子替换(乘除时可以替换，加减时不能替换)
    - 无穷小量
      - 无穷小量与无穷大量的定义及二者之间的关系
      - 无穷小量的性质及运算、无穷小量与极限的关系
      - 无穷小量阶的比较与确定(考研重点)
  - 连续
    - 连续的定义—初等函数、分段函数连续性的判定
    - 连续函数的性质—闭区间上连续函数的有界性与最大值最小值定理、零点定理与介值定理
    - 间断点的分类
      - 第一类间断点(包括可去、跳跃间断点)
      - 第二类间断点(特例:无穷、振荡间断点)

一 函数

1. 邻域　集合$\{x \mid |x-x_0|<\delta, \delta>0\}$在数轴上是一个以$x_0$为中心、长度为$2\delta$的开区间$(x_0-\delta, x_0+\delta)$，称之为点$x_0$的$\delta$邻域，记作$U(x_0,\delta)$，$x_0$称为邻域中心，$\delta$称为邻域半径，如图 1-1 所示.

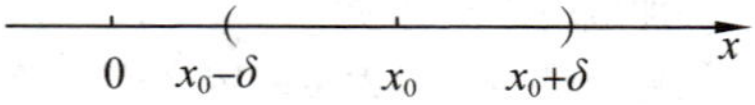

图 1-1

数集$\{x \mid 0<|x-x_0|<\delta, \delta>0\}$称为点$x_0$的去心$\delta$邻域，记作$\mathring{U}(x_0,\delta)$.

2. 函数　设D是一个给定的非空数集. 若对$\forall x\in D$，按照一定法则f，总有唯一确定的数值y与之对应，则称y是x的函数，记为

$$y=f(x).$$

数集D称为函数$f(x)$的定义域，x为自变量，y为因变量. 函数值的全体$W=\{y \mid y=f(x), x\in D\}$称为函数$f(x)$的值域.

3. 单值函数　如果自变量在定义域内任取一个数值时，对应的函数值总是只有一个，这种函数叫作单值函数，否则叫作多值函数.

4. 分段函数　在自变量的不同变化范围内，对应法则用不同数学式子来表示的函数称

为分段函数,常见的分段函数

(1) **绝对值函数** $y=|x|=\begin{cases}-x, x<0,\\ x, x\geqslant 0,\end{cases}$ 如图 1-2 所示.

(2) **符号函数** $\operatorname{sgn}x=\begin{cases}-1, x<0,\\ 0, x=0,\\ 1, x>0,\end{cases}$ 如图 1-3 所示.

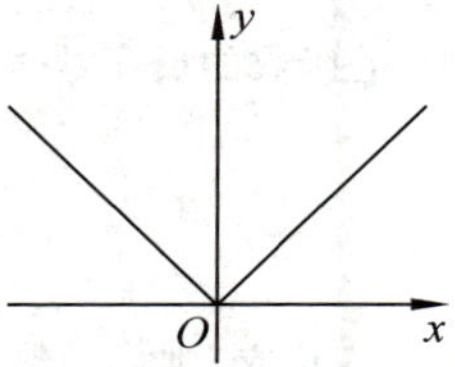

图 1-2

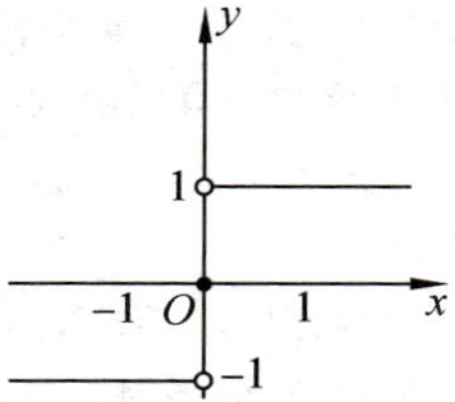

图 1-3

(3) **取整函数** 对任意实数 x,记$[x]$为不超过 x 的最大整数,称 $y=[x]$为取整函数,对于取整函数有 $x-1<[x]\leqslant x$.

例如,$[\sqrt{3}]=1$,$[-3.2]=-4$,$[3.2]=3$,$[2]=2$.

(4) **狄利克雷函数** $D(x)=\begin{cases}1, x\in\mathbf{Q},\\0, x\in\mathbf{Q}^C.\end{cases}$

5. 反函数 设函数 $y=f(x)$，$x\in D$，$y\in W$（D 是定义域，W 是值域）. 若对于任意一个 $y\in W$，D 中都有唯一确定的 x 与之对应，这时 x 是以 W 为定义域的 y 的函数，称它为 $y=f(x)$ 的反函数，记作 $x=f^{-1}(y)$，$y\in W$. 习惯上用 x 表示自变量，y 表示因变量. 因此也可以说 $y=f^{-1}(x)$，$x\in W$ 是 $y=f(x)$ 的反函数，原来的函数 $y=f(x)$ 称为直接函数. 这时直接函数与反函数的图形关于直线 $y=x$ 对称.

定理 1.1 单调函数必有反函数，且单调增加（减少）的函数的反函数也是单调增加（减少）的.

6. 函数的性质

(1) **有界性** 设函数 $y=f(x)$，其定义域为 D，

① 如果存在常数 A，使得对任意 $x\in D$，均有 $f(x)\geqslant A$ 成立，则称函数 $f(x)$ 在 D 上有下界；

② 如果存在常数 B，使得对任意 $x\in D$，均有 $f(x)\leqslant B$ 成立，则称函数 $f(x)$ 在 D 上有上界；

③ 如果存在常数 $M>0$，使得对任意 $x\in D$，均有 $|f(x)|\leqslant M$ 成立，则称函数 $f(x)$ 在 D

上是有界的;否则称函数 $f(x)$ 在 D 上是无界的. 即:有界函数 $y=f(x)$ 的图像夹在 $y=-M$ 和 $y=M$ 两条直线之间,函数 $y=f(x)$ 在其定义域 D 上有界的充分必要条件是它在定义域 D 上既有上界又有下界.

(2) **单调性** 如果函数 $y=f(x)$ 对区间 $I\subset D$ 内的任意两点 x_1 和 x_2,当 $x_1<x_2$ 时,有 $f(x_1)<f(x_2)$,则称此函数在区间 I 内是严格单调增加的(或称严格单调递增),当 $x_1<x_2$ 时,有 $f(x_1)>f(x_2)$,则称此函数在区间 I 内是严格单调减少的(或称严格单调递减).

严格单调增加和严格单调减少的函数统称为严格单调函数. 一般情况下,若不单独说明,单调增加(减少)即为严格单调增加(减少).

例如,$f(x)=x^3$ 在 $(-\infty,+\infty)$ 上单调增加,$f(x)=a^x\ (0<a<1)$ 在 $(-\infty,+\infty)$ 上单调减少,而 $f(x)=x^2$ 在 $(-\infty,0)$ 上单调减少,在 $[0,+\infty)$ 上单调增加.

(3) **奇偶性** 设函数 $y=f(x)$ 的定义域 D 关于原点对称,如果对于任意 $x\in D$,

① 若 $f(-x)=f(x)$ 恒成立,则称函数 $f(x)$ 为偶函数;

② 若 $f(-x)=-f(x)$ 恒成立,则称函数 $f(x)$ 为奇函数.

如果函数 $f(x)$ 既不是奇函数也不是偶函数,称为非奇非偶函数.

偶函数的图像关于 y 轴对称,奇函数的图像关于原点对称.

(4) **周期性** 设函数 $y=f(x)$,$x\in D$,如果存在常数 $T\neq 0$,对任意 $x\in D$,有 $x\pm T\in D$,且

$f(x\pm T)=f(x)$恒成立，则称函数 $y=f(x)$为周期函数，T 称为 $f(x)$的一个周期，通常所说函数的周期是指其最小正周期.

例如，函数 $y=\sin x$ 和 $y=\cos x$ 都是以 $T=2\pi$ 为周期的周期函数；函数 $y=\tan x$ 是以 $T=\pi$ 为周期的周期函数. 注意，并非任意周期函数都有最小正周期. 例如，任何正有理数 r 都是狄利克雷函数的周期，所以它没有最小正周期.

7. 复合函数 设函数 $y=f(u)$的定义域为 D_f，而函数 $u=\varphi(x)$的值域为 R_φ，若 $D_f\cap R_\varphi\neq\varnothing$，则称函数 $y=f[\varphi(x)]$为 x 的复合函数. 其中 x 为自变量，u 为中间变量，y 为因变量.

例 设 $f(x)=\begin{cases}1, & |x|\leqslant 1,\\ 0, & |x|>1,\end{cases}$ 则 $f\{f[f(x)]\}$为(　　).

A. 0　　B. 1　　C. $\begin{cases}1, & |x|\leqslant 1,\\ 0, & |x|>1\end{cases}$　　D. $\begin{cases}0, & |x|\leqslant 1,\\ 1, & |x|>1\end{cases}$

解 显然对 $\forall x\in R$，$|f(x)|\leqslant 1$，故 $f[f(x)]=1$，于是 $f\{f[f(x)]\}=1$，故应选 B.

8. 初等函数

(1) **基本初等函数** 幂函数、指数函数、对数函数、三角函数、反三角函数统称为基本初等函数，它们的图像和性质见表 1.1.

表 1.1

序号	函数	图像	性质
1	幂函数 $y=x^a, a\in R$	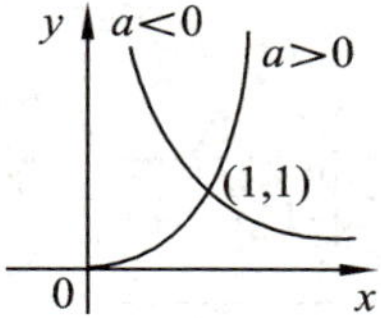	在第一象限，$a>0$ 时函数单调增加；$a<0$ 时函数单调减少．过点(1，1)，无界
2	指数函数 $y=a^x$ ($a>0$ 且 $a\neq 1$)	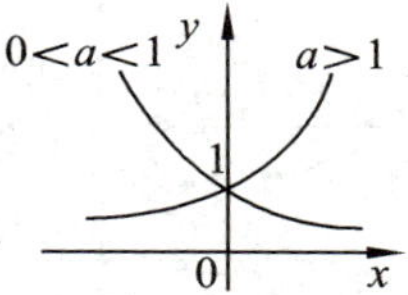	$a>1$ 时函数单调增加；$0<a<1$ 时函数单调减少．过点(0，1)，无界
3	对数函数 $y=\log_a x$ ($a>0$ 且 $a\neq 1$)	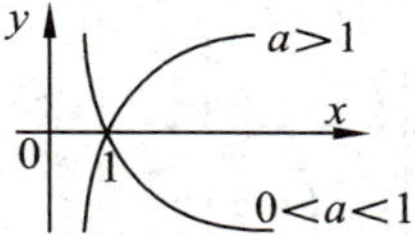	$a<1$ 时函数单调增加；$0<a<1$ 时函数单调减少．过点(1，0)，无界

（续表）

序号		函数	图像	性质
4	三角函数	正弦函数 $y=\sin x$	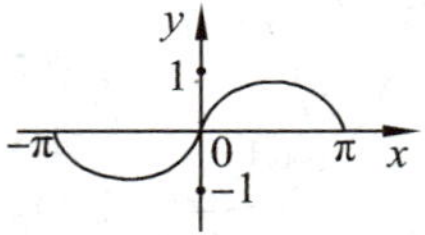	奇函数，周期 $T=2\pi$，$\|\sin x\|\leqslant 1$，有界
		余弦函数 $y=\cos x$	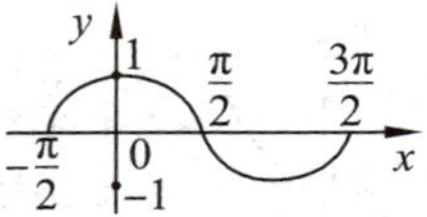	偶函数，周期 $T=2\pi$，$\|\cos x\|\leqslant 1$，有界
		正切函数 $y=\tan x$	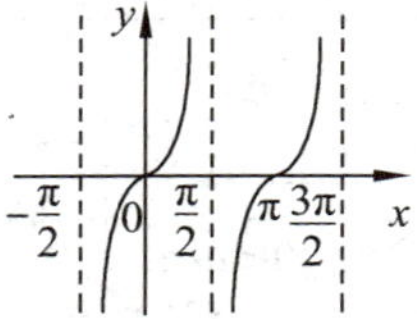	奇函数，周期 $T=\pi$，无界

（续表）

序号		函数	图像	性质
4	三角函数	余切函数 $y=\cot x$	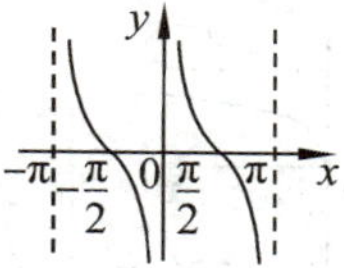	奇函数，周期 $T=\pi$，无界
5	反三角函数	反正弦函数 $y=\arcsin x$	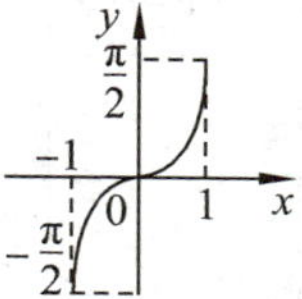	$x\in[-1,1]$，$y\in\left[-\frac{\pi}{2},\frac{\pi}{2}\right]$，奇函数，单调增加，有界
		反余弦函数 $y=\arccos x$	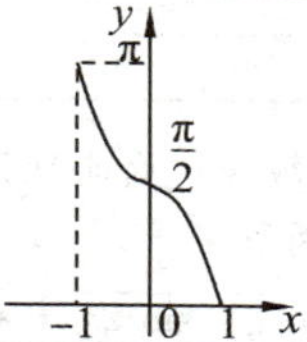	$x\in[-1,1]$，$y\in[0,\pi]$，单调减少，有界

（续表）

序号		函数	图像	性质
5	反三角函数	反正切函数 $y=\arctan x$	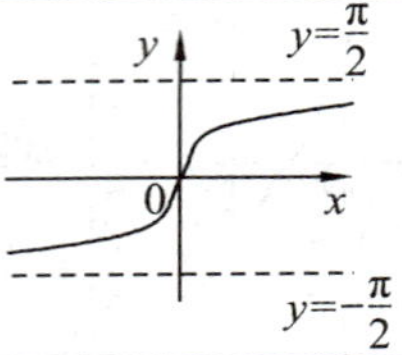	$x\in(-\infty,+\infty)$，$y\in\left(-\dfrac{\pi}{2},\dfrac{\pi}{2}\right)$，奇函数，单调增加，有界
		反余切函数 $y=\operatorname{arccot} x$	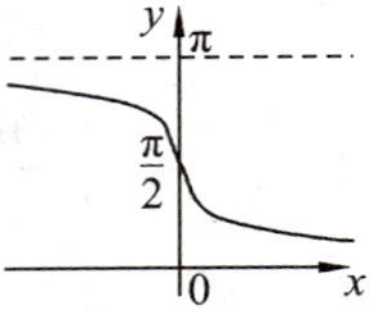	$x\in(-\infty,+\infty)$，$y\in(0,\pi)$，单调减少，有界

(2) **初等函数**　由常数和基本初等函数经过有限次四则运算及有限次复合运算所构成的并能用一个式子表示的函数，称为初等函数.

例如，函数 $f(x)=2^{\sqrt{x}}\ln(2x+5)$，$g(x)=\sqrt{\sin 2x}+\mathrm{e}^{\arctan 3x}$ 等均为初等函数. 分段函数大

多不是初等函数,但绝对值函数 $f(x)=|x|$ 可以表示为 $f(x)=\sqrt{x^2}$,从而为初等函数.

9. 双曲函数与反双曲函数

(1) **双曲函数**(图 1-4)

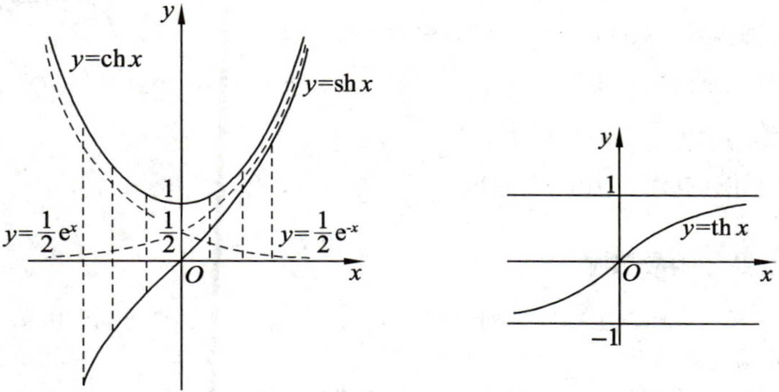

图 1-4

① 双曲正弦:$\operatorname{sh} x=\dfrac{e^x-e^{-x}}{2}$;② 双曲余弦:$\operatorname{ch} x=\dfrac{e^x+e^{-x}}{2}$;③ 双曲正切:$\operatorname{th} x=\dfrac{e^x-e^{-x}}{e^x+e^{-x}}$.

双曲函数常用公式

$$\mathrm{sh}(x\pm y)=\mathrm{sh}\,x\,\mathrm{ch}\,y\pm\mathrm{ch}\,x\,\mathrm{sh}\,y,\ \mathrm{sh}\,2x=2\mathrm{sh}\,x\,\mathrm{ch}\,x,$$

$$\mathrm{ch}(x\pm y)=\mathrm{ch}\,x\,\mathrm{ch}\,y\pm\mathrm{sh}\,x\,\mathrm{sh}\,y,\ \mathrm{ch}\,2x=\mathrm{ch}^2x+\mathrm{sh}^2x,\ \mathrm{th}(x\pm y)=\frac{\mathrm{th}\,x\pm\mathrm{th}\,y}{1\pm\mathrm{th}\,x\,\mathrm{th}\,y}.$$

(2) **反双曲函数** 双曲函数的反函数称为反双曲函数.

① 反双曲正弦函数 $\mathrm{arsh}\,x=\ln(x+\sqrt{x^2+1}),x\in(-\infty,+\infty)$;

② 反双曲余弦函数 $\mathrm{arch}\,x=\ln(x+\sqrt{x^2-1}),x\in[1,+\infty)$;

③ 反双曲正切函数 $\mathrm{arth}\,x=\frac{1}{2}\ln\frac{1+x}{1-x},x\in(-1,1)$.

二 数列极限与函数极限

1. 数列定义 按照一定顺序排列的数 $x_1,x_2,\cdots,x_n,\cdots$ 称为数列,记为$\{x_n\}$,其中 x_n 称为数列的第 n 项或通项.

2. 数列的有界性定义 对数列$\{x_n\}$,若存在常数 $M>0$,对 $\forall n\in\mathbf{N}^+$,有$|x_n|\leqslant M$ 成立,则称数列$\{x_n\}$有界;否则,称数列$\{x_n\}$无界.

3. 数列的极限定义 设$\{x_n\}$为一数列,a 是常数,如果对 $\forall\varepsilon>0$,$\exists N\in\mathbf{N}^+$,使当 $n>N$ 时,有$|x_n-a|<\varepsilon$,则称 a 为数列$\{x_n\}$的极限(或称数列$\{x_n\}$收敛于 a),记作

$$\lim_{n\to\infty} x_n = a \text{ 或 } x_n \to a\ (n\to\infty).$$

如果数列$\{x_n\}$没有极限，就说数列$\{x_n\}$发散.

4. 单调数列

(1) 若数列$\{x_n\}$满足 $x_1 \leqslant x_2 \leqslant \cdots \leqslant x_n \leqslant \cdots$，则称数列$\{x_n\}$为单调增加数列；

(2) 若数列$\{x_n\}$满足 $x_1 \geqslant x_2 \geqslant \cdots \geqslant x_n \geqslant \cdots$，则称数列$\{x_n\}$为单调减少数列.

单调增加数列和单调减少数列统称为单调数列.

5. 数列极限的性质

(1) **唯一性** 收敛数列的极限是唯一的，即若数列$\{x_n\}$收敛，且$\lim_{n\to\infty} x_n = a$和$\lim_{n\to\infty} x_n = b$，则$a=b$.

(2) **有界性** 收敛数列是有界的，即若数列$\{x_n\}$收敛，则存在常数 $M>0$，对 $\forall n \in \mathbf{N}^+$，有$|x_n| \leqslant M$.

注 ① 有界是数列收敛的必要条件，例如，数列$\{(-1)^n\}$有界但不收敛；
② 无界数列必定发散.

(3) **保序性** 若$\lim_{n\to\infty} x_n = a$，$\lim_{n\to\infty} y_n = b$，且 $a>b$，则 $\exists N \in \mathbf{N}^+$，当 $n>N$ 时，有 $x_n > y_n$.

注 ① 若$\lim\limits_{n\to\infty}x_n=a$且$\exists N\in\mathbf{N}^+$，当$n>N$时，有$x_n\geqslant 0$(或$x_n\leqslant 0$)，则$a\geqslant 0$(或$a\leqslant 0$)；

② (保号性)若$\lim\limits_{n\to\infty}x_n=a$且$a>0$(或$a<0$)，则$\exists N\in\mathbf{N}^+$，当$n>N$时，有$x_n>0$(或$x_n<0$).

例 设有数列$\{x_n\}$，其中$\{x_n\}$满足$-\frac{\pi}{2}\leqslant x_n\leqslant\frac{\pi}{2}$，则(　　).

A. 若$\lim\limits_{n\to\infty}\cos(\sin x_n)$存在，则$\lim\limits_{n\to\infty}x_n$存在

B. 若$\lim\limits_{n\to\infty}\sin(\cos x_n)$存在，则$\lim\limits_{n\to\infty}x_n$存在

C. 若$\lim\limits_{n\to\infty}\cos(\sin x_n)$存在，则$\lim\limits_{n\to\infty}\sin x_n$存在，但$\lim\limits_{n\to\infty}x_n$不一定存在

D. 若$\lim\limits_{n\to\infty}\sin(\cos x_n)$存在，则$\lim\limits_{n\to\infty}\cos x_n$存在，但$\lim\limits_{n\to\infty}x_n$不一定存在

解 取$x_n=(-1)^n$，则可以直接判定(A)，(B)，(C)不正确. 对于选项(D)，由题意$\lim\limits_{n\to\infty}\sin(\cos x_n)$存在，设$\lim\limits_{n\to\infty}\sin(\cos x_n)=A$，由于函数$y=\sin x$在区间$\left[-\frac{\pi}{2},\frac{\pi}{2}\right]$单调增加，所以有$\lim\limits_{n\to\infty}\cos x_n=\arcsin A$，但是如果取$x_n=(-1)^n$，可发现$\lim\limits_{n\to\infty}x_n$不一定存在. 应选(D).

6. 数列极限存在准则

(1) **数列极限的夹逼准则** 如果数列$\{x_n\}$，$\{y_n\}$，$\{z_n\}$满足条件$y_n\leqslant x_n\leqslant z_n$，$n=1,2,\cdots$，

且$\lim\limits_{n\to\infty}y_n=\lim\limits_{n\to\infty}z_n=a$，则数列$\{x_n\}$的极限存在，且$\lim\limits_{n\to\infty}x_n=a$.

(2) **单调有界准则** 单调有界数列必有极限.

7. 数列极限的四则运算法则

如果$\lim\limits_{n\to\infty}x_n=a$，$\lim\limits_{n\to\infty}y_n=b$，则

(1) $\lim\limits_{n\to\infty}(x_n\pm y_n)=a\pm b$；(2) $\lim\limits_{n\to\infty}x_ny_n=ab$；(3) 若$b\neq0$，则$\lim\limits_{n\to\infty}\dfrac{x_n}{y_n}=\dfrac{a}{b}$.

8. 子数列

在数列$\{x_n\}$中任意抽取无限多项，保持这些项在原数列中的先后次序不变，这样得到的新数列称为数列$\{x_n\}$的子数列，简称子列.

定理（收敛数列与子数列的关系） 若数列$\{x_n\}$收敛于a，则$\{x_n\}$的任一子数列也收敛于a.

注 该定理的逆否命题常用来证明数列$\{x_n\}$发散，常见情形如下：

① 若数列$\{x_n\}$有两个子数列分别收敛于不同的数，则数列$\{x_n\}$发散；

② 若数列$\{x_n\}$有一个发散的子数列，则数列$\{x_n\}$发散.

9. $x\to\infty$时函数的极限

设函数$f(x)$在$|x|>a>0$时有定义，如果存在常数A，对于$\forall\varepsilon>0$（不论ε有多小），

$\exists X>0$，当$|x|>X$时，有$|f(x)-A|<\varepsilon$，则称A为$x\to\infty$时函数$f(x)$的极限，记作

$$\lim_{x\to\infty}f(x)=A \text{ 或 } f(x)\to A(x\to\infty).$$

几何意义　如图1-5所示，对于$\forall\varepsilon>0$，作直线$y=A+\varepsilon$与$y=A-\varepsilon$，总能找到一个$X>0$，当$|x|>X$时，函数$y=f(x)$的图形全部落在直线$y=A+\varepsilon$与$y=A-\varepsilon$之间.

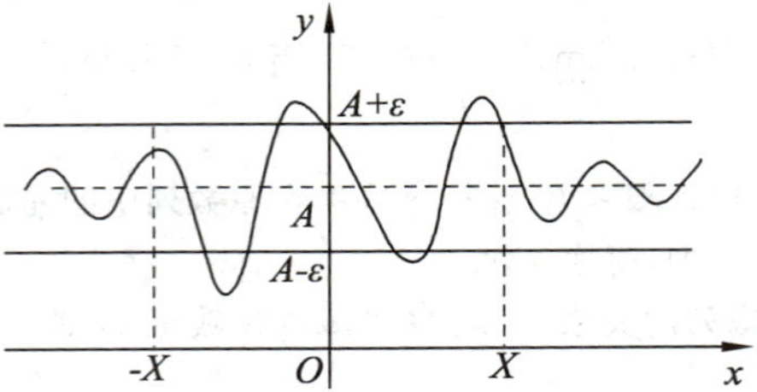

图1-5

(1) $\lim\limits_{x\to+\infty}f(x)=A$的情形

设函数$f(x)$在$x>a>0$时有定义，如果存在常数A，对$\forall\varepsilon>0$（不论ε有多小），$\exists X>a$，当$x>X$时，有$|f(x)-A|<\varepsilon$，则称A为$x\to+\infty$时函数$f(x)$的极限，记作

$$\lim_{x\to+\infty}f(x)=A \text{ 或 } f(x)\to A(x\to+\infty).$$

(2) $\lim\limits_{x\to-\infty} f(x)=A$ 的情形

设函数 $f(x)$ 在 $x<a<0$ 时有定义，如果存在常数 A，对 $\forall\varepsilon>0$（不论 ε 有多小），$\exists X>-a$，当 $x<-X<a$ 时，有 $|f(x)-A|<\varepsilon$，则称常数 A 为 $x\to-\infty$ 时函数 $f(x)$ 的极限，记作

$$\lim_{x\to-\infty} f(x)=A \text{ 或 } f(x)\to A(x\to-\infty).$$

定理 极限 $\lim\limits_{x\to\infty} f(x)$ 存在的充分必要条件是 $\lim\limits_{x\to+\infty} f(x)$ 与 $\lim\limits_{x\to-\infty} f(x)$ 都存在且相等，即

$$\lim_{x\to\infty} f(x)=A \Leftrightarrow \lim_{x\to+\infty} f(x)=A=\lim_{x\to-\infty} f(x).$$

10. $x\to x_0$ 时函数的极限

设函数 $f(x)$ 在点 x_0 的某一去心邻域内有定义，如果存在常数 A，对 $\forall\varepsilon>0$（不论 ε 有多小），$\exists\delta>0$，当 $0<|x-x_0|<\delta$ 时，有 $|f(x)-A|<\varepsilon$，则称 A 为当 $x\to x_0$ 时函数 $f(x)$ 的极限，记作

$$\lim_{x\to x_0} f(x)=A \text{ 或 } f(x)\to A(x\to x_0).$$

几何意义 如图 1-6 所示，对 $\forall\varepsilon>0$，作直线 $y=A+\varepsilon$ 与 $y=A-\varepsilon$，总能找到点 x_0 的一个去心 δ 邻域 $\mathring{U}(x_0,\delta)$，当 $x\in\mathring{U}(x_0,\delta)$ 时，函数 $y=f(x)$ 的图形全部落在直线 $y=A+\varepsilon$ 与 $y=A-\varepsilon$ 之间.

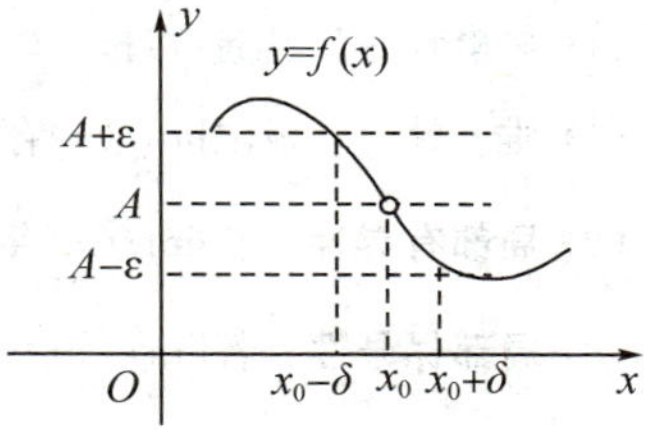

图 1-6

左极限 设函数 $f(x)$ 在点 x_0 的左邻域 $(x_0-\delta_1,x_0)$ 内有定义，如果存在常数 A，对 $\forall\varepsilon>0$（不论 ε 有多小），$\exists\delta(0<\delta<\delta_1)$，当 $x_0-\delta<x<x_0$ 时，有 $|f(x)-A|<\varepsilon$，则 $\lim\limits_{x\to x_0^-}f(x)=A$，记作 $f(x_0-0)=A$.

右极限 设函数 $f(x)$ 在点 x_0 的右邻域 $(x_0,x_0+\delta_2)$ 内有定义，如果存在常数 A，对 $\forall\varepsilon>0$（不论 ε 有多小），$\exists\delta(0<\delta<\delta_2)$，当 $x_0<x<x_0+\delta$ 时，有 $|f(x)-A|<\varepsilon$，则 $\lim\limits_{x\to x_0^+}f(x)=A$，记作 $f(x_0+0)=A$.

定理 极限 $\lim\limits_{x\to x_0}f(x)=A$ 的充分必要条件是左极限 $\lim\limits_{x\to x_0^-}f(x)$ 与右极限 $\lim\limits_{x\to x_0^+}f(x)$ 都存在且等于 A，即

$$\lim_{x\to x_0}f(x)=A\Leftrightarrow\lim_{x\to x_0^-}f(x)=\lim_{x\to x_0^+}f(x)=A.$$

11. 函数极限的性质（以 $\lim\limits_{x\to x_0}f(x)$ 为例）

(1) **唯一性** 若极限 $\lim\limits_{x\to x_0}f(x)$ 存在，则极限是唯一的.

(2) **局部有界性** 若 $\lim\limits_{x\to x_0}f(x)$ 存在，则 $f(x)$ 在 x_0 的某去心邻域 $\mathring{U}(x_0)$ 内有界.

(3) **局部保号性** 若 $\lim\limits_{x\to x_0}f(x)=A$，且 $A>0$（或 $A<0$），则存在 x_0 的某去心邻域 $\mathring{U}(x_0)$，使在 $\mathring{U}(x_0)$ 内，有 $f(x)>0$[或 $f(x)<0$].

(4) **局部保序性** 设$\lim\limits_{x\to x_0}f(x)$与$\lim\limits_{x\to x_0}g(x)$都存在，且$\lim\limits_{x\to x_0}f(x)<\lim\limits_{x\to x_0}g(x)$，则存在 x_0 的某去心邻域$\mathring{U}(x_0)$，使在$\mathring{U}(x_0)$内有 $f(x)<g(x)$.

推论 若$\lim\limits_{x\to x_0}f(x)=A$，且 $A\neq 0$，则存在 x_0 的某去心邻域 $\mathring{U}(x_0)$，使在 $\mathring{U}(x_0)$内，有 $|f(x)|>\dfrac{|A|}{2}$.

(5) **海涅定理** 设函数 $f(x)$在点 x_0 的某去心邻域内有定义，则$\lim\limits_{x\to x_0}f(x)=A$ 的充要条件是对任何收敛于 x_0 的数列$\{x_n\}\subset\mathring{U}(x_0)(n\in\mathbf{N}^+)$，都有$\lim\limits_{n\to\infty}f(x_n)=A$.

12. 函数极限的四则运算法则

定理 如果 $\lim f(x)=A$，$\lim g(x)=B$，则

(1) $\lim[f(x)\pm g(x)]=A\pm B$；

(2) $\lim f(x)g(x)=AB$；

(3) 若 $B\neq 0$，则 $\lim\dfrac{f(x)}{g(x)}=\dfrac{A}{B}$.

推论 设 $\lim f(x)=A$，则

(1) 若 c 是常数，则 $\lim cf(x)=c\lim f(x)$.

(2) 若 m 为正整数，则 $\lim[f(x)]^m=A^m$.

13. 复合函数的极限 设$\lim\limits_{u\to u_0}f(u)=A$，$\lim\limits_{x\to x_0}\varphi(x)=u_0$，且在点 x_0 的某去心邻域内 $\varphi(x)\neq u_0$，则$\lim\limits_{x\to x_0}f[\varphi(x)]=\lim\limits_{u\to u_0}f(u)=A$.

14. 函数极限的夹逼准则 设函数 $f(x)$，$g(x)$，$h(x)$在 x_0 的去心邻域 $\mathring{U}(x_0,\delta)$（或$|x|>M$）内有定义，且满足条件

(1) 当 $x\in\mathring{U}(x_0,\delta)$（或$|x|>M$）时，有 $g(x)\leqslant f(x)\leqslant h(x)$成立，

(2) $\lim\limits_{\substack{x\to x_0\\(x\to\infty)}}g(x)=\lim\limits_{\substack{x\to x_0\\(x\to\infty)}}h(x)=a$，

则 $\lim\limits_{\substack{x\to x_0\\(x\to\infty)}}f(x)$存在，且 $\lim\limits_{\substack{x\to x_0\\(x\to\infty)}}f(x)=a$.

15. 两个重要极限

(1) $\lim\limits_{x\to 0}\dfrac{\sin x}{x}=1$.

注 该极限具有以下特点：① 是"$\dfrac{0}{0}$"型的极限；② 也可写成 $\lim\limits_{f(x)\to 0}\dfrac{\sin f(x)}{f(x)}=1$.

(2) $\lim\limits_{x\to\infty}\left(1+\dfrac{1}{x}\right)^x=\mathrm{e}$ 或$\lim\limits_{x\to 0}(1+x)^{\frac{1}{x}}=\mathrm{e}$ （$\mathrm{e}=2.71828\cdots\cdots$）.

注 该极限的特点:① 是 1^∞ 型的极限;② 括号中1后面的变量(包括符号)与指数幂互为倒数.

16. 无穷小量与无穷大量

(1) **无穷小量** 极限为0的量称为该极限过程的无穷小量,具体来说就是

① 如果 $\lim\limits_{n\to\infty}x_n=0$,则称数列 $\{x_n\}$ 为无穷小量;

② 如果 $\lim\limits_{x\to x_0}f(x)=0$,则称函数 $f(x)$ 为当 $x\to x_0$ 时的无穷小量.

在定义② 中,可将 $x\to x_0$ 换成 $x\to+\infty$,$x\to-\infty$,$x\to\infty$,$x\to x_0^+$,$x\to x_0^-$,从而可定义不同变化过程中的无穷小量. 例如,当 $x\to 0$ 时,函数 x^2,$\sin x$,$\tan x$ 均为无穷小量;当 $x\to\infty$时,函数 $\frac{1}{x^2}$,$\frac{1}{1+x^2}$ 均为无穷小量;当 $x\to-\infty$时,函数 2^x 为无穷小量;数列 $\left\{\frac{(-1)^n}{n}\right\}$,$\left\{\frac{1}{2^n}\right\}$ 均为无穷小量.

(2) **无穷大量**

① 若对 $\forall M>0$(无论 M 多么大),$\exists\delta>0$,当 $0<|x-x_0|<\delta$ 时,有 $|f(x)|>M$,则称当 $x\to x_0$ 时,函数 $f(x)$ 为无穷大量,记作 $\lim\limits_{x\to x_0}f(x)=\infty$.

② 若对 $\forall M>0$(无论 M 多么大),$\exists N\in\mathbf{N}^+$,当 $n>N$ 时,有 $|x_n|>M$,则称数列 $\{x_n\}$ 为无穷大量,记作 $\lim\limits_{n\to\infty}x_n=\infty$.

（3）**无穷小量与无穷大量的关系** 设函数 $f(x)$在点 x_0 的某去心邻域内有定义，当 $x\to x_0$ 时，

① 若 $f(x)$是无穷大量，则$\dfrac{1}{f(x)}$是无穷小量；

② 若 $f(x)$是无穷小量，且 $f(x)\neq 0$，则$\dfrac{1}{f(x)}$是无穷大量.

（4）**函数极限与无穷小量的关系** $\lim\limits_{x\to x_0}f(x)=A$ 的充分必要条件是 $f(x)=A+\alpha(x)$，其中$\alpha(x)$是当 $x\to x_0$ 时的无穷小量，即$\lim\limits_{x\to x_0}\alpha(x)=0$.

（5）**无穷小量的性质**

① 有限个无穷小量的代数和是无穷小量；

② 有限个无穷小量的乘积是无穷小量；

③ 有界变量与无穷小量的乘积是无穷小量；

④ 常数与无穷小量的乘积是无穷小量.

（6）**无穷小量阶的比较** 设 α,β 是自变量在同一变化过程中的两个无穷小量，且 $\alpha\neq 0$，而 $\lim \dfrac{\beta}{\alpha}$ 也是在这个变化过程中的极限.

① 如果 $\lim \dfrac{\beta}{\alpha}=0$，则称 β 是比 α 高阶的无穷小量，记作 $\beta=o(\alpha)$.

② 如果 $\lim \dfrac{\beta}{\alpha}=\infty$，则称 β 是比 α 低阶的无穷小量.

③ 如果 $\lim \frac{\beta}{\alpha}=c(c\neq 0)$，则称 β 与 α 是同阶无穷小量.

特别地，当 $c=1$，即 $\lim \frac{\beta}{\alpha}=1$ 时，称 β 与 α 是等价无穷小量，记作 $\beta\sim\alpha$.

等价无穷小量具有自反性和传递性.

④ 如果 $\lim \frac{\beta}{\alpha^k}=c(c\neq 0,k>0)$，则称 β 是 α 的 k 阶无穷小量.

例 当 $x\to 0$ 时，用"$o(x)$"表示比 x 高阶的无穷小量，则下列式子中错误的是(　　).

A. $x\cdot o(x^2)=o(x^3)$　　　　B. $o(x)\cdot o(x^2)=o(x^3)$

C. $o(x^2)+o(x^2)=o(x^2)$　　　　D. $o(x)+o(x^2)=o(x^2)$

解 若取 $o(x)=x^2$，则 $\lim\limits_{x\to 0}\frac{o(x)+o(x^2)}{x^2}=\lim\limits_{x\to 0}\frac{x^2+o(x^2)}{x^2}=1$，故应选 D.

(7) 当 $x\to 0$ 时，常用的等价无穷小量有

$x\sim\sin x, x\sim\arcsin x, x\sim\tan x, x\sim\arctan x, x\sim\ln(1+x), x\sim e^x-1$,

$a^x-1\sim x\ln a\quad(a>0,a\neq 1), 1-\cos x\sim\frac{1}{2}x^2, (1+x)^\alpha-1\sim\alpha x$ (α 为非零常数).

(8) 等价无穷小代换定理

若 α,β 是自变量同一变化过程中的无穷小量，且 $\alpha\sim\alpha',\beta\sim\beta'$，$\lim\frac{\beta'}{\alpha'}$ 存在，则 $\lim\frac{\beta}{\alpha}=\lim\frac{\beta'}{\alpha'}$.

例 求$\lim\limits_{x\to 0}\dfrac{x\ln(1+x)}{1-\cos x}$.

解 当$x\to 0$时，$\ln(1+x)\sim x$，$1-\cos x\sim\dfrac{1}{2}x^2$，则$\lim\limits_{x\to 0}\dfrac{x\ln(1+x)}{1-\cos x}=\lim\limits_{x\to 0}\dfrac{x^2}{\dfrac{1}{2}x^2}=2$.

注 在求极限的过程中，可以把积或商中的无穷小量用与之等价的无穷小量代换，从而达到简化运算的目的. 但须注意，在加减运算中一般不能使用等价无穷小代换.

三 函数的连续性与间断点

1. 函数的连续性

定义 1 设函数$f(x)$在点x_0的某邻域内有定义，如果当自变量x有增量Δx时，函数相应的有增量Δy，若$\lim\limits_{\Delta x\to 0}\Delta y=0$，则称函数$f(x)$在点$x_0$处连续，$x_0$为$f(x)$的连续点.

定义 2 设函数$f(x)$在点x_0的某邻域内有定义，若$\lim\limits_{x\to x_0}f(x)=f(x_0)$，则称函数$f(x)$在点$x_0$处连续.

定义 3 设函数$f(x)$在点x_0的某邻域内有定义，如果对$\forall\varepsilon>0$，$\exists\delta>0$，当$|x-x_0|<\delta$时，有$|f(x)-f(x_0)|<\varepsilon$，则称函数$f(x)$在点$x_0$处连续.

左连续 设函数$f(x)$在$(x_0-\delta_0,x_0]$内有定义，如果对$\forall\varepsilon>0$，$\exists\delta_1>0(\delta_1<\delta_0)$，当$-\delta_1$

$<x-x_0\leqslant 0$ 时，有 $|f(x)-f(x_0)|<\varepsilon$，则称函数 $f(x)$ 在点 x_0 处左连续.

右连续 设函数 $f(x)$ 在 $[x_0,x_0+\delta_0)$ 内有定义，如果对 $\forall\varepsilon>0$，$\exists\delta_2>0(\delta_2<\delta_0)$，当 $0\leqslant x-x_0<\delta_2$ 时，有 $|f(x)-f(x_0)|<\varepsilon$，则称函数 $f(x)$ 在点 x_0 处右连续.

定理 函数 $f(x)$ 在点 x_0 处连续的充分必要条件是函数 $f(x)$ 在点 x_0 处既左连续又右连续.

例 设函数 $f(x)=\begin{cases}-1, & x<0,\\ 1, & x\geqslant 0,\end{cases}$ $g(x)=\begin{cases}2-ax, & x\leqslant -1,\\ x, & -1<x<0,\\ x-b, & x\geqslant 0.\end{cases}$ 若 $f(x)+g(x)$ 在 R 上连续，则（　　）.

A. $a=3,b=1$　　B. $a=3,b=2$　　C. $a=-3,b=1$　　D. $a=-3,b=2$

解 令 $F(x)=f(x)+g(x)=\begin{cases}1-ax, & x\leqslant -1,\\ x-1, & -1<x<0,\\ x-b+1, & x\geqslant 0.\end{cases}$

$F(-1-0)=1+a=F(-1)$，$F(-1+0)=-2$，则 $1+a=-2$，解得 $a=-3$.

解得 $F(0-0)=-1$，$F(0+0)=1-b=F(0)$，则 $1-b=-1$，解得 $b=2$. 故应选(D).

开区间内的连续函数 如果函数 $f(x)$ 在 (a,b) 内每一点都连续，则称 $f(x)$ 在 (a,b) 内连续.

闭区间上的连续函数 如果函数 $f(x)$ 在 (a,b) 内每一点都连续，且在左端点 $x=a$ 处右连续，在右端点 $x=b$ 处左连续，则称 $f(x)$ 在 $[a,b]$ 上连续.

定理 1 连续函数的和、差、积、商（分母不为 0）仍是连续函数.

定理 2 设函数 $y=f(x)$ 在区间 I_x 上是单调的连续函数，则它的反函数 $y=f^{-1}(x)$ 是区间 $I_y=\{f(x)\mid x\in I_x\}$ 上的单调连续函数.

定理 3 设函数 $g(x)$ 在点 x_0 连续，函数 $f(u)$ 在点 $u_0=g(x_0)$ 处连续，则复合函数 $f[g(x)]$ 在点 x_0 连续.

定理 4 基本初等函数在其定义域内连续.

定理 5 初等函数在其定义区间内都是连续的，所谓定义区间是指包含在定义域内的区间.

2. 函数的间断点

定义 如果函数 $f(x)$ 在点 x_0 处不连续，则称函数 $f(x)$ 在点 x_0 处间断，点 x_0 称为 $f(x)$ 的间断点或不连续点.

若点 x_0 为 $f(x)$ 的间断点，则在点 x_0 处有下列 3 种情形之一：

(1) 在点 x_0 处，$f(x)$ 没有定义；(2) $\lim\limits_{x\to x_0}f(x)$ 不存在；

(3) 虽然 $f(x)$ 在点 x_0 处有定义，$\lim\limits_{x\to x_0}f(x)$ 存在，但 $\lim\limits_{x\to x_0}f(x)\neq f(x_0)$.

分类 ① 若 $f(x_0-0)$ 和 $f(x_0+0)$ 都存在且相等，但不等于 $f(x_0)$ 或 $f(x)$ 在点 x_0 无定义，则称点 x_0 为 $f(x)$ 的可去间断点.

② 若 $f(x_0-0)$ 和 $f(x_0+0)$ 都存在但不相等，则称点 x_0 为 $f(x)$ 的跳跃间断点.

可去间断点和跳跃间断点统称为第一类间断点. 第一类间断点的特点是函数在该点处的左、右极限都存在. 可去间断点有一个重要性质——连续延拓，即可以通过补充定义或者改变函数值使函数 $f(x)$ 在点 x_0 处连续.

③ 若 $f(x_0-0)$ 和 $f(x_0+0)$ 中至少有一个不存在，则称点 x_0 为 $f(x)$ 的第二类间断点. 特别地，若 $f(x_0-0)$ 和 $f(x_0+0)$ 中至少有一个是无穷大，则称点 x_0 为 $f(x)$ 的无穷间断点；若 $\lim\limits_{x\to x_0}f(x)$ 不存在，且 $f(x)$ 在 $\mathring{U}(x_0)$ 内无限振荡，则称点 x_0 为 $f(x)$ 的振荡间断点.

3. 闭区间上连续函数的性质

(1) **最大值与最小值定理** 如果函数 $f(x)$ 在 $[a,b]$ 上连续，则函数 $f(x)$ 在 $[a,b]$ 上一定有最大值与最小值.

(2) **有界性定理** 闭区间上的连续函数在该区间上一定有界.

(3) **介值定理** 如果函数 $f(x)$ 在 $[a,b]$ 上连续，m 和 M 分别为 $f(x)$ 在 $[a,b]$ 上的最小值与最大值，则对介于 m 与 M 之间的任一实数 c（即 $m<c<M$），至少存在一点 $\xi\in[a,b]$，使 $f(\xi)=c$.

推论 在闭区间上连续的函数必取得介于最大值 M 与最小值 m 之间的任何值.

(4) **零点定理** 如果函数 $f(x)$ 在 $[a,b]$ 上连续，且 $f(a)$ 与 $f(b)$ 异号，则至少存在一点 $\xi\in(a,b)$，使 $f(\xi)=0$.

第二章　一元函数微分学

本章知识结构

- 导数与微分
  - 导数
    - 导数的概念
      - 定义
      - 几何意义
      - 可导与连续的关系
    - 高阶导数
      - 莱布尼茨公式
      - 隐函数、参数方程的高阶导数
    - 求导方法
      - 基本公式
      - 四则运算法则
      - 隐函数求导
      - 参数方程求导
  - 微分
    - 微分的定义—函数可导的充要条件是函数可微
    - 微分的几何意义—切线的纵坐标增量
    - 微分的应用—近似计算、误差分析

- 微分中值定理与导数的应用
  - 中值定理
    - 罗尔定理
    - 拉格朗日中值定理
    - 柯西中值定理
    - 泰勒中值定理—麦克劳林公式
  - 洛必达法则
    - “$\frac{0}{0}$”型未定式
    - “$\frac{\infty}{\infty}$”型未定式
    - “$\infty-\infty$”“$0\cdot\infty$”型未定式
    - “0^0”“0^∞”“∞^0”型未定式
  - 导数定用
    - 函数的单调性
    - 曲线的凹凸性—曲线的凹凸性判别方法
    - 曲线的拐点
    - 函数极值判别方法
      - 极值的定义
      - 取得极值的必要条件
      - 极值的第一充分条件
      - 极值的第二充分条件
    - 函数的最值
    - 曲线的渐近线
    - 函数图形的描绘
    - 弧微分、曲率
      - 曲率半径、曲率圆
      - 曲率中心

一 导数与微分

1. 导数的定义 设函数 $y=f(x)$在点 x_0 的某邻域内有定义，当自变量 x 在 x_0 处有增量 Δx 时，函数的相应增量为 $\Delta y=f(x_0+\Delta x)-f(x_0)$. 如果极限$\lim\limits_{\Delta x\to 0}\dfrac{\Delta y}{\Delta x}$存在，则称函数 $y=f(x)$ 在点 x_0 处可导，并把这个极限值称为函数 $y=f(x)$在点 x_0 处的导数，记作

$$f'(x_0),\ y'\big|_{x=x_0},\ \left.\frac{\mathrm{d}f}{\mathrm{d}x}\right|_{x=x_0} \text{或} \left.\frac{\mathrm{d}y}{\mathrm{d}x}\right|_{x=x_0},$$

即

$$f'(x_0)=\lim_{\Delta x\to 0}\frac{\Delta y}{\Delta x}=\lim_{\Delta x\to 0}\frac{f(x_0+\Delta x)-f(x_0)}{\Delta x}=\lim_{x\to x_0}\frac{f(x)-f(x_0)}{x-x_0}.$$

若$\lim\limits_{\Delta x\to 0}\dfrac{\Delta y}{\Delta x}=\lim\limits_{\Delta x\to 0}\dfrac{f(x_0+\Delta x)-f(x_0)}{\Delta x}$不存在，则称函数 $f(x)$在点 x_0 处不可导.

左导数 设函数 $f(x)$在区间$(x_0-\delta,x_0]$内有定义，如果极限

$$\lim_{\Delta x\to 0^-}\frac{f(x_0+\Delta x)-f(x_0)}{\Delta x}$$

存在，则称此极限值为函数 $f(x)$在 x_0 处的左导数，记为

$$f'_-(x_0)=\lim_{\Delta x\to 0^-}\frac{f(x_0+\Delta x)-f(x_0)}{\Delta x}=\lim_{x\to x_0^-}\frac{f(x)-f(x_0)}{x-x_0}.$$

右导数 设函数 $f(x)$ 在区间 $[x_0, x_0+\delta)$ 内有定义，如果极限

$$\lim_{\Delta x \to 0^+} \frac{f(x_0+\Delta x)-f(x_0)}{\Delta x}$$

存在，则称此极限值为函数 $f(x)$ 在 x_0 处的右导数，记为

$$f'_+(x_0)=\lim_{\Delta x \to 0^+} \frac{f(x_0+\Delta x)-f(x_0)}{\Delta x}=\lim_{x \to x_0^+} \frac{f(x)-f(x_0)}{x-x_0}.$$

左导数和右导数统称为单侧导数.

导数与左、右导数的关系定理 函数 $f(x)$ 在点 x_0 处可导的充要条件是左、右导数都存在且相等.

开区间 (a, b) 内可导 若 $f(x)$ 在 (a,b) 内的每一点都可导，则称 $f(x)$ 在 (a,b) 内可导.

闭区间 $[a, b]$ 上可导 若 $f(x)$ 在 (a,b) 内可导，且在点 $x=a$ 处右导数存在，在点 $x=b$ 处左导数存在，则称 $f(x)$ 在 $[a,b]$ 上可导.

导函数定义 如果函数 $y=f(x)$ 在 (a,b) 内每一点都可导，即对区间内的任一点 x，都对应着 $f(x)$ 的一个确定的导数值，这样就确定了一个函数关系，这个函数称为函数 $f(x)$ 的导函数(简称为导数)，记为

$$f'(x), y'(x), \frac{\mathrm{d}f}{\mathrm{d}x} 或 \frac{\mathrm{d}y}{\mathrm{d}x},$$

即有 $f'(x)=\lim\limits_{\Delta x \to 0} \dfrac{f(x+\Delta x)-f(x)}{\Delta x}$，或 $f'(x)=\lim\limits_{h \to 0} \dfrac{f(x+h)-f(x)}{h}$.

2. 导数的几何意义　$f'(x_0)$就是曲线 $y=f(x)$在点$(x_0, f(x_0))$处切线的斜率，即 $f'(x_0)=\tan\alpha$（α 为倾角）（图 2-1）.

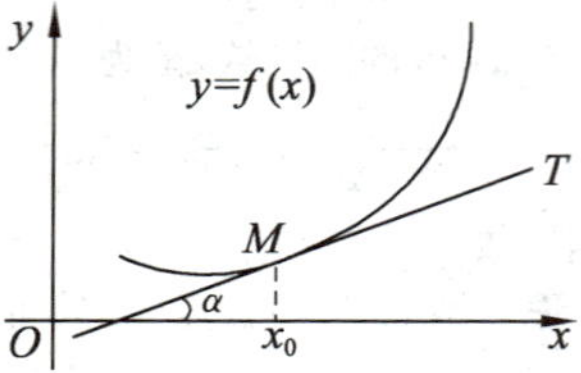

图 2-1

若函数 $f(x)$在 $x=x_0$ 处可导，则曲线 $y=f(x)$在点$(x_0, f(x_0))$处的切线方程为

$$y-f(x_0)=f'(x_0)(x-x_0),$$

且当 $f'(x_0)\neq 0$ 时，曲线 $y=f(x)$在该点的法线方程为

$$y-f(x_0)=-\frac{1}{f'(x_0)}(x-x_0).$$

当 $f'(x_0)=0$ 时，曲线 $y=f(x)$在点$(x_0, f(x_0))$处的法线方程为 $x=x_0$；

当 $f'(x_0)=\infty$时，曲线 $y=f(x)$在点$(x_0, f(x_0))$处的切线方程为 $x=x_0$，法线方程为 $y=f(x_0)$.

3. 可导与连续的关系　如果函数 $f(x)$在 x_0 处可导，则 $f(x)$在点 x_0 处连续.

4. 求导法则

(1) **函数和、差、积、商的求导法则** 设函数 $u(x),v(x)$ 在点 x 处可导，则函数

$$u(x)\pm v(x),u(x)v(x),\frac{u(x)}{v(x)}[v(x)\neq 0]$$

在点 x 处也可导，且

① $[u(x)\pm v(x)]'=u'(x)\pm v'(x)$；

② $[u(x)v(x)]'=u'(x)v(x)+u(x)v'(x)$，特别地，$[Cu(x)]'=Cu'(x)$（$C$ 为常数）；

③ $\left[\frac{u(x)}{v(x)}\right]'=\frac{u'(x)v(x)-u(x)v'(x)}{v^2(x)}$，特别地，$\left[\frac{1}{v(x)}\right]'=-\frac{v'(x)}{v^2(x)}$.

(2) **反函数的导数** 若函数 $x=f(y)$ 在区间 I_y 内单调可导且 $f'(y)\neq 0$，则它的反函数 $y=f^{-1}(x)$ 在相应区间 I_x 内也单调可导，且有 $[f^{-1}(x)]'=\frac{1}{f'(y)}$ 或 $\frac{\mathrm{d}y}{\mathrm{d}x}=\frac{1}{\frac{\mathrm{d}x}{\mathrm{d}y}}$，

即反函数的导数等于直接函数导数的倒数.

(3) **复合函数的求导法则（链式法则）** 如果函数 $u=\varphi(x)$ 在点 x 处可导，函数 $y=f(u)$ 在对应点 $u=\varphi(x)$ 处可导，则复合函数 $y=f[\varphi(x)]$ 在点 x 处也可导，且 $\{f[\varphi(x)]\}'=f'(u)\varphi'(x)=f'[\varphi(x)]\varphi'(x)$，或 $\frac{\mathrm{d}y}{\mathrm{d}x}=\frac{\mathrm{d}y}{\mathrm{d}u}\frac{\mathrm{d}u}{\mathrm{d}x}$.

即复合函数对自变量的导数等于函数对中间变量的导数乘以中间变量对自变量的导数，

又称为复合函数的链式求导法则.

5. 常用导数公式

(1) $(C)'=0$（C 为常数）.

(2) $(x^{\mu})'=\mu x^{\mu-1}$（μ 为任意实数）.

(3) $(a^x)'=a^x\ln a\,(a>0,a\neq 1)$.

(4) $(\mathrm{e}^x)'=\mathrm{e}^x$.

(5) $(\log_a x)'=\dfrac{1}{x\ln a}\,(a>0,a\neq 1)$.

(6) $(\ln x)'=\dfrac{1}{x}$.

(7) $(\sin x)'=\cos x$.

(8) $(\cos x)'=-\sin x$.

(9) $(\tan x)'=\sec^2 x$.

(10) $(\cot x)'=-\csc^2 x$.

(11) $(\sec x)'=\sec x\tan x$.

(12) $(\csc x)'=-\csc x\cot x$.

(13) $(\arcsin x)'=\dfrac{1}{\sqrt{1-x^2}}$.

(14) $(\arccos x)'=-\dfrac{1}{\sqrt{1-x^2}}$.

(15) $(\arctan x)'=\dfrac{1}{1+x^2}$.

(16) $(\operatorname{arccot} x)'=-\dfrac{1}{1+x^2}$.

(17) $(\operatorname{sh} x)'=\operatorname{ch} x$.

(18) $(\operatorname{ch} x)'=\operatorname{sh} x$.

(19) $(\operatorname{th} x)'=\dfrac{1}{\operatorname{ch}^2 x}$.

(20) $(\operatorname{arcsh} x)'=\dfrac{1}{\sqrt{1+x^2}}$.

(21) $(\operatorname{arcch} x)'=\dfrac{1}{\sqrt{x^2-1}}$.

(22) $(\operatorname{arcth} x)'=\dfrac{1}{1-x^2}$.

6. 高阶导数定义

函数 $f'(x)$ 的导数称为函数 $y=f(x)$ 的二阶导数，记作 $f''(x)$，y'' 或 $\frac{\mathrm{d}^2 y}{\mathrm{d}x^2}$，即

$$f''(x)=\lim_{\Delta x \to 0}\frac{f'(x+\Delta x)-f'(x)}{\Delta x}.$$

函数 $f(x)$ 的二阶导数 $f''(x)=[f'(x)]'$ 实际上是函数 $f(x)$ 的导数 $f'(x)$ 的导数.

类似地，二阶导数的导数称为三阶导数，三阶导数的导数称为四阶导数，…，$n-1$ 阶导数的导数称为 n 阶导数，分别记作

$$y''', y^{(4)}, \cdots, y^{(n)} \text{或} \frac{\mathrm{d}^3 y}{\mathrm{d}x^3}, \frac{\mathrm{d}^4 y}{\mathrm{d}x^4}, \cdots, \frac{\mathrm{d}^n y}{\mathrm{d}x^n}.$$

二阶及二阶以上的导数统称为高阶导数，相应地，$f(x)$ 称为零阶导数，$f'(x)$ 称为一阶导数.

7. 常用高阶导数公式

$(\mathrm{e}^x)^{(n)}=\mathrm{e}^x$；

$(a^x)^{(n)}=a^x\ln^n a\ (a>0, a\neq 1)$；

$(\mathrm{e}^{ax})^{(n)}=a^n\mathrm{e}^x$；

$(\sin x)^{(n)}=\sin\left(x+\frac{n\pi}{2}\right)$；

$$(\sin kx)^{(n)}=k^n\sin\left(kx+\frac{n\pi}{2}\right);$$

$$(\cos x)^{(n)}=\cos\left(x+\frac{n\pi}{2}\right);$$

$$(\cos kx)^{(n)}=k^n\cos\left(kx+\frac{n\pi}{2}\right);$$

$$(x^\alpha)^{(n)}=\alpha(\alpha-1)(\alpha-2)\cdots(\alpha-n+1)x^{\alpha-n};$$

$$\left(\frac{1}{x}\right)^{(n)}=\frac{(-1)^n n!}{x^{n+1}};$$

$$(\ln x)^{(n)}=\frac{(-1)^{n-1}(n-1)!}{x^n}.$$

n 阶导数的莱布尼茨(Leibniz)公式

设函数 $u=u(x)$，$v=v(x)$在点 x 处具有 n 阶导数，则 $(uv)^{(n)}=\sum\limits_{k=0}^{n}\mathrm{C}_n^k u^{(n-k)}v^{(k)}$，其中零阶导数理解为函数本身，此公式称为莱布尼茨公式.

例 已知 $y=x^2\sin 3x$，求 $y^{(20)}$.

解 设 $u=\sin 3x$，$v=x^2$，则

$$u^{(k)}=3^k\sin\left(3x+k\cdot\frac{\pi}{2}\right),k=1,2,\cdots,20,$$

$$v'=2x, v''=2, v^{(k)}=0, k=3,4,\cdots,20,$$

代入莱布尼茨公式得

$$\begin{aligned}y^{(20)}&=(x^2\sin 3x)^{(20)}\\&=3^{20}\sin\left(3x+20\cdot\frac{\pi}{2}\right)\cdot x^2+20\cdot 3^{19}\cdot\sin\left(3x+19\cdot\frac{\pi}{2}\right)\cdot 2x+\frac{20\cdot 19}{2!}\cdot 3^{18}\cdot\\&\quad\sin\left(3x+18\cdot\frac{\pi}{2}\right)\cdot 2\\&=3^{20}x^2\sin 3x+40\cdot 3^{19}\cdot x\cos 3x-380\cdot 3^{18}\sin 3x\\&=3^{18}(9x^2\sin 3x+120x\cos 3x-380\sin 3x).\end{aligned}$$

8. 隐函数求导法 把方程 $F(x,y)=0$ 中的 y 看作关于 x 的函数 $y(x)$，利用复合函数求导法则，方程两端同时对 x 求导，然后解出 y'.

例 求由方程 $xy=e^{x+y}$ 所确定的隐函数 $y=y(x)$ 的导数.

解 把 y 看成 x 的函数，方程两边同时对 x 求导，得 $y+xy'=e^{x+y}(1+y')$，解得 $y'=\dfrac{e^{x+y}-y}{x-e^{x+y}}$.

9. 对数求导法 就是先在 $y=f(x)$ 的两边同时取对数，然后借助隐函数求导法，方程两边同时对 x 求导，再整理出 y 的导数.

注 对数求导法适用范围是 $f(x)$ 由多个因子相乘或 $f(x)$ 为幂指函数，即 $f(x)=u(x)^{v(x)}$.

10. 由参数方程所确定函数的导数

由参数方程 $\begin{cases} x=\varphi(t), \\ y=\psi(t) \end{cases}$ $(\alpha\leqslant t\leqslant\beta, t$ 为参数）所确定的函数 $y=f(x)$ 的导数

$$\frac{\mathrm{d}y}{\mathrm{d}x}=\frac{\mathrm{d}y}{\mathrm{d}t}\frac{\mathrm{d}t}{\mathrm{d}x}=\frac{\frac{\mathrm{d}y}{\mathrm{d}t}}{\frac{\mathrm{d}x}{\mathrm{d}t}}=\frac{\psi'(t)}{\varphi'(t)},$$

即

$$\frac{\mathrm{d}y}{\mathrm{d}x}=\frac{\psi'(t)}{\varphi'(t)} \quad 或 \quad \frac{\mathrm{d}y}{\mathrm{d}x}=\frac{\frac{\mathrm{d}y}{\mathrm{d}t}}{\frac{\mathrm{d}x}{\mathrm{d}t}}.$$

如果 $x=\varphi(t), y=\psi(t)$ 都具有二阶导数，且 $\varphi'(t)\neq 0$，则

$$\frac{\mathrm{d}^2 y}{\mathrm{d}x^2}=\frac{\mathrm{d}}{\mathrm{d}x}\left(\frac{\mathrm{d}y}{\mathrm{d}x}\right)=\frac{\mathrm{d}}{\mathrm{d}x}\left(\frac{\psi'(t)}{\varphi'(t)}\right)=\frac{\mathrm{d}}{\mathrm{d}t}\left(\frac{\psi'(t)}{\varphi'(t)}\right)\cdot\frac{\mathrm{d}t}{\mathrm{d}x}=\frac{\psi''(t)\varphi'(t)-\psi'(t)\varphi''(t)}{(\varphi'(t))^3}.$$

11. 微分的定义

设函数 $y=f(x)$ 在 x_0 的某邻域 $U(x_0)$ 内有定义，$x_0+\Delta x\in U(x_0)$，如果函数的增量 $\Delta y=$

$f(x_0+\Delta x)-f(x_0)$可表示为 $\Delta y=A\Delta x+o(\Delta x)$，其中 A 是不依赖于 Δx 的常数，$o(\Delta x)$是比 Δx 高阶的无穷小量，则称函数 $y=f(x)$在点 x_0 处可微，而 $A\Delta x$ 称为 $y=f(x)$在点 x_0 处的微分，记为 $\mathrm{d}y|_{x=x_0}$，即 $\mathrm{d}y|_{x=x_0}=A\Delta x$.

12. 可微与可导的关系

函数 $y=f(x)$在点 x_0 处可微的充分必要条件是该函数在点 x_0 处可导，且 $\mathrm{d}y|_{x=x_0}=f'(x_0)\Delta x$.

自变量 x 的增量 Δx 称为自变量 x 的微分，并记作 $\mathrm{d}x$，即 $\mathrm{d}x=\Delta x$.

函数 y 的微分可记作 $\mathrm{d}y=f'(x)\mathrm{d}x$.

导数也称为微商，即 $f'(x)=\dfrac{\mathrm{d}y}{\mathrm{d}x}$.

若 $f'(x_0)\neq 0$，则称 $\mathrm{d}y=f'(x_0)\mathrm{d}x$ 是 Δy 的线性主部，其含义是指

$$\lim_{\Delta x\to 0}\frac{\Delta y}{\mathrm{d}y}=\lim_{\Delta x\to 0}\frac{\Delta y}{f'(x_0)\Delta x}=\frac{1}{f'(x_0)}\lim_{\Delta x\to 0}\frac{\Delta y}{\Delta x}=1.$$

即当 $\Delta x\to 0$ 时，函数增量 Δy 与其微分 $\mathrm{d}y$ 是等价无穷小量.

13. 微分的几何意义

Δy 是曲线 $y=f(x)$上的点的纵坐标的增量，$\mathrm{d}y$ 是曲线的切线上点的纵坐标的相应增量(图 2-2).

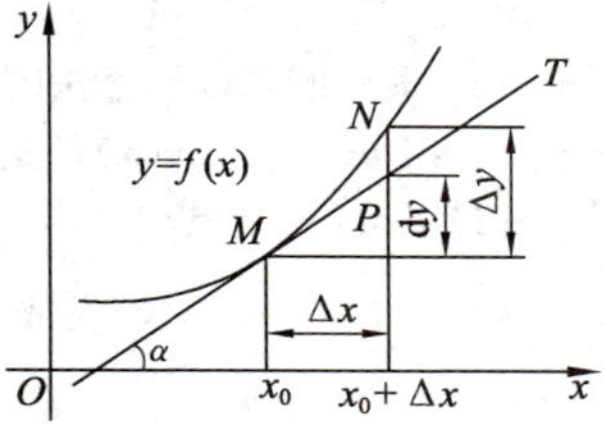

图 2-2

14. 常用的微分公式

(1) $\mathrm{d}C=0$（C 为常数）.

(2) $\mathrm{d}x^{\mu}=\mu x^{\mu-1}\mathrm{d}x$（$\mu$ 为任意实数）.

(3) $\mathrm{d}a^{x}=a^{x}\ln a\mathrm{d}x$（$a>0$ 且 $a\neq 1$）.

(4) $\mathrm{d}\mathrm{e}^{x}=\mathrm{e}^{x}\mathrm{d}x$.

(5) $\mathrm{d}\log_a x=\dfrac{1}{x\ln a}\mathrm{d}x$（$a>0$ 且 $a\neq 1$）.

(6) $\mathrm{d}\ln x=\dfrac{1}{x}\mathrm{d}x$.

(7) $\mathrm{d}\sin x=\cos x\mathrm{d}x$.

(8) $\mathrm{d}\cos x=-\sin x\mathrm{d}x$.

(9) $\mathrm{d}\tan x=\sec^2 x\mathrm{d}x$.

(10) $\mathrm{d}\cot x=-\csc^2 x\mathrm{d}x$.

(11) $\mathrm{d}\sec x=\sec x\tan x\mathrm{d}x$.

(12) $\mathrm{d}\csc x=-\csc x\cot x\mathrm{d}x$.

(13) $\mathrm{d}\arcsin x=\dfrac{1}{\sqrt{1-x^2}}\mathrm{d}x$.

(14) $\mathrm{d}\arccos x=-\dfrac{1}{\sqrt{1-x^2}}\mathrm{d}x$.

(15) $\mathrm{d}\arctan x=\dfrac{1}{1+x^2}\mathrm{d}x$.

(16) $\mathrm{d}\,\mathrm{arccot}\, x=-\dfrac{1}{1+x^2}\mathrm{d}x$.

15. 微分的四则运算法则

设 $u=u(x)$，$v=v(x)$都是可微函数，则

(1) $\mathrm{d}(u\pm v)=\mathrm{d}u\pm\mathrm{d}v$.

(2) $\mathrm{d}(uv)=v\mathrm{d}u+u\mathrm{d}v$.

(3) $\mathrm{d}(Cu)=C\mathrm{d}u$（$C$ 为常数）.

(4) $\mathrm{d}\left(\dfrac{u}{v}\right)=\dfrac{v\mathrm{d}u-u\mathrm{d}v}{v^2}$（$v\neq 0$）.

16. 微分形式的不变性

设 $y=f(u)$，$u=\varphi(x)$都可导，则复合函数 $y=f[\varphi(x)]$的微分为

$$dy=f'(u)du=f'[\varphi(x)]\varphi'(x)dx.$$

如果要求 $y=f(u)$的微分，会得到 $dy=f'(u)du$，这时 u 是自变量. 如果求 $y=f(u)$，$u=\varphi(x)$所构成的复合函数 $y=f[\varphi(x)]$的微分，由复合函数的微分法则，会得到 $dy=f'[\varphi(x)]\varphi'(x)dx$，即 $dy=f'[\varphi(x)]\varphi'(x)dx=f'(u)du$，这时 u 是中间变量.

即无论 u 是自变量还是中间变量，只要函数可微，其微分形式都可以写成 $dy=f'(u)du$，即微分在形式上保持不变，这一性质称为一阶微分形式不变性.

二 中值定理与洛必达法则

1. 罗尔(Rolle)定理

设函数 $f(x)$满足：在$[a,b]$上连续，在(a,b)内可导，且 $f(a)=f(b)$，则至少存在一点 $\xi\in(a,b)$，使 $f'(\xi)=0$.

几何意义 在两端高度相同的一段连续曲线上，若除两端点外，处处都存在不垂直于 x 轴的切线，则其中至少存在一条水平切线，如图 2—3 所示.

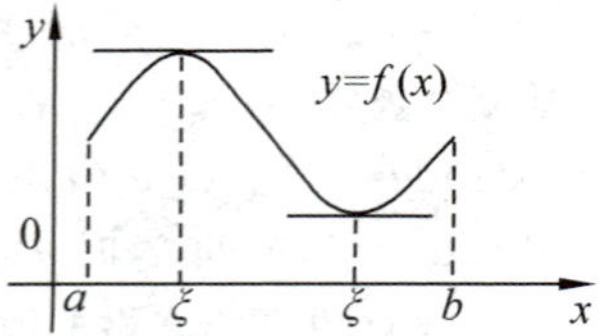

图 2-3

2. 拉格朗日(Lagrange)中值定理

设函数 $f(x)$满足：在$[a,b]$上连续，在(a,b)内可导，则至少存在一点 $\xi\in(a,b)$，使 $f'(\xi)=\dfrac{f(b)-f(a)}{b-a}$.

几何意义 在一段连续光滑的曲线弧上，若除两端点外处处都存在不垂直于 x 轴的切线，则其中至少有一条切线平行于两端点的连线，如图 2—4 所示.

推论 1 设 $f(x)$在(a,b)内可导，且 $f'(x)\equiv 0$，则 $f(x)$在(a,b)内是常值函数.

推论 2 设 $f(x)$与 $g(x)$在(a,b)内可导，且 $f'(x)=g'(x)$，则 $f(x)=g(x)+C$(C 为任意常数).

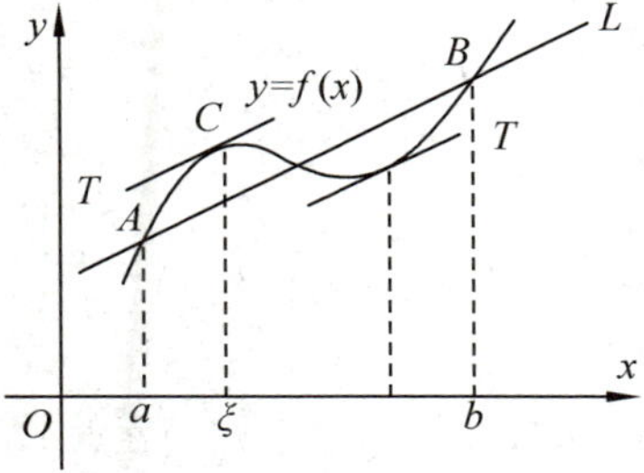

图 2-4

3. 柯西(Cauchy)中值定理

设函数 $f(x)$,$F(x)$满足:在$[a,b]$上连续,在(a,b)内可导,且 $F'(x)\neq 0$,则在(a,b)内至少存在一点 ξ,使

$$\frac{f'(\xi)}{F'(\xi)}=\frac{f(b)-f(a)}{F(b)-F(a)}.$$

4. 泰勒(Taylor)中值定理

如果函数 $f(x)$在含有 x_0 的某个开区间(a,b)内具有直到 $n+1$ 阶的导数,则对任意 $x\in$

(a,b)，有

$$f(x)=f(x_0)+f'(x_0)(x-x_0)+\frac{f''(x_0)}{2!}(x-x_0)^2+\cdots+\frac{f^{(n)}(x_0)}{n!}(x-x_0)^n+R_n(x),\quad(1)$$

其中

$$R_n(x)=\frac{f^{(n+1)}(\xi)}{(n+1)!}(x-x_0)^{n+1},\qquad(2)$$

ξ介于x_0与x之间，也可记为$\xi=x_0+\theta(x-x_0)$，$0<\theta<1$.

其中系数$a_k=\dfrac{f^{(k)}(x_0)}{k!}(k=0,1,2,\cdots,n)$称为$f(x)$在点$x_0$处的泰勒系数.(1)式称为函数$f(x)$按$x-x_0$的幂展开的带有拉格朗日型余项的$n$阶泰勒公式，(2)式称为拉格朗日型余项.

在不需要余项的精确表达式时，$f(x)$的n阶泰勒公式也可以写成

$$f(x)=f(x_0)+f'(x_0)(x-x_0)+\frac{f''(x_0)}{2!}(x-x_0)^2+\cdots+\frac{f^{(n)}(x_0)}{n!}(x-x_0)^n+o[(x-x_0)^n],$$

该式称为带有佩亚诺型余项的n阶泰勒公式.

如果函数$f(x)$在含有$x=0$的某个开区间(a,b)内具有直到$n+1$阶的导数，则对任意$x\in(a,b)$，有

$$f(x)=f(0)+f'(0)x+\frac{f''(0)}{2!}x^2+\cdots+\frac{f^{(n)}(0)}{n!}x^n+\frac{f^{(n+1)}(\theta x)}{(n+1)!}x^{n+1}\quad(0<\theta<1),$$

该式称为函数 $f(x)$ 带有拉格朗日型余项的 n 阶麦克劳林公式.

5. 常用函数的麦克劳林公式

$$e^x=1+x+\frac{1}{2!}x^2+\cdots+\frac{1}{n!}x^n+\frac{e^{\theta x}}{(n+1)!}x^{n+1}\quad(0<\theta<1);$$

$$\sin x=x-\frac{x^3}{3!}+\frac{x^5}{5!}-\cdots+(-1)^m\frac{x^{2m+1}}{(2m+1)!}+o(x^{2m+1});$$

$$\cos x=1-\frac{x^2}{2!}+\frac{x^4}{4!}-\cdots+(-1)^m\frac{x^{2m}}{(2m)!}+o(x^{2m});$$

$$\ln(1+x)=x-\frac{x^2}{2}+\frac{x^3}{3}-\cdots+(-1)^{n-1}\frac{x^n}{n}+o(x^n);$$

$$(1+x)^\alpha=1+\alpha x+\frac{\alpha(\alpha-1)}{2!}x^2+\cdots+\frac{\alpha(\alpha-1)\cdots(\alpha-n+1)}{n!}x^n+o(x^n);$$

$$\frac{1}{1+x}=1-x+x^2-x^3+\cdots+(-1)^nx^n+o(x^n);$$

$$\frac{1}{1-x}=1+x+x^2+x^3+\cdots+x^n+o(x^n).$$

6. "$\frac{0}{0}$"和"$\frac{\infty}{\infty}$"型未定式

定理 1 设 $f(x)$,$g(x)$在 x_0 的某去心邻域 $\mathring{U}(x_0)$内有定义,如果

(1) $\lim\limits_{x\to x_0}f(x)=0,\lim\limits_{x\to x_0}g(x)=0$，

(2) $f(x),g(x)$在 x_0 的去心邻域 $\mathring{U}(x_0)$内可导，且 $g'(x)\neq 0$，

(3) $\lim\limits_{x\to x_0}\dfrac{f'(x)}{g'(x)}$存在（或为无穷大），

那么$\lim\limits_{x\to x_0}\dfrac{f(x)}{g(x)}=\lim\limits_{x\to x_0}\dfrac{f'(x)}{g'(x)}$.

注 (1) 如果$\lim\limits_{x\to x_0}\dfrac{f'(x)}{g'(x)}$还是"$\dfrac{0}{0}$"型未定式，且函数 $f'(x)$与 $g'(x)$满足洛必达法则应满足的条件，则可继续使用洛必达法则，即有

$$\lim_{x\to x_0}\frac{f(x)}{g(x)}=\lim_{x\to x_0}\frac{f'(x)}{g'(x)}=\lim_{x\to x_0}\frac{f''(x)}{g''(x)},$$

以此类推，直到求出所要求的极限.

(2) 极限过程 $x\to x_0$ 若换成 $x\to x_0^+,x\to x_0^-,x\to\infty,x\to+\infty,x\to-\infty$，结论仍然成立.

定理 2 设 $f(x),g(x)$在 x_0 的某去心邻域 $\mathring{U}(x_0)$内有定义，如果

(1) $\lim\limits_{x\to x_0}f(x)=\infty,\lim\limits_{x\to x_0}g(x)=\infty$，

(2) $f(x),g(x)$在 x_0 的去心邻域 $\mathring{U}(x_0)$内可导，且 $g'(x)\neq 0$，

(3) $\lim\limits_{x\to x_0}\dfrac{f'(x)}{g'(x)}$存在(或为无穷大),

那么$\lim\limits_{x\to x_0}\dfrac{f(x)}{g(x)}=\lim\limits_{x\to x_0}\dfrac{f'(x)}{g'(x)}$.

注 (1) 如果$\lim\limits_{x\to x_0}\dfrac{f'(x)}{g'(x)}$还是“$\dfrac{\infty}{\infty}$”型未定式,且函数 $f'(x)$与 $g'(x)$满足洛必达法则应满足的条件,则可继续使用洛必达法则,即有

$$\lim_{x\to x_0}\frac{f(x)}{g(x)}=\lim_{x\to x_0}\frac{f'(x)}{g'(x)}=\lim_{x\to x_0}\frac{f''(x)}{g''(x)},$$

以此类推,直到求出所要求的极限.

(2) 极限过程 $x\to x_0$ 若换成 $x\to x_0^+$,$x\to x_0^-$,$x\to\infty$,$x\to+\infty$,$x\to-\infty$,结论仍然成立.

7. 其他类型的未定式

求“$0\cdot\infty$,$\infty-\infty$,0^0,1^∞,∞^0”型未定式极限时,通常先将其转化为“$\dfrac{0}{0}$”型或“$\dfrac{\infty}{\infty}$”型未定式后,再使用洛必达法则.

注　利用洛必达法则求未定式的极限，需要注意：

(1) 洛必达法则只能适用于"$\frac{0}{0}$"型和"$\frac{\infty}{\infty}$"型未定式，其他类型的未定式必须先化简变形为"$\frac{0}{0}$"型或"$\frac{\infty}{\infty}$"型未定式才能运用洛必达法则.

(2) 只要条件具备，可以连续多次使用洛必达法则.

(3) 洛必达法则可以和其他求未定式的方法结合使用.

(4) 洛必达法则的条件是充分条件，但不必要. 在某些特殊情况下，洛必达法则可能失效，此时应寻求其他解法. 例如

$$\lim_{x\to+\infty}\frac{\sqrt{1+x^2}}{x}\overset{\frac{\infty}{\infty}}{=}\lim_{x\to+\infty}\frac{\frac{2x}{2\sqrt{1+x^2}}}{1}=\lim_{x\to+\infty}\frac{x}{\sqrt{1+x^2}}\overset{\frac{\infty}{\infty}}{=}\lim_{x\to+\infty}\frac{1}{\frac{2x}{2\sqrt{1+x^2}}}=\lim_{x\to+\infty}\frac{\sqrt{1+x^2}}{x},$$

使用洛必达法则无法求出极限，但可以使用下面的方法求出极限

$$\lim_{x\to+\infty}\frac{\sqrt{1+x^2}}{x}=\lim_{x\to+\infty}\sqrt{\frac{1}{x^2}+1}=1.$$

三 导数的应用

1. 函数单调性的判定法

设函数 $f(x)$在区间 I 上可导，对一切 $x\in I$ 有

(1) $f'(x)>0$，则函数 $f(x)$在 I 上单调增加；

(2) $f'(x)<0$，则函数 $f(x)$在 I 上单调减少.

2. 函数的极值及其求法

(1) **函数极值定义** 设 $f(x)$在点 x_0 的某邻域 $U(x_0,\delta)$内有定义，若对于 $U(x_0,\delta)$内异于 x_0 的点 x 都满足：

① $f(x)<f(x_0)$，则称 $f(x_0)$为函数的极大值，x_0 称作极大值点；

② $f(x)>f(x_0)$，则称 $f(x_0)$为函数的极小值，x_0 称作极小值点.

函数的极大值和极小值统称为函数的极值，使函数取极值的点称作极值点.

使 $f'(x)=0$ 的点 x_0，称为函数 $f(x)$的驻点.

(2) **函数取极值的必要条件** 若可导函数 $y=f(x)$在点 x_0 取得极值，则 $f'(x_0)=0$.

(3) **函数取极值的第一充分条件** 设函数 $f(x)$在 x_0 处连续，在 x_0 的某去心邻域 $\overset{0}{U}(x_0,\delta)$内可导，如果满足：

① 当 $x_0-\delta<x<x_0$ 时，$f'(x)>0$；当 $x_0<x<x_0+\delta$ 时，$f'(x)<0$，则 $f(x)$在 x_0 处取极

大值；

② 当 $x_0-\delta<x<x_0$ 时，$f'(x)<0$；当 $x_0<x<x_0+\delta$ 时，$f'(x)>0$，则 $f(x)$ 在 x_0 处取极小值；

③ 当 x 在 x_0 点左右邻近取值时，$f'(x)$ 的符号不发生改变，则 $f(x)$ 在点 x_0 处不取极值.

(4) **函数取极值的第二充分条件** 设函数 $f(x)$ 在 x_0 点处二阶可导，且 $f'(x_0)=0$，则

① 若 $f''(x_0)<0$，则 $f(x_0)$ 是 $f(x)$ 的极大值；

② 若 $f''(x_0)>0$，则 $f(x_0)$ 是 $f(x)$ 的极小值.

(5) **求函数 $f(x)$ 极值的步骤**

① 确定函数的连续区间(初等函数即为定义域)；

② 求导数 $f'(x)$ 并求出函数的驻点和导数不存在的点；

③ 利用极值存在的第一充分条件或第二充分条件依次判断这些点是否为极值点；

④ 求出各极值点处的函数值，即得 $f(x)$ 的全部极值.

(6) **最大值、最小值的求法**

设函数 $f(x)$ 在闭区间 $[a,b]$ 上连续，根据闭区间上连续函数的性质(最大值最小值定理)，$f(x)$ 在 $[a,b]$ 上一定存在最值. 而且，如果函数的最值是在区间内部取得的话，当 $f(x)$ 在开区间 (a,b) 内除有限个点可导且至多有有限个驻点时，其最值点也一定是函数的极值点；当然，函数的最值点也可能取在区间的端点上.

因此，可以按照如下的步骤求给定闭区间上函数的最值：

① 在给定区间上求出函数所有可能极值点：驻点和导数不存在的点；

② 求出函数在所有驻点、导数不存在的点和区间端点的函数值；

③ 比较这些函数值的大小，最大者即函数在该区间的最大值，最小者即最小值.

在实际问题中，常运用下面的结论：

① 若 $f(x)$ 在某区间（包括各种区间）内连续且仅有一个可能极值点 x_0，则当 x_0 是极大（小）值点时，$f(x_0)$ 就是该函数在该区间的最大（小）值.

② 若由分析得知，确实存在最大（小）值，又在讨论的区间内仅有一个可能极值点 x_0，则 $f(x_0)$ 就是该函数在该区间的最大（小）值.

3. 曲线的凹凸性与拐点

（1）**曲线凹凸的定义** 设函数 $f(x)$ 在区间 I 上连续，如果对 I 上任意两点 x_1 和 x_2，总有

$$f\left(\frac{x_1+x_2}{2}\right)<\frac{f(x_1)+f(x_2)}{2},$$

则称 $f(x)$ 在区间 I 上的图形是凹的，如图 2-5(a)所示.

如果总有
$$f\left(\frac{x_1+x_2}{2}\right)>\frac{f(x_1)+f(x_2)}{2}$$

则称 $f(x)$ 在区间 I 上的图形是凸的，如图 2-5(b)所示.

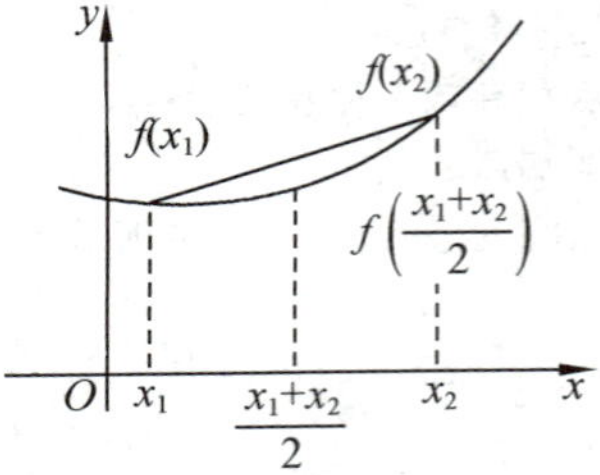

(a)

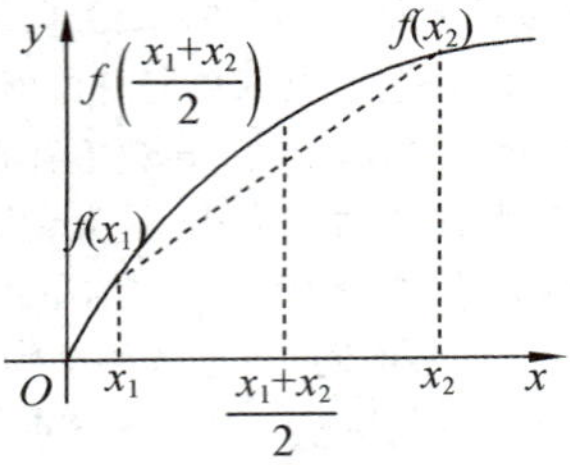

(b)

图 2-5

(2) **曲线凹凸的判定定理** 设函数 $f(x)$在$[a,b]$上连续，在(a,b)内二阶可导，那么

① 若对 $\forall x\in(a,b)$，$f''(x)>0$，则 $f(x)$在$[a,b]$上的图形是凹的；

② 若对 $\forall x\in(a,b)$，$f''(x)<0$，则 $f(x)$在$[a,b]$上的图形是凸的.

(3) **曲线的拐点** 曲线上凹凸区间的分界点称为曲线的拐点.

定理 如果函数 $f(x)$在点 x_0 的某邻域内存在二阶导数，则点$(x_0,f(x_0))$是拐点的必要条件是 $f''(x_0)=0$.

(4) **求函数 $f(x)$拐点的方法**

方法Ⅰ：设函数 $f(x)$在点 x_0 的 δ 去心邻域内存在二阶导数且在 x_0 处 $f(x)$连续. 若在 x_0 两侧 $f''(x)$变号，则点$(x_0,f(x_0))$是曲线 $y=f(x)$的拐点. 若在 x_0 两侧 $f''(x)$不变号，则点

$(x_0, f(x_0))$不是曲线 $y=f(x)$的拐点.

方法Ⅱ:设函数 $f(x)$在 x_0 的某邻域内具有三阶导数,且 $f''(x_0)=0$ 而 $f'''(x_0)\neq 0$,那么点$(x_0, f(x_0))$是曲线 $y=f(x)$的拐点.

(5) **渐近线定义** 如果曲线上的一点沿着曲线趋于无穷远时,该点与某条直线的距离趋于零,则称此直线为曲线的渐近线.

① 水平渐近线:如果曲线 $y=f(x)$的定义域是无限区间,且有 $\lim\limits_{x\to-\infty} f(x)=b$ 或 $\lim\limits_{x\to+\infty} f(x)=b$,则直线 $y=b$ 为曲线 $y=f(x)$的渐近线,称为水平渐近线.

② 铅直渐近线:设曲线 $y=f(x)$在点 $x=a$ 的一个去心邻域(或左邻域,或右邻域)中有定义,如果 $\lim\limits_{x\to a^-} f(x)=\infty$或 $\lim\limits_{x\to a^+} f(x)=\infty$,则直线 $x=a$ 称为曲线 $y=f(x)$的铅直渐近线.

③ 斜渐近线

直线 $y=k_1x+b_1$ 是曲线 $y=f(x)$的右侧斜渐近线的充要条件是

$$k_1=\lim_{x\to+\infty}\frac{f(x)}{x}, b_1=\lim_{x\to+\infty}[f(x)-k_1x].$$

直线 $y=k_2x+b_2$ 是曲线 $y=f(x)$的左侧斜渐近线的充要条件是

$$k_2=\lim_{x\to-\infty}\frac{f(x)}{x}, b_2=\lim_{x\to-\infty}[f(x)-k_2x].$$

(6) **描绘函数图形的步骤**

① 求出函数 $y=f(x)$ 的定义域，确定图形的范围；

② 讨论函数的奇偶性和周期性，确定图形的对称性和周期性；

③ 计算函数的一阶导数 $f'(x)$ 和二阶导数 $f''(x)$；

④ 求函数的间断点、驻点、不可导点和拐点，将这些点由小到大，从左到右插入定义域内，得到若干个子区间；

⑤ 列表讨论函数在各个子区间内的单调性、凹凸性、极值点和拐点；

⑥ 确定函数图形的渐近线，确定图形的变化趋势；

⑦ 求曲线上的一些特殊点，如与坐标轴的交点等，有时还要求出一些辅助点的函数值，然后根据⑤中的表格描点绘图.

(7) **弧微分与曲率**(数学一、数学二)

① 弧微分公式：$\mathrm{d}s=\sqrt{1+(y')^2}\,\mathrm{d}x$，或者 $\mathrm{d}s=\sqrt{(\mathrm{d}x)^2+(\mathrm{d}y)^2}$.

② 平均曲率：曲线弧的弯曲程度可以用单位弧长上切线转过的角度的大小 $\left|\dfrac{\Delta\alpha}{\Delta s}\right|$ 来描述，这个比值叫作该弧段上的平均曲率，记作 $\overline{K}$，即 $\overline{K}=\left|\dfrac{\Delta\alpha}{\Delta s}\right|$（图 2－6），其中 $\Delta s=\widehat{MM'}$.

③ 曲率：极限 $\lim\limits_{\Delta s\to 0}\left|\dfrac{\Delta\alpha}{\Delta s}\right|$ 称为曲线在点 M 处的曲率，即

$$K=\lim_{\Delta s\to 0}\left|\frac{\Delta\alpha}{\Delta s}\right|=\left|\frac{\mathrm{d}\alpha}{\mathrm{d}s}\right|.$$

④ 曲率公式:设曲线方程为 $y=f(x)$,且 $f(x)$具有二阶导数,则 $K=\frac{|y''|}{(1+y'^2)^{\frac{3}{2}}}$.

⑤ 曲率圆与曲率半径:设曲线 $y=f(x)$在点 $M(x,y)$处的曲率 $K\neq 0$(即 $y''\neq 0$),在点 M 处作曲线的法线,如图 2-7 所示,法线指向曲线凹的一侧. 在此侧的法线上取一点 D,使$|MD|=\frac{1}{K}=\rho$,以 D 为圆心,ρ 为半径作圆,称这个圆为曲线在点 M 处的曲率圆,它的半径$\rho=\frac{1}{K}$称为曲率半径,圆心 D 称为曲率中心.

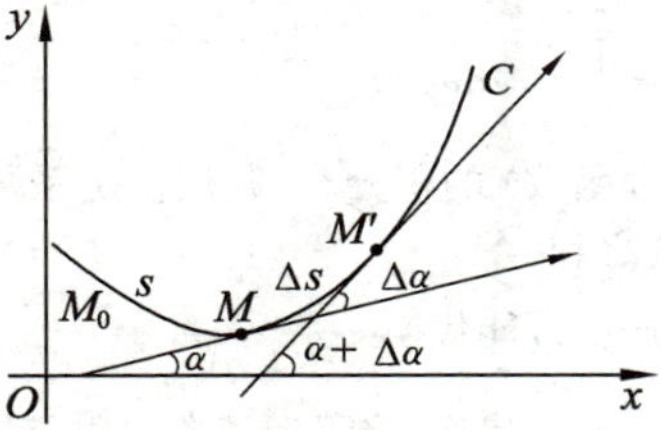

图 2-6

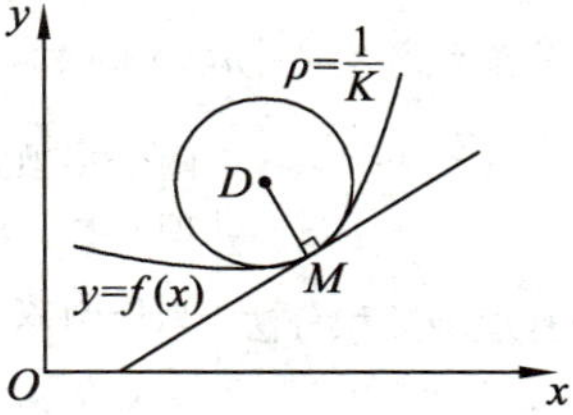

图 2-7

第三章　一元函数积分学

本章知识结构

- 不定积分
  - 不定积分的基本概念
    - 原函数、不定积分、积分曲线的概念
    - 不定积分的基本公式
  - 换元积分法
    - 第一换元积分法
    - 第二换元积分法
  - 分部积分法 — $\int u(x)\mathrm{d}v(x) = u(x)v(x) - \int v(x)\mathrm{d}u(x)$
  - 有理函数积分法
    - 两个多项式之比（即有理函数）的积分 — 利用待定系数法把有理函数分解为部分分式之和
    - 三角函数有理式的积分 — 万能代换
    - 简单无理函数的积分 — 变量代换，将无理函数的积分化为有理函数的积分

- 定积分及其应用
  - 基本概念 — 定义和几何意义
  - 基本性质
    - 线性性质
    - 区间的可加性
    - 不等式性质
    - 估值定理
    - 定积分中值定理
  - 定积分的计算方法
    - 积分上限函数
    - 牛顿 — 莱布尼茨公式
    - 换元积分法
    - 分部积分法
  - 反常积分
    - 无穷限反常积分
    - 无界函数的反常积分
  - 定积分的应用
    - 几何应用 — 面积、体积、弧长以及旋转体的体积
    - 物理应用 — 变力做功、液体静压力、引力及函数的平均值

一 不定积分的概念与性质

1. 原函数

设 $F(x)$，$f(x)$ 是定义在区间 I 上的函数，若对任意的 $x \in I$，都有

$$F'(x) = f(x) \text{ 或 } \mathrm{d}F(x) = f(x)\mathrm{d}x,$$

则称 $F(x)$ 是 $f(x)$ 在区间 I 上的一个原函数.

2. 原函数存在定理

若函数 $f(x)$ 在区间 I 上连续，则在该区间上一定存在原函数.

注 连续函数的原函数不是唯一的；设函数 $F(x)$ 是 $f(x)$ 在区间 I 上的一个原函数，那么 $f(x)$ 在区间 I 上的任意一个原函数可以表示为 $F(x)+C$，其中 C 是任意常数.

3. 不定积分定义

如果 $F(x)$ 是 $f(x)$ 在区间 I 上的一个原函数，则 $f(x)$ 在区间 I 上所有原函数的全体 $F(x)+C$ 称为 $f(x)$ 在区间 I 上的不定积分，记作 $\int f(x)\mathrm{d}x$，即

$$\int f(x)\mathrm{d}x = F(x) + C,$$

其中，$\int$ 称为积分号，$f(x)$ 称为被积函数，$f(x)\mathrm{d}x$ 称为被积表达式，x 称为积分变量，C 称为积分常数.

4. 不定积分的几何意义

函数 $f(x)$ 的不定积分 $\int f(x)\mathrm{d}x = F(x)+C$ 的图像是一簇积分曲线，这些曲线都可以通过一条曲线向上或向下平移而得到，它们在具有相同横坐标的点处有互相平行的切线.

5. 不定积分的性质

(1) $\left[\int f(x)\mathrm{d}x\right]' = f(x)$，或 $\mathrm{d}\int f(x)\mathrm{d}x = f(x)\mathrm{d}x$.

(2) $\int F'(x)\mathrm{d}x = F(x)+C$，或 $\int \mathrm{d}F(x) = F(x)+C$.

在不计积分常数的意义下，求不定积分运算与求微分运算互为逆运算.

(3) $\int kf(x)\mathrm{d}x = k\int f(x)\mathrm{d}x$（$k$ 为非零常数）.

(4) $\int [f_1(x) \pm f_2(x)]\mathrm{d}x = \int f_1(x)\mathrm{d}x \pm \int f_2(x)\mathrm{d}x$.

这个结论可以推广到有限多个函数的线性运算的不定积分.

二 不定积分的计算方法

1. 第一换元积分法

设 $f(u)$ 有原函数 $F(u)$，且 $u=\varphi(x)$ 是可导函数，则 $\int f[\varphi(x)]\varphi'(x)\mathrm{d}x=F[\varphi(x)]+C.$

2. 第二换元积分法

设 $x=\psi(t)$ 是单调可导函数，且 $\psi'(t)\neq 0$，又设 $f[\psi(t)]\psi'(t)$ 的一个原函数为 $\Phi(t)$，则 $\int f(x)\mathrm{d}x=\Phi[\psi^{-1}(x)]+C.$

3. 常用的代换方法

(1) **三角代换**　被积函数中含有 $\sqrt{a^2-x^2}\,(a>0)$ 时，令 $x=a\sin u$；被积函数中含有 $\sqrt{a^2+x^2}\,(a>0)$ 时，令 $x=a\tan u$；被积函数中含有 $\sqrt{x^2-a^2}\,(a>0)$ 时，令 $x=a\sec u$.

(2) **根式代换**　含有根式 $\sqrt[n]{ax+b}$ 时，令 $\sqrt[n]{ax+b}=t$；同时含有根式 $\sqrt[m_1]{x}$ 和根式 $\sqrt[m_2]{x}\,(m_1,m_2\in\mathbf{N}^+)$ 时，令 $x=t^m$，其中 m 是 m_1,m_2 的最小公倍数.

(3) **倒代换**　当被积函数的分母的最高次数比分子的最高次数大于 1 时，经常利用倒代换，即令 $x=\dfrac{1}{t}$.

4. 分部积分法

设 $u=u(x),v=v(x)$ 在区间 I 上都有连续的导数，则有

$$\int u(x)v'(x)\mathrm{d}x=u(x)v(x)-\int u'(x)v(x)\mathrm{d}x,$$

简记为 $\int uv'\mathrm{d}x=uv-\int u'v\mathrm{d}x$，或 $\int u\mathrm{d}v=uv-\int v\mathrm{d}u$.

注 选取 $u(x)$ 和 $v(x)$ 的一般原则是：① 由 $v'\mathrm{d}x$ 要容易求得 v；② $\int v\mathrm{d}u$ 要比 $\int u\mathrm{d}v$ 容易积分.

5. 有理函数的积分

(1) **有理函数(有理分式)** 函数 $\frac{P(x)}{Q(x)}$ 叫作有理函数，其中 $P(x)$ 与 $Q(x)$ 是没有公因式的多项式. 如果 $P(x)$ 的次数大于或等于 $Q(x)$ 的次数，则叫作假分式. 如果 $Q(x)$ 的次数大于 $P(x)$ 的次数，则叫作真分式.

注 ① 任何一个假分式总可以化为整式与有理真分式和的形式.
② 首项系数为 1 的 m 次实系数多项式 $Q(x)$ 必可唯一地分解以下形式：

$$Q(x)=(x-a_1)^{\lambda_1}(x-a_2)^{\lambda_2}\cdots(x-a_k)^{\lambda_k}(x^2+p_1x+q_1)^{\mu_1}(x^2+p_2x+q_2)^{\mu_2}\cdots(x^2+p_nx+q_n)^{\mu_n},$$

其中 $\lambda_1,\lambda_2,\cdots,\lambda_k,\mu_1,\mu_2,\cdots,\mu_n$ 都是正整数，$(\lambda_1+\lambda_2+\cdots+\lambda_k)+2(\mu_1+\mu_2+\cdots+\mu_n)=m$，且二次三项式 $x^2+p_ix+q_i$ 满足 $p_i^2-4q_i<0(i=1,2,\cdots,n)$.

（2）**分解原理**

$$\begin{aligned}\frac{P(x)}{Q(x)}=&\left[\frac{A_1^{(1)}}{x-a_1}+\frac{A_2^{(1)}}{(x-a_1)^2}+\cdots+\frac{A_{\lambda_1}^{(1)}}{(x-a_1)^{\lambda_1}}\right]+\cdots\\&+\left[\frac{A_1^{(k)}}{x-a_k}+\frac{A_2^{(k)}}{(x-a_k)^2}+\cdots+\frac{A_{\lambda_k}^{(k)}}{(x-a_k)^{\lambda_k}}\right]\\&+\left[\frac{B_1^{(1)}x+C_1^{(1)}}{x^2+p_1x+q_1}+\frac{B_2^{(1)}x+C_2^{(1)}}{(x^2+p_1x+q_1)^2}+\cdots+\frac{B_{\mu_1}^{(1)}x+C_{\mu_1}^{(1)}}{(x^2+p_1x+q_1)^{\mu_1}}\right]+\cdots\\&+\left[\frac{B_1^{(n)}x+C_1^{(n)}}{x^2+p_nx+q_n}+\frac{B_2^{(n)}x+C_2^{(n)}}{(x^2+p_nx+q_n)^2}+\cdots+\frac{B_{\mu_n}^{(n)}x+C_{\mu_n}^{(n)}}{(x^2+p_nx+q_n)^{\mu_n}}\right].\end{aligned}$$

真分式的积分最终归结为如下四种部分分式的积分：

① $\int\frac{A}{x-a}\mathrm{d}x$； ② $\int\frac{A}{(x-a)^n}\mathrm{d}x(n\geqslant 2)$；

③ $\int \frac{Mx+N}{x^2+px+q}\mathrm{d}x,(p^2-4q<0)$；

④ $\int \frac{Mx+N}{(x^2+px+q)^n}\mathrm{d}x,(n\in \mathbf{N}^+,n\geqslant 2,p^2-4q<0)$.

①② 结果是易知的，对于 ③，只要将分母配方后，再用基本积分公式，结果即可求出. 对于 ④，要用分部积分法，最后得出一个递推公式，需要多次积分才能完成.

6. 三角函数有理式的积分

三角函数有理式的积分$\int R(\sin x,\cos x)\mathrm{d}x$总可以通过万能代换将其化为有理函数的积分，但通过万能代换后被积函数往往很复杂，因此，一般情况下尽量不用这种方法，通常根据被积函数的特点，通过三角恒等变形或凑微分等方法，对其进行化简后视具体形式再积分. 常见的特殊情形有

(1) 若 $R(\sin x,\cos x)$ 满足条件 $R(-\sin x,\cos x)=-R(\sin x,\cos x)$，则令 $\cos x=t$.

(2) 若 $R(\sin x,\cos x)$ 满足条件 $R(\sin x,-\cos x)=-R(\sin x,\cos x)$，则令 $\sin x=t$.

(3) 若 $R(\sin x,\cos x)$ 满足条件 $R(-\sin x,-\cos x)=R(\sin x,\cos x)$，则令 $\tan x=t$.

(4) 利用积化和差公式：

$$\sin x\cos y=\frac{1}{2}[\sin(x+y)+\sin(x-y)],$$

$$\sin x\sin y=\frac{1}{2}[\cos(x-y)-\cos(x+y)],$$

$$\cos x\cos y=\frac{1}{2}[\cos(x+y)+\cos(x-y)].$$

（5）利用降幂公式：$\sin^2 x=\frac{1-\cos 2x}{2},\cos^2 x=\frac{1+\cos 2x}{2}$.

（6）利用万能代换：令 $\tan\frac{x}{2}=t$，则 $\int R(\sin x,\cos x)\mathrm{d}x=\int R\left(\frac{2t}{1+t^2},\frac{1-t^2}{1+t^2}\right)\cdot\frac{2}{1+t^2}\mathrm{d}t$.

7. 基本积分公式

（其中常数 $a>0$）.

（1）$\int k\mathrm{d}x=kx+C$（k 是常数）.

（2）$\int x^\mu\mathrm{d}x=\frac{1}{\mu+1}x^{\mu+1}+C(\mu\neq-1)$.

（3）$\int\frac{1}{x}\mathrm{d}x=\ln|x|+C$.

（4）$\int a^x\mathrm{d}x=\frac{a^x}{\ln a}+C(a\neq1)$.

（5）$\int \mathrm{e}^x\mathrm{d}x=\mathrm{e}^x+C$.

（6）$\int\sin x\mathrm{d}x=-\cos x+C$.

（7）$\int\cos x\mathrm{d}x=\sin x+C$.

（8）$\int\sec^2 x\mathrm{d}x=\tan x+C$.

（9）$\int\csc^2 x\mathrm{d}x=-\cot x+C$.

（10）$\int\sec x\tan x\mathrm{d}x=\sec x+C$.

(11) $\int \csc x\cot x\mathrm{d}x=-\csc x+C.$ (12) $\int \tan x\mathrm{d}x=-\ln|\cos x|+C.$

(13) $\int \cot x\mathrm{d}x=\ln|\sin x|+C.$ (14) $\int \sec x\mathrm{d}x=\ln|\sec x+\tan x|+C.$

(15) $\int \csc x\mathrm{d}x=\ln|\csc x-\cot x|+C.$ (16) $\int \frac{1}{1+x^2}\mathrm{d}x=\arctan x+C=-\operatorname{arccot} x+C_1.$

(17) $\int \frac{1}{a^2+x^2}\mathrm{d}x=\frac{1}{a}\arctan\frac{x}{a}+C.$ (18) $\int \frac{1}{\sqrt{1-x^2}}\mathrm{d}x=\arcsin x+C=-\arccos x+C_1.$

(19) $\int \frac{1}{\sqrt{a^2-x^2}}\mathrm{d}x=\arcsin\frac{x}{a}+C.$ (20) $\int \frac{1}{a^2-x^2}\mathrm{d}x=\frac{1}{2a}\ln\left|\frac{a+x}{a-x}\right|+C.$

(21) $\int \frac{1}{\sqrt{x^2\pm a^2}}\mathrm{d}x=\ln\left|x+\sqrt{x^2\pm a^2}\right|+C.$

(22) $\int \sqrt{a^2-x^2}\mathrm{d}x=\frac{a^2}{2}\arcsin\frac{x}{a}+\frac{x}{2}\sqrt{a^2-x^2}+C.$

三 定积分的概念与性质

1. 定积分定义

设函数 $f(x)$ 在$[a,b]$上有界，在$[a,b]$内任意插入 $n-1$ 个分点

$$a=x_0<x_1<\cdots<x_{n-1}<x_n=b,$$

将$[a,b]$分成 n 个小区间$[x_{i-1},x_i](i=1,2,\cdots,n)$，每个小区间的长度记为 $\Delta x_i=x_i-x_{i-1}(i=1,2,\cdots,n)$，在每个小区间上任取一点 $\xi_i\in[x_{i-1},x_i]$，作乘积 $f(\xi_i)\Delta x_i$，再求和 $\sum\limits_{i=1}^{n}f(\xi_i)\Delta x_i$，记$\lambda=\max\limits_{1\leqslant i\leqslant n}\{\Delta x_i\}$，若$\lim\limits_{\lambda\to 0}\sum\limits_{i=1}^{n}f(\xi_i)\Delta x_i$ 存在，且极限值与$[a,b]$的分法及点 ξ_i 的选取都无关，则称函数 $f(x)$ 在$[a,b]$上可积，此极限值为函数 $f(x)$ 在$[a,b]$上的定积分，记作 $\int_a^b f(x)\mathrm{d}x$，即$\int_a^b f(x)\mathrm{d}x=\lim\limits_{\lambda\to 0}\sum\limits_{i=1}^{n}f(\xi_i)\Delta x_i$，其中 $f(x)$ 称为被积函数，x 称为积分变量，$f(x)\mathrm{d}x$ 称为被积表达式，$[a,b]$ 称为积分区间，a 称为积分下限，b 称为积分上限，$\sum\limits_{i=1}^{n}f(\xi_i)\Delta x_i$ 称为 $f(x)$ 在$[a,b]$上的积分和. 如果 $f(x)$ 在$[a,b]$上的定积分存在，则说 $f(x)$ 在$[a,b]$上可积.

2. 定积分存在定理

(1) 函数 $f(x)$ 在$[a,b]$上连续，则函数 $f(x)$ 在$[a,b]$上可积.

(2) 函数 $f(x)$ 在$[a,b]$上除有限个第一类间断点外处处连续，则函数 $f(x)$ 在$[a,b]$上可积.

3. 定积分的几何意义

(1) 当 $f(x)$ 在$[a,b]$上非负时，$\int_a^b f(x)\mathrm{d}x$ 表示由曲线 $y=f(x)$ 和直线 $x=a,x=b$ 及 x 轴所围成的曲边梯形的面积.

(2) 当 $f(x)$ 在 $[a,b]$ 上非正时，$\int_a^b f(x)\mathrm{d}x$ 的值是一个负值，这时可以理解为是由曲线 $y=f(x)$ 和直线 $x=a,x=b$ 及 x 轴所围成的曲边梯形(在 x 轴的下方)的面积的相反数.

(3) 当 $f(x)$ 在 $[a,b]$ 上有正有负时，$\int_a^b f(x)\mathrm{d}x$ 表示由曲线 $y=f(x)$ 和直线 $x=a,x=b$ 及 x 轴所围成的图形各部分面积的代数和(x 轴上方图形的面积减去 x 轴下方图形的面积所得之差). 例如，如图 3-1 所示，有

$$\int_a^b f(x)\mathrm{d}x = A_1 - A_2 + A_3.$$

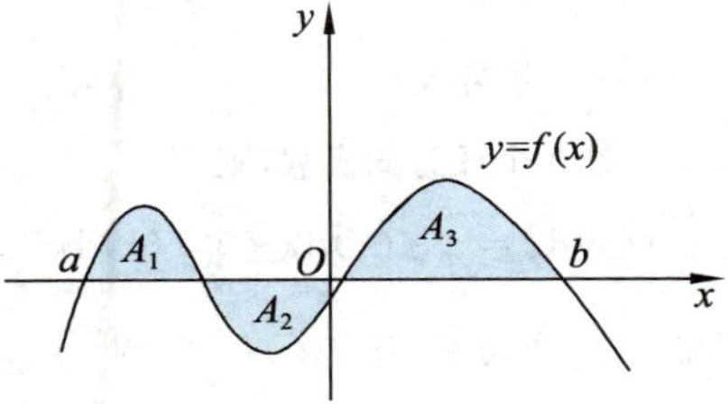

图 3-1

定积分的补充规定：

当 $a=b$ 时，$\int_a^b f(x)\mathrm{d}x=0$；

当 $a>b$ 时，$\int_a^b f(x)\mathrm{d}x=-\int_b^a f(x)\mathrm{d}x$.

4. 定积分的性质(在下面的定积分的性质中，假定定积分都存在)

(1) $\int_a^b [f(x)\pm g(x)]\mathrm{d}x=\int_a^b f(x)\mathrm{d}x\pm\int_a^b g(x)\mathrm{d}x$.

此性质可以推广到任意有限个函数和与差的情况，即

$$\int_a^b [f_1(x)\pm f_2(x)\pm\cdots\pm f_n(x)]\mathrm{d}x=\int_a^b f_1(x)\mathrm{d}x\pm\int_a^b f_2(x)\mathrm{d}x\pm\cdots\pm\int_a^b f_n(x)\mathrm{d}x.$$

(2) $\int_a^b kf(x)\mathrm{d}x=k\int_a^b f(x)\mathrm{d}x$($k$ 是常数).

(3)（区间可加性）设 a,b,c 是 3 个任意的实数，则

$$\int_a^b f(x)\mathrm{d}x=\int_a^c f(x)\mathrm{d}x+\int_c^b f(x)\mathrm{d}x.$$

(4)（保号性）若 $f(x)$ 在$[a,b]$上可积，且 $f(x)\geqslant 0$，则$\int_a^b f(x)\mathrm{d}x\geqslant 0$.

推论 1　若 $f(x),g(x)$ 在$[a,b]$上都可积，且 $f(x)\leqslant g(x)$，则$\int_a^b f(x)\mathrm{d}x\leqslant\int_a^b g(x)\mathrm{d}x$.

推论2 若 $f(x)$ 在 $[a,b]$ 上可积，则 $|f(x)|$ 在 $[a,b]$ 上可积，且 $\left|\int_a^b f(x)\mathrm{d}x\right| \leqslant \int_a^b |f(x)|\mathrm{d}x$.

(5) (估值定理) 设 M 和 m 分别是函数 $f(x)$ 在 $[a,b]$ 上的最大值和最小值，则

$$m(b-a) \leqslant \int_a^b f(x)\mathrm{d}x \leqslant M(b-a).$$

(6) (定积分中值定理) 设函数 $f(x)$ 在 $[a,b]$ 上连续，则在 $[a,b]$ 上至少存在一点 ξ，使

$$\int_a^b f(x)\mathrm{d}x = f(\xi)(b-a).$$

四 定积分的计算方法

1. 变上限定积分

设函数 $f(x)$ 在 $[a,b]$ 上连续，则对任意 $x \in [a,b]$，积分 $\int_a^x f(t)\mathrm{d}t$ 定义了一个在 $[a,b]$ 上的函数，称为积分上限函数，记作

$$\Phi(x) = \int_a^x f(t)\mathrm{d}t, x \in [a,b].$$

2. 原函数存在定理

设 $f(x)$ 在 $[a,b]$ 上连续，则积分上限函数 $\Phi(x) = \int_a^x f(t)\mathrm{d}t$ 在 $[a,b]$ 上可导，且

$$\Phi'(x)=\left(\int_a^x f(t)\mathrm{d}t\right)'=f(x),x\in[a,b].$$

即积分上限函数 $\Phi(x)=\int_a^x f(t)\mathrm{d}t$ 就是函数 $f(x)$ 的一个原函数.

特别地，如果 $f(t)$ 连续，$\varphi(x)$，$\psi(x)$ 可导，则

$$\left[\int_{\psi(x)}^{\varphi(x)} f(t)\mathrm{d}t\right]'=f[\varphi(x)]\varphi'(x)-f[\psi(x)]\psi'(x).$$

3. 牛顿—莱布尼茨公式（微积分基本公式）

设函数 $f(x)$ 在 $[a,b]$ 上连续，且 $F(x)$ 是 $f(x)$ 在 $[a,b]$ 上的一个原函数，则

$$\int_a^b f(x)\mathrm{d}x=F(b)-F(a).$$

注 这个公式揭示了定积分与被积函数的原函数（或不定积分）之间的关系，同时给出了求定积分简单而有效的方法.

4. 定积分的换元法

如果函数 $f(x)$ 在 $[a,b]$ 上连续，函数 $x=\varphi(t)$ 满足条件

(1) 当 $t\in[\alpha,\beta]$（或 $[\beta,\alpha]$）时，$a\leqslant\varphi(t)\leqslant b$；

(2) $\varphi(t)$ 在 $[\alpha,\beta]$（或 $[\beta,\alpha]$）上有连续的导数；

(3) $\varphi(\alpha)=a$，$\varphi(\beta)=b$，

则有定积分换元公式

$$\int_a^b f(x)\mathrm{d}x = \int_\alpha^\beta f[\varphi(t)]\varphi'(t)\mathrm{d}t.$$

注 应用换元公式时需要注意两点:① 与不定积分的换元积分法不同,定积分在换元后不需要回代,只要把最终的数值计算出来即可. ② 采用换元积分法计算定积分时,如果换元,一定换积分限;不换元就不换积分限.

5. 定积分的分部积分法

设 $u(x),v(x)$ 在$[a,b]$上具有连续的导数,则

$$\int_a^b u(x)v'(x)\mathrm{d}x = [u(x)v(x)]\Big|_a^b - \int_a^b u'(x)v(x)\mathrm{d}x,$$

简记为

$$\int_a^b u\mathrm{d}v = (uv)\Big|_a^b - \int_a^b v\mathrm{d}u.$$

6. 定积分常用公式

(1) 设函数 $f(x)$ 在$[-a,a](a>0)$上连续,则

① $\int_{-a}^a f(x)\mathrm{d}x = \int_0^a [f(x)+f(-x)]\mathrm{d}x;$

② $\int_{-a}^{a} f(x)\mathrm{d}x = \begin{cases} 0, f(x) \text{ 是奇函数}, \\ 2\int_{0}^{a} f(x)\mathrm{d}x, f(x) \text{ 是偶函数}. \end{cases}$

(2) 设 $f(x)$ 是连续的周期函数，周期为 T，对任意的 $a \in \mathbf{R}$，有

$$\int_{a}^{a+T} f(x)\mathrm{d}x = \int_{0}^{T} f(x)\mathrm{d}x,$$

即周期函数在任意一个周期内积分值相等.

(3) $I_n = \int_{0}^{\frac{\pi}{2}} \sin^n x\mathrm{d}x = \int_{0}^{\frac{\pi}{2}} \cos^n x\mathrm{d}x$

$$= \begin{cases} \dfrac{n-1}{n} \cdot \dfrac{n-3}{n-2} \cdot \cdots \cdot \dfrac{3}{4} \cdot \dfrac{1}{2} \cdot \dfrac{\pi}{2} = \dfrac{(n-1)!!}{n!!} \cdot \dfrac{\pi}{2}, n \text{ 是正偶数}, \\ \dfrac{n-1}{n} \cdot \dfrac{n-3}{n-2} \cdot \cdots \cdot \dfrac{4}{5} \cdot \dfrac{2}{3} = \dfrac{(n-1)!!}{n!!}, n \text{ 是大于 1 的奇数}. \end{cases}$$

五 反常积分

1. 无穷限的反常积分

(1) 设函数 $f(x)$ 在$[a, +\infty)$ 上连续，任取 $b > a$，如果极限 $\lim\limits_{b\to+\infty}\int_{a}^{b} f(x)\mathrm{d}x$ 存在，则称该极

限为函数 $f(x)$ 在无穷区间$[a,+\infty)$ 上的反常积分，记作$\int_{a}^{+\infty} f(x)\mathrm{d}x$，即

$$\int_{a}^{+\infty} f(x)\mathrm{d}x=\lim_{b\to+\infty}\int_{a}^{b} f(x)\mathrm{d}x,$$

此时，也称反常积分$\int_{a}^{+\infty} f(x)\mathrm{d}x$ 收敛；若上述极限不存在，则称反常积分$\int_{a}^{+\infty} f(x)\mathrm{d}x$ 发散.

(2) 设函数 $f(x)$ 在$(-\infty,b]$ 上连续，任取 $a<b$，如果极限 $\lim\limits_{a\to-\infty}\int_{a}^{b} f(x)\mathrm{d}x$ 存在，则称该极限为函数 $f(x)$ 在无穷区间$(-\infty,b]$ 上的反常积分，记作$\int_{-\infty}^{b} f(x)\mathrm{d}x$，即

$$\int_{-\infty}^{b} f(x)\mathrm{d}x=\lim_{a\to-\infty}\int_{a}^{b} f(x)\mathrm{d}x,$$

此时，也称反常积分$\int_{-\infty}^{b} f(x)\mathrm{d}x$ 收敛；若上述极限不存在，则称反常积分$\int_{-\infty}^{b} f(x)\mathrm{d}x$ 发散.

(3) 设函数 $f(x)$ 在区间$(-\infty,+\infty)$ 上连续，如果反常积分$\int_{-\infty}^{c} f(x)\mathrm{d}x$ 和$\int_{c}^{+\infty} f(x)\mathrm{d}x$ 都收敛，则称上述两反常积分之和为函数 $f(x)$ 在无穷区间$(-\infty,+\infty)$ 上的反常积分，记作$\int_{-\infty}^{+\infty} f(x)\mathrm{d}x$，即

$$\int_{-\infty}^{+\infty} f(x)\mathrm{d}x=\int_{-\infty}^{c} f(x)\mathrm{d}x+\int_{c}^{+\infty} f(x)\mathrm{d}x$$

$$=\lim_{a\to-\infty}\int_a^c f(x)\mathrm{d}x+\lim_{b\to+\infty}\int_c^b f(x)\mathrm{d}x,$$

其中 c 是任意常数，a 是小于 c 的任意数，b 是大于 c 的任意数. 反常积分 $\int_{-\infty}^{+\infty} f(x)\mathrm{d}x$ 只有当上述等式右端两极限同时存在时才是收敛的，如果有一个极限不存在，则称该反常积分发散.

例如，反常积分 $\int_a^{+\infty}\frac{1}{x^p}\mathrm{d}x(a>0)$，当 $p>1$ 时收敛，其值为 $\frac{a^{1-p}}{p-1}$；当 $p\leqslant 1$ 时发散.

2. 无界函数的反常积分

(1) 设函数 $f(x)$ 在 $(a,b]$ 上连续，点 a 为 $f(x)$ 的瑕点. 取 $a<t<b$，如果极限 $\lim_{t\to a^+}\int_t^b f(x)\mathrm{d}x$ 存在，则称此极限为函数 $f(x)$ 在 $(a,b]$ 上的反常积分，记作

$$\int_a^b f(x)\mathrm{d}x=\lim_{t\to a^+}\int_t^b f(x)\mathrm{d}x,$$

这时称反常积分 $\int_a^b f(x)\mathrm{d}x$ 收敛；如果上述极限不存在，则称反常积分 $\int_a^b f(x)\mathrm{d}x$ 发散.

(2) 设函数 $f(x)$ 在 $[a,b)$ 上连续，点 b 为 $f(x)$ 的瑕点. 取 $a<t<b$，如果极限 $\lim_{t\to b^-}\int_a^t f(x)\mathrm{d}x$ 存在，则称此极限为函数 $f(x)$ 在 $[a,b)$ 上的反常积分，记作

$$\int_a^b f(x)\mathrm{d}x=\lim_{t\to b^-}\int_a^t f(x)\mathrm{d}x,$$

这时称反常积分$\int_a^b f(x)\mathrm{d}x$收敛；如果上述极限不存在，则称反常积分$\int_a^b f(x)\mathrm{d}x$发散.

(3) 设函数$f(x)$在$[a,b]$上除点$c(a<c<b)$外连续，点c为$f(x)$的瑕点. 如果两个反常积分$\int_a^c f(x)\mathrm{d}x$和$\int_c^b f(x)\mathrm{d}x$都收敛，则定义

$$\int_a^b f(x)\mathrm{d}x=\int_a^c f(x)\mathrm{d}x+\int_c^b f(x)\mathrm{d}x=\lim_{t\to c^-}\int_a^t f(x)\mathrm{d}x+\lim_{t\to c^+}\int_t^b f(x)\mathrm{d}x,$$

这时称反常积分$\int_a^b f(x)\mathrm{d}x$收敛；否则，称反常积分$\int_a^b f(x)\mathrm{d}x$发散.

无界函数的反常积分又称为瑕积分.

例如，反常积分$\int_0^1 \frac{1}{x^p}\mathrm{d}x$，当$0<p<1$时收敛于$\frac{1}{1-p}$；当$p\geqslant 1$时发散.

3. 无穷限反常积分的判别法

定理 1(比较判别法 1) 设$f(x)$，$g(x)$在$[a,+\infty)$内连续，对$\forall x\in[a,+\infty)$有$0\leqslant f(x)\leqslant g(x)$，则

(1) 当$\int_a^{+\infty} g(x)\mathrm{d}x$收敛时，$\int_a^{+\infty} f(x)\mathrm{d}x$也收敛；

(2) 当$\int_a^{+\infty} f(x)\mathrm{d}x$发散时，$\int_a^{+\infty} g(x)\mathrm{d}x$也发散.

定理 2(**比较判别法的极限形式** 1)　设 $f(x),g(x)$ 在$[a,+\infty)$ 内连续，对 $\forall x\in[a,+\infty)$ 有 $f(x)\geqslant 0,g(x)>0$，且 $\lim\limits_{x\to+\infty}\dfrac{f(x)}{g(x)}=l$，则

(1) 当 $0<l<+\infty$ 时，$\int_a^{+\infty}f(x)\mathrm{d}x$ 与 $\int_a^{+\infty}g(x)\mathrm{d}x$ 同时收敛同时发散；

(2) 当 $l=0$ 时，由 $\int_a^{+\infty}g(x)\mathrm{d}x$ 收敛可推知 $\int_a^{+\infty}f(x)\mathrm{d}x$ 收敛，由 $\int_a^{+\infty}f(x)\mathrm{d}x$ 发散可推知 $\int_a^{+\infty}g(x)\mathrm{d}x$ 也发散；

(3) 当 $l=+\infty$ 时，由 $\int_a^{+\infty}f(x)\mathrm{d}x$ 收敛可推知 $\int_a^{+\infty}g(x)\mathrm{d}x$ 收敛，由 $\int_a^{+\infty}g(x)\mathrm{d}x$ 发散可推知 $\int_a^{+\infty}f(x)\mathrm{d}x$ 也发散.

定理 3(**比较判别法** 2)　设 $f(x)$ 在$[a,+\infty)(a>0)$ 内连续，则

(1) 当 $0\leqslant f(x)\leqslant\dfrac{1}{x^p},x\in[a,+\infty)$，且 $p>1$ 时，$\int_a^{+\infty}f(x)\mathrm{d}x$ 收敛；

(2) 当 $f(x)\geqslant\dfrac{1}{x^p},x\in[a,+\infty)$，且 $p\leqslant 1$ 时，$\int_a^{+\infty}f(x)\mathrm{d}x$ 发散.

定理 4(**比较判别法的极限形式** 2)　设 $f(x)$ 在$[a,+\infty)$ 内连续，对 $\forall x\in[a,+\infty)$ 有

$f(x) \geqslant 0$，且 $\lim\limits_{x \to +\infty} x^p f(x) = l$，则

(1) 当 $0 \leqslant l < +\infty$ 且 $p > 1$ 时，$\int_a^{+\infty} f(x)\mathrm{d}x$ 收敛；

(2) 当 $0 < l \leqslant +\infty$ 且 $p \leqslant 1$ 时，$\int_a^{+\infty} f(x)\mathrm{d}x$ 发散.

4. 无界函数反常积分的判别法

定理 1(**比较判别法** 1) 设 $f(x)$，$g(x)$ 在 $(a,b]$ 上连续，瑕点同为 $x=a$，且对 $\forall x \in (a,b]$，有 $0 \leqslant f(x) \leqslant g(x)$，则

(1) 当 $\int_a^b g(x)\mathrm{d}x$ 收敛时，$\int_a^b f(x)\mathrm{d}x$ 也收敛；

(2) 当 $\int_a^b f(x)\mathrm{d}x$ 发散时，$\int_a^b g(x)\mathrm{d}x$ 也发散.

定理 2(**比较判别法的极限形式** 1) 设 $f(x)$，$g(x)$ 在 $(a,b]$ 上连续，瑕点同为 $x=a$，对 $\forall x \in (a,b]$，有 $f(x) \geqslant 0$，$g(x) > 0$，且 $\lim\limits_{x \to a^+} \dfrac{f(x)}{g(x)} = l$，则

(1) 当 $0 < l < +\infty$ 时，$\int_a^b f(x)\mathrm{d}x$ 与 $\int_a^b g(x)\mathrm{d}x$ 同时收敛同时发散；

(2) 当 $l = 0$ 时，由 $\int_a^b g(x)\mathrm{d}x$ 收敛可推知 $\int_a^b f(x)\mathrm{d}x$ 收敛，由 $\int_a^b f(x)\mathrm{d}x$ 发散可推知

$\int_a^b g(x)\mathrm{d}x$ 也发散；

(3) 当 $l=+\infty$ 时，由 $\int_a^b f(x)\mathrm{d}x$ 收敛可推知 $\int_a^b g(x)\mathrm{d}x$ 收敛，由 $\int_a^b g(x)\mathrm{d}x$ 发散可推知 $\int_a^b f(x)\mathrm{d}x$ 也发散.

定理 3(**比较判别法** 2)　设 $f(x)$ 在 $(a,b]$ 上连续，点 a 为 $f(x)$ 的瑕点，则

(1) 当 $0\leqslant f(x)\leqslant \dfrac{1}{(x-a)^p}, x\in(a,b]$，且 $0<p<1$ 时，$\int_a^b f(x)\mathrm{d}x$ 收敛；

(2) 当 $f(x)\geqslant \dfrac{1}{(x-a)^p}, x\in(a,b]$，且 $p\geqslant 1$ 时，$\int_a^b f(x)\mathrm{d}x$ 发散.

定理 4(**比较判别法的极限形式** 2)　设 $f(x)$ 在 $(a,b]$ 上连续，点 a 为 $f(x)$ 的瑕点，对 $\forall x\in(a,b]$ 有 $f(x)\geqslant 0$，且 $\lim\limits_{x\to a^+}(x-a)^p f(x)=l$，则

(1) 当 $0\leqslant l<+\infty$ 且 $0<p<1$ 时，$\int_a^b f(x)\mathrm{d}x$ 收敛；

(2) 当 $0<l\leqslant+\infty$ 且 $p\geqslant 1$ 时，$\int_a^b f(x)\mathrm{d}x$ 发散.

5. Γ 函数

(1) **定义**　含参变量 x 的反常积分 $\Gamma(x)=\int_0^{+\infty} t^{x-1}\mathrm{e}^{-t}\mathrm{d}t\,(x>0)$，称为 Γ 函数.

(2) **性质**

① 递推公式:$\Gamma(x+1)=x\Gamma(x)(x>0)$;

② $\Gamma(1)=1$;

③ $\Gamma(n+1)=n!$;

④ $\Gamma\left(\frac{1}{2}\right)=\sqrt{\pi}$.

六 定积分的几何与物理应用

1. 定积分的微元法

若某一实际问题中的所求量 U 满足以下两个条件时,量 U 就能用定积分表示.

(1) U 是一个与变量 x 的变化区间 $[a,b]$ 有关的量,且 U 对于区间 $[a,b]$ 具有可加性,即如果将 $[a,b]$ 分成若干小区间,则 U 相应地被分成许多部分量,而 U 等于所有部分量之和.

(2) 部分量 ΔU_i 的近似值可表示为 $f(\xi_i)\Delta x_i$,其中 ξ_i 是在 $[x_{i-1},x_i]$ 上任意取定的一点,Δx_i 是 $[x_{i-1},x_i]$ 的长度.

将量 U 表示成定积分的具体步骤如下.

(1) 根据实际问题建立适当的坐标系,选取一个变量(如 x)作为积分变量,并确定它的变化区间 $[a,b]$.

(2) 在 $[a,b]$ 内任取小区间 $[x,x+\mathrm{d}x]$,将相应于该小区间的部分量 ΔU 的近似表示为

$[a,b]$ 上的一个连续函数 $f(x)$ 在 x 处的值 $f(x)$ 与 $\mathrm{d}x$ 的乘积，称 $f(x)\mathrm{d}x$ 为量 U 的微元，记作 $\mathrm{d}U$，即 $\Delta U \approx \mathrm{d}U = f(x)\mathrm{d}x$，$\Delta U$ 与 $\mathrm{d}U$ 相差一个比 $\mathrm{d}x$ 高阶的无穷小（$\mathrm{d}x \to 0$）.

(3) 以所求量 U 的积分元素 $\mathrm{d}U = f(x)\mathrm{d}x$ 为积分表达式在$[a,b]$上求定积分，即

$$U = \int_a^b \mathrm{d}U = \int_a^b f(x)\mathrm{d}x.$$

这种简化了的求定积分的方法称为微元法或元素法.

2. 平面图形的面积

① 直角坐标系情形

设函数 $f(x)$，$g(x)$ 在$[a,b]$上连续，由曲线 $y=f(x)$，$y=g(x)$ 和直线 $x=a$，$x=b$ 围成的图形的面积

$$A = \int_a^b |f(x)-g(x)|\mathrm{d}x.$$

② 曲边为参数方程的情形

当曲边梯形的曲边 $y=f(x)(f(x)\geqslant 0)$，$x\in[a,b]$ 由参数方程 $\begin{cases} x=\varphi(t), \\ y=\psi(t) \end{cases}$ 给出时，曲边梯形的面积

$$A = \int_\alpha^\beta \psi(t)\varphi'(t)\mathrm{d}t,$$

其中 α 和 β 对应曲线起点与终点的参数值. 在 $[\alpha,\beta]$ (或 $[\beta,\alpha]$) 上 $x=\varphi(t)$ 具有连续导数, $y=\psi(t)$ 连续.

③ 极坐标系情形

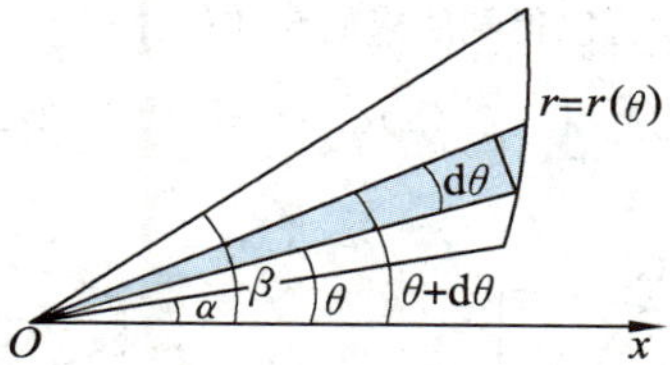

图 3-2

设 $r(\theta)\in C[\alpha,\beta]$ (图 3-2), 则由曲线 $r=r(\theta)$ 及射线 $\theta=\alpha,\theta=\beta$ 围成的图形的面积

$$A=\frac{1}{2}\int_{\alpha}^{\beta}r^2(\theta)\mathrm{d}\theta.$$

3. 空间立体的体积

(1) 旋转体的体积

① 由连续曲线 $y=f(x)$ 和直线 $x=a,x=b$ 及 x 轴所围成的曲边梯形绕 x 轴旋转一周而成的旋转体的体积 V_x, 如图 3-3 所示.

取 x 为积分变量, 变化区间为 $[a,b]$, 任取小区间 $[x,x+\mathrm{d}x]\subset[a,b]$, 相应于小区间 $[x,$

$x+\mathrm{d}x]$ 上的旋转体薄片的体积可近似看作以 $f(x)$ 为底面半径、以 $\mathrm{d}x$ 为高的扁圆柱体的体积，即体积微元

$$\mathrm{d}V_x = \pi f^2(x)\mathrm{d}x,$$

将体积微元作为被积表达式，就可以得到所求旋转体的体积

$$V_x = \int_a^b \pi f^2(x)\mathrm{d}x = \pi\int_a^b f^2(x)\mathrm{d}x.$$

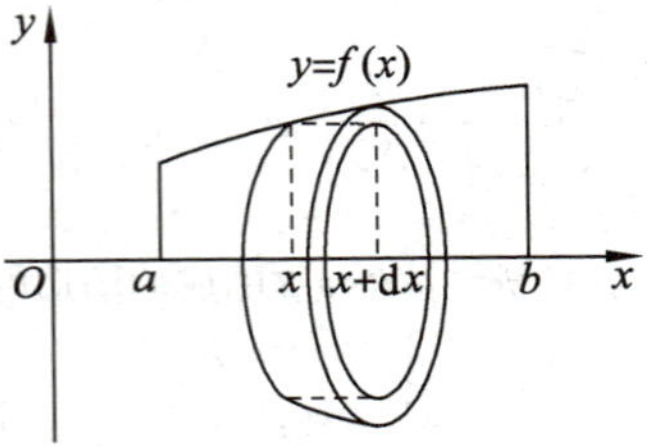

图 3-3

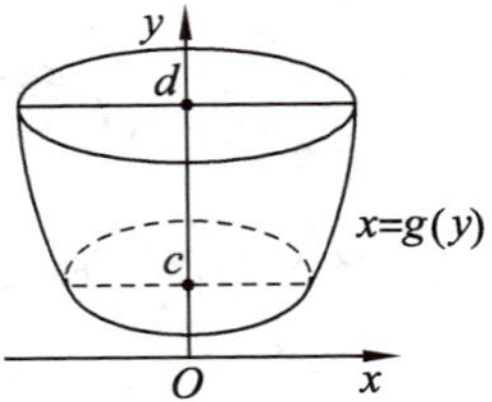

图 3-4

② 由连续曲线 $x=\varphi(y)$ 和直线 $y=c, y=d$ 及 y 轴所围成的曲边梯形绕 y 轴旋转一周而成的旋转体（如图 3-4），其体积为

$$V_y = \int_c^d \pi\varphi^2(y)\mathrm{d}y = \pi\int_c^d \varphi^2(y)\mathrm{d}y.$$

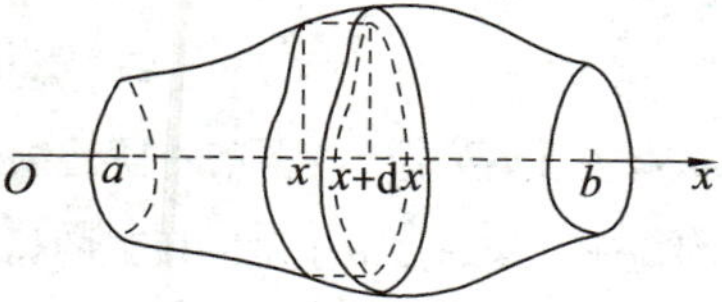

图 3-5

(2) **平行截面面积为已知的立体的体积**

如果一个立体不是旋转体,但却知道该立体垂直于一定轴的各个截面面积,求该立体的体积.

取上述定轴为 x 轴,并设该立体在过点 $x=a$,$x=b$ 且垂直于 x 轴的两个平行平面之间,并设过任意一点 x 的截面面积为 $A(x)$,这里 $A(x)$ 是连续函数,如图 3-5 所示.

取 x 为积分变量,变化区间为$[a,b]$,任取$[x,x+\mathrm{d}x]\subset[a,b]$,相应于该小区间的薄片近似的看做一个小扁柱体,其底面积为 $A(x)$,高为 $\mathrm{d}x$,则体积微元为

$$\mathrm{d}V=A(x)\mathrm{d}x,$$

从而,在闭区间$[a,b]$上作定积分便得到所求立体的体积为

$$V=\int_a^b A(x)\mathrm{d}x.$$

4. 平面曲线的弧长(数学一、数学二)

(1) 直角坐标方程情形

设曲线的方程为 $y=f(x), x\in[a,b]$，$f(x)$ 具有一阶连续的导数，则弧长元素为 $\mathrm{d}s=\sqrt{1+y'^2}\,\mathrm{d}x$，曲线 $y=f(x)$ 对应于 $a\leqslant x\leqslant b$ 上的一段弧的长度为 $s=\int_a^b\sqrt{1+y'^2}\,\mathrm{d}x$.

(2) 参数方程情形

若曲线为参数方程 $\begin{cases}x=\varphi(t),\\ y=\psi(t)\end{cases}$ $(\alpha\leqslant t\leqslant\beta)$，其中 $\varphi(t),\psi(t)$ 在$[\alpha,\beta]$上具有连续导数，则弧长元素为 $\mathrm{d}s=\sqrt{[\varphi'(t)]^2+[\varphi'(t)]^2}\,\mathrm{d}t$，于是对应的弧长为 $s=\int_\alpha^\beta\sqrt{[\varphi'(t)]^2+[\psi'(t)]^2}\,\mathrm{d}t$.

(3) 极坐标方程情形

如果曲线弧由极坐标方程 $r=r(\theta)(\alpha\leqslant\theta\leqslant\beta)$ 给出，其中 $r(\theta)$ 在$[\alpha,\beta]$上具有连续导数，则弧长元素为 $\mathrm{d}s=\sqrt{[r(\theta)]^2+[r'(\theta)]^2}\,\mathrm{d}\theta$，

于是对应的弧长为 $s=\int_\alpha^\beta\sqrt{[r(\theta)]^2+[r'(\theta)]^2}\,\mathrm{d}\theta$.

5. 变速直线运动的路程(数学一、数学二)

在时间间隔$[t_1,t_2]$上速度为 $v(t)$ 的变速直线运动的路程为 $s=\int_{t_1}^{t_1}v(t)\,\mathrm{d}t$.

6. 变力沿直线所作的功(数学一、数学二)

物体受变力 $F=F(x)$ 作用，沿直线由点 a 处移动到点 b 处力所作的功为 $W=\int_a^b F(x)\mathrm{d}x$.

7. 水压力(数学一、数学二)

如图 3-6 所示曲边梯形平板垂直浸入水中，则平板一侧所受的水压力 $F=\int_a^b \gamma x f(x)\mathrm{d}x$，其中 γ 为水的比重($\gamma=\rho g$，ρ 为水的密度).

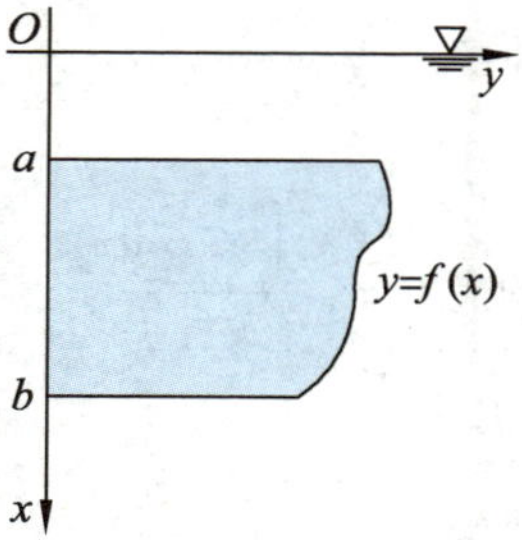

图 3-6

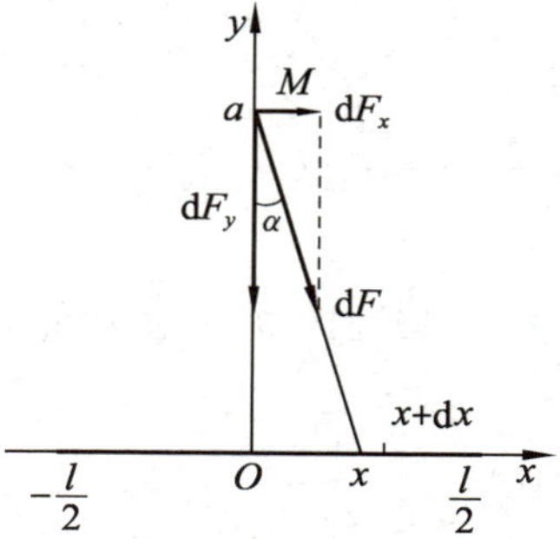

图 3-7

而任意形状的平板浸入水中一侧所受的水压力可看成两个或多个曲边梯形平板一侧所受的水压力的和.

8. 引力(数学一、数学二)

如图3-7所示有一长度为l，线密度为ρ的均匀细棒，在其中垂线上距棒a单位处有一质量为m的质点M，该棒对质点M的引力$F=\{F_x,F_y\}$：

$$dF_x = k\frac{m\rho x}{(x^2+a^2)^{\frac{3}{2}}}dx,$$

$$dF_y = -k\frac{m\rho a}{(x^2+a^2)^{\frac{3}{2}}}dx,$$

从而$F_x=0$，$F_y=-\int_{-\frac{l}{2}}^{\frac{l}{2}} k\frac{m\rho a}{(x^2+a^2)^{\frac{3}{2}}}dx$.

9. 平均值　连续函数$f(x)$在区间$[a,b]$上的平均值为$\bar{y}=\dfrac{\int_a^b f(x)dx}{b-a}$.

第四章 向量代数与空间解析几何(数学一)

本章知识结构

- 向量代数与空间解析几何
  - 向量代数
    - 向量的概念
      - 表示方法
      - 模、方向角、方向余弦
    - 向量的运算
      - 线性运算
      - 数量积、向量积、混合积
    - 向量的位置关系
      - 两向量垂直、平行
      - 三向量共面
  - 空间解析几何
    - 平面方程
      - 点法式
      - 一般式
      - 截距式
    - 直线方程
      - 一般式
      - 对称式
      - 参数式

- 向量代数与空间解析几何 — 空间解析几何
  - 线面关系
    - 面面关系
      - 夹角
      - 平行、垂直
    - 线线关系
      - 夹角
      - 平行、垂直
    - 线面关系
      - 夹角
      - 平行、垂直
  - 空间曲面
    - 球面
    - 旋转曲面
    - 柱面
    - 二次曲面
  - 空间曲线
    - 投影曲线
    - 参数式、一般式方程

一 向量代数

1. 向量定义

既有大小又有方向的量，叫作向量（或矢量），通常用黑体字母 $\boldsymbol{a},\boldsymbol{b},\boldsymbol{c}$ 或带箭头的字母 $\vec{a}$，$\vec{b}$，$\vec{c}$，来表示向量.

2. 向量相等定义

如果两个向量 $\boldsymbol{a}$ 和 $\boldsymbol{b}$ 的大小相等,且方向相同,称向量 $\boldsymbol{a}$ 和 $\boldsymbol{b}$ 为相等向量,记作 $\boldsymbol{a}=\boldsymbol{b}$.

3. 向量的模及单位向量

向量的大小称为向量的模,记作 $|\boldsymbol{a}|$ 或 $|\overrightarrow{AB}|$. 模为 1 的向量称为单位向量. 模为 0 的向量称为零向量,记作 $\mathbf{0}$,零向量的方向可以是任意的.

4. 向量的加法

以 $\boldsymbol{a}$ 与 $\boldsymbol{b}$ 为平行四边形的邻边,则对角线(图 4-1(a))向量称为 $\boldsymbol{a}$ 与 $\boldsymbol{b}$ 之和,记为 $\boldsymbol{a}+\boldsymbol{b}$,这种求和方法称为平行四边形法则.

向量 $\boldsymbol{a}$ 与 $\boldsymbol{b}$ 之和的三角形法则:$\boldsymbol{a}$ 与 $\boldsymbol{b}$ 首尾相接($\boldsymbol{a}$ 的终点接 $\boldsymbol{b}$ 的起点),则三角形另一边向量(图 4-1(b))$\boldsymbol{c}$ 为 $\boldsymbol{a}+\boldsymbol{b}$,即 $\boldsymbol{c}=\boldsymbol{a}+\boldsymbol{b}$.

5. 向量加法运算规律

交换律:$\boldsymbol{a}+\boldsymbol{b}=\boldsymbol{b}+\boldsymbol{a}$.

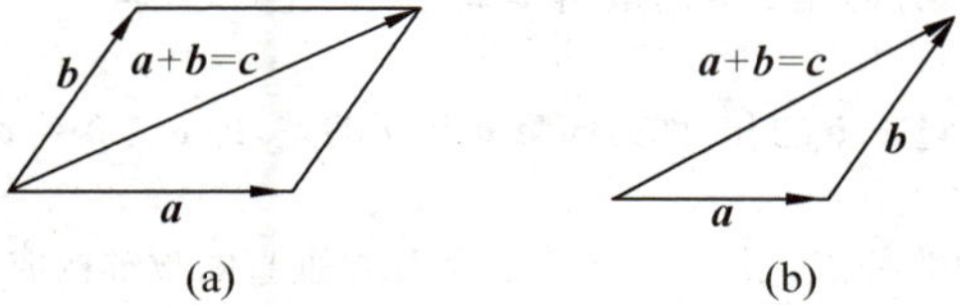

图 4-1

结合律：$(\boldsymbol{a}+\boldsymbol{b})+\boldsymbol{c}=\boldsymbol{a}+(\boldsymbol{b}+\boldsymbol{c})$.

三角不等式：$|\boldsymbol{a}+\boldsymbol{b}|\leqslant|\boldsymbol{a}|+|\boldsymbol{b}|$.

6. 数与向量的乘积定义

实数 λ 与向量 $\boldsymbol{a}$ 的乘积是一个向量，称为数乘向量，记作 $\lambda\boldsymbol{a}$. $\lambda\boldsymbol{a}$ 的模是 $|\lambda||\boldsymbol{a}|$，方向：当 $\lambda>0$ 时，$\lambda\boldsymbol{a}$ 与 $\boldsymbol{a}$ 同向；当 $\lambda<0$ 时，$\lambda\boldsymbol{a}$ 与 $\boldsymbol{a}$ 反向；当 $\lambda=0$ 时，$\lambda\boldsymbol{a}=\boldsymbol{0}$.

7. 数乘向量运算法则

若 λ 和 μ 为实数，向量的数乘满足下列运算法则：

结合律：$(\lambda\mu)\boldsymbol{a}=\lambda(\mu\boldsymbol{a})$；

分配律：$(\lambda+\mu)\boldsymbol{a}=\lambda\boldsymbol{a}+\mu\boldsymbol{a}$，$\lambda(\boldsymbol{a}+\boldsymbol{b})=\lambda\boldsymbol{a}+\lambda\boldsymbol{b}$.

向量 $\boldsymbol{a}$ 与非零向量 $\boldsymbol{b}$ 平行的充分必要条件是存在唯一的实数 λ，使得 $\boldsymbol{a}=\lambda\boldsymbol{b}$.

三个向量 $\boldsymbol{a},\boldsymbol{b},\boldsymbol{c}$ 共面的充分必要条件是 $\boldsymbol{a}=\lambda\boldsymbol{b}+\mu\boldsymbol{c}$（$\lambda,\mu$ 为实数）.

8. 负向量的定义，向量的减法

与向量 $\boldsymbol{a}$ 大小相等，方向相反的向量叫作 $\boldsymbol{a}$ 的负向量（或反向量），记作 $-\boldsymbol{a}$.

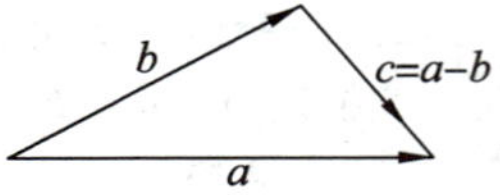

图 4-2

向量 $\boldsymbol{a}$ 与 $\boldsymbol{b}$ 的负向量 $-\boldsymbol{b}$ 的和，称为向量 $\boldsymbol{a}$ 与 $\boldsymbol{b}$ 的差，即 $\boldsymbol{a}-\boldsymbol{b}=\boldsymbol{a}+(-\boldsymbol{b})$（图 4-2）.

9. 空间直角坐标系

以空间中一定点 O 为原点，过定点 O，引三条互相垂直的数轴构成的坐标系，称为空间直角坐标系. 点 O 叫作坐标原点. 这三条数轴分别叫作 x 轴(横轴)、y 轴(纵轴)、z 轴(竖轴),统称为坐标轴. 其正向通常符合右手法则,三个坐标轴两两决定一个平面,称为坐标平面,分别记为 xOy, yOz, zOx 面. 所以空间直角坐标系又称为 $Oxyz$ 直角系.

10. 两点间的距离公式

设 $M=(x_1,y_1,z_1)$, $N=(x_2,y_2,z_2)$ 为空间两点,则 M 与 N 之间的距离为

$$d=\sqrt{(x_2-x_1)^2+(y_2-y_1)^2+(z_2-z_1)^2}.$$

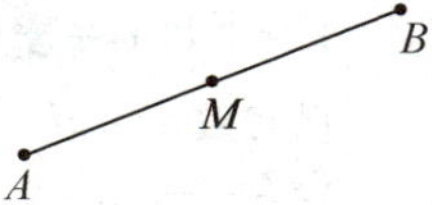

图 4-3

11. 定比分点公式

设两点 $A(x_1,y_1,z_1)$ 和 $B(x_2,y_2,z_2)$, $\lambda=\dfrac{AM}{MB}(\lambda\neq-1)$(图 4-3),则分点 $M(x,y,z)$ 的坐标为

$$\left(\frac{x_1+\lambda x_2}{1+\lambda},\frac{y_1+\lambda y_2}{1+\lambda},\frac{z_1+\lambda z_2}{1+\lambda}\right).$$

当 $\lambda=1$ 时,点 M 是线段 AB 的中点,此时 M 的坐标为 $\left(\dfrac{x_1+x_2}{2},\dfrac{y_1+y_2}{2},\dfrac{z_1+z_2}{2}\right)$.

12. 向量的坐标表达式

设 $\boldsymbol{r}=\overrightarrow{M_1M_2}$ 是起点为 $M_1(x_1,y_1,z_1)$,终点为 $M_2(x_2,y_2,z_2)$ 的向量,则

$$\boldsymbol{r}=\overrightarrow{M_1M_2}=\overrightarrow{OM_2}-\overrightarrow{OM_1}=(x_2\boldsymbol{i}+y_2\boldsymbol{j}+z_2\boldsymbol{k})-(x_1\boldsymbol{i}+y_1\boldsymbol{j}+z_1\boldsymbol{k})$$

$$=(x_2-x_1)\boldsymbol{i}+(y_2-y_1)\boldsymbol{j}+(z_2-z_1)\boldsymbol{k}=a_x\boldsymbol{i}+a_y\boldsymbol{j}+a_z\boldsymbol{k}$$

$$=\{x_2-x_1,y_2-y_1,z_2-z_1\},$$

即 $\boldsymbol{r}=\{x_2-x_1,y_2-y_1,z_2-z_1\}$.

当起点在原点，终点为 $M(x,y,z)$ 时向量 $\boldsymbol{r}=\overrightarrow{OM}$ 为 $\boldsymbol{r}=\{x,y,z\}$.

13. 向量的长度公式

设向量 $\boldsymbol{a}=x\boldsymbol{i}+y\boldsymbol{j}+z\boldsymbol{k}$，则 $|\boldsymbol{a}|=\sqrt{x^2+y^2+z^2}$.

设 $M_1=(x_1,y_1,z_1),M_2=(x_2,y_2,z_2)$，则

$$|\overrightarrow{M_1M_2}|=\sqrt{(x_2-x_1)^2+(y_2-y_1)^2+(z_2-z_1)^2}.$$

14. 向量的方向余弦

设非零向量 $\boldsymbol{a}=\overrightarrow{M_1M_2}$ 与三坐标轴正向的夹角分别为 α,β,γ，称 α,β,γ 为向量 $\boldsymbol{a}$ 的方向角. 规定 $0\leqslant\alpha,\beta,\gamma\leqslant\pi$. 三个方向角的余弦 $\cos\alpha,\cos\beta,\cos\gamma$ 称为向量 $\boldsymbol{a}$ 的方向余弦.

设 $\boldsymbol{r}=\overrightarrow{M_1M_2}$ 是起点为 $M_1(x_1,y_1,z_1)$，终点为 $M_2(x_2,y_2,z_2)$ 的向量，$\boldsymbol{r}=\overrightarrow{M_1M_2}=\{x_2-x_1,y_2-y_1,z_2-z_1\}$，则 $\cos\alpha=\dfrac{x_2-x_1}{\sqrt{(x_2-x_1)^2+(y_2-y_1)^2+(z_2-z_1)^2}}$,

$$\cos\beta=\frac{y_2-y_1}{\sqrt{(x_2-x_1)^2+(y_2-y_1)^2+(z_2-z_1)^2}},$$

$$\cos\gamma=\frac{z_2-z_1}{\sqrt{(x_2-x_1)^2+(y_2-y_1)^2+(z_2-z_1)^2}}.$$

设 $\boldsymbol{a}=\{x,y,z\}$,则

$$\cos\alpha=\frac{x}{\sqrt{x^2+y^2+z^2}},\cos\beta=\frac{y}{\sqrt{x^2+y^2+z^2}},\cos\gamma=\frac{z}{\sqrt{x^2+y^2+z^2}}.$$

注 任何非零向量方向余弦的平方和等于1,即 $\cos^2\alpha+\cos^2\beta+\cos^2\gamma=1$.

15. 数量积

(1) **定义**

向量 $\boldsymbol{a}$ 与 $\boldsymbol{b}$ 的模 $|\boldsymbol{a}|$, $|\boldsymbol{b}|$ 以及 $\boldsymbol{a}$ 与 $\boldsymbol{b}$ 两个向量的夹角 $\langle\widehat{\boldsymbol{a},\boldsymbol{b}}\rangle$ 的余弦的乘积,称为向量 $\boldsymbol{a}$ 与 $\boldsymbol{b}$ 的数量积(也称内积或点积),记作 $\boldsymbol{a}\cdot\boldsymbol{b}$,即 $\boldsymbol{a}\cdot\boldsymbol{b}=|\boldsymbol{a}||\boldsymbol{b}|\cos\langle\widehat{\boldsymbol{a},\boldsymbol{b}}\rangle$.

(2) **性质**

① $\boldsymbol{a}\cdot\boldsymbol{a}=|\boldsymbol{a}|^2$.

② $\boldsymbol{a}\cdot\boldsymbol{b}=0\Leftrightarrow\boldsymbol{a}\perp\boldsymbol{b}$.

③ $|\boldsymbol{a}\cdot\boldsymbol{b}|\leqslant|\boldsymbol{a}|\cdot|\boldsymbol{b}|$.

(3) **运算规律**

① 交换律:$\boldsymbol{a}\cdot\boldsymbol{b}=\boldsymbol{b}\cdot\boldsymbol{a}$.

② 分配律：$\boldsymbol{a}\cdot(\boldsymbol{b}+\boldsymbol{c})=\boldsymbol{a}\cdot\boldsymbol{b}+\boldsymbol{a}\cdot\boldsymbol{c}$.

③ 数量积的结合律：$(\lambda\boldsymbol{a})\cdot\boldsymbol{b}=\lambda(\boldsymbol{a}\cdot\boldsymbol{b})=\boldsymbol{a}\cdot(\lambda\boldsymbol{b})$（$\lambda$ 为常数）.

(4) **坐标运算法**

若向量 $\boldsymbol{a}=x_1\boldsymbol{i}+y_1\boldsymbol{j}+z_1\boldsymbol{k}$，$\boldsymbol{b}=x_2\boldsymbol{i}+y_2\boldsymbol{j}+z_2\boldsymbol{k}$，则 $\boldsymbol{a}\cdot\boldsymbol{b}=x_1x_2+y_1y_2+z_1z_2$，即两向量的数量积等于它们对应坐标分量的乘积之和.

(5) **结论**

设非零向量 $\boldsymbol{a}=\{x_1,y_1,z_1\}$，$\boldsymbol{b}=\{x_2,y_2,z_2\}$，则

① $|\boldsymbol{a}|=\sqrt{\boldsymbol{a}\cdot\boldsymbol{a}}=\sqrt{x_1^2+y_1^2+z_1^2}$，

② $\cos\langle\widehat{\boldsymbol{a},\boldsymbol{b}}\rangle=\dfrac{\boldsymbol{a}\cdot\boldsymbol{b}}{|\boldsymbol{a}||\boldsymbol{b}|}=\dfrac{x_1x_2+y_1y_2+z_1z_2}{\sqrt{x_1^2+y_1^2+z_1^2}\sqrt{x_2^2+y_2^2+z_2^2}}$，

③ $\boldsymbol{a}\perp\boldsymbol{b}\Leftrightarrow x_1x_2+y_1y_2+z_1z_2=0$.

16. 向量积

(1) **定义**

设由两向量 $\boldsymbol{a}$，$\boldsymbol{b}$ 的向量积确定的一个新向量 $\boldsymbol{c}$，$\boldsymbol{c}$ 满足下列条件：

① $|\boldsymbol{c}|=|\boldsymbol{a}||\boldsymbol{b}|\sin\langle\widehat{\boldsymbol{a},\boldsymbol{b}}\rangle$；

② $\boldsymbol{c}$ 同时垂直于向量 $\boldsymbol{a}$ 与 $\boldsymbol{b}$，即 $\boldsymbol{c}$ 垂直于向量 $\boldsymbol{a}$、$\boldsymbol{b}$ 所决定的平面；

③ $\boldsymbol{c}$ 的方向：按顺序 $\boldsymbol{a}$，$\boldsymbol{b}$，$\boldsymbol{c}$ 符合右手法则. 向量 $\boldsymbol{a}$ 与 $\boldsymbol{b}$ 的向量积（也称外积或叉积），记作

$\boldsymbol{a}\times\boldsymbol{b}$,即 $\boldsymbol{c}=\boldsymbol{a}\times\boldsymbol{b}$.

(2) **几何意义**

两向量 $\boldsymbol{a}$ 与 $\boldsymbol{b}$ 的向量积的模 $|\boldsymbol{a}\times\boldsymbol{b}|$ 的几何意义是以 $\boldsymbol{a},\boldsymbol{b}$ 为邻边的平行四边形的面积.

(3) **性质**

① $\boldsymbol{a}\times\boldsymbol{a}=\boldsymbol{0}$;

② 对两个非零向量 $\boldsymbol{a}=\{x_1,y_1,z_1\}$,$\boldsymbol{b}=\{x_2,y_2,z_2\}$,则有

$$\boldsymbol{a}\parallel\boldsymbol{b}\Leftrightarrow\boldsymbol{a}\times\boldsymbol{b}=\boldsymbol{0}\Leftrightarrow\frac{x_1}{x_2}=\frac{y_1}{y_2}=\frac{z_1}{z_2}.$$

(4) **运算规律**

① 反交换律:$\boldsymbol{a}\times\boldsymbol{b}=-\boldsymbol{b}\times\boldsymbol{a}$.

② 分配律:$\boldsymbol{a}\times(\boldsymbol{b}+\boldsymbol{c})=\boldsymbol{a}\times\boldsymbol{b}+\boldsymbol{a}\times\boldsymbol{c}$,$(\boldsymbol{a}+\boldsymbol{b})\times\boldsymbol{c}=\boldsymbol{a}\times\boldsymbol{c}+\boldsymbol{b}\times\boldsymbol{c}$.

③ 与数乘的结合律:$(\lambda\boldsymbol{a})\times\boldsymbol{b}=\lambda(\boldsymbol{a}\times\boldsymbol{b})=\boldsymbol{a}\times(\lambda\boldsymbol{b})$($\lambda$ 为常数).

(5) **坐标运算法**

设向量 $\boldsymbol{a}=\{x_1,y_1,z_1\}$ 和向量 $\boldsymbol{b}=\{x_2,y_2,z_2\}$,则有

$$\boldsymbol{a}\times\boldsymbol{b}=\begin{vmatrix}\boldsymbol{i}&\boldsymbol{j}&\boldsymbol{k}\\x_1&y_1&z_1\\x_2&y_2&z_2\end{vmatrix}=\begin{vmatrix}y_1&z_1\\y_2&z_2\end{vmatrix}\boldsymbol{i}-\begin{vmatrix}x_1&z_1\\x_2&z_2\end{vmatrix}\boldsymbol{j}+\begin{vmatrix}x_1&y_1\\x_2&y_2\end{vmatrix}\boldsymbol{k}.$$

17. 混合积

(1) 定义

给定三个向量 $\boldsymbol{a},\boldsymbol{b},\boldsymbol{c}$，称 $(\boldsymbol{a}\times\boldsymbol{b})\cdot\boldsymbol{c}$ 为三向量 $\boldsymbol{a},\boldsymbol{b},\boldsymbol{c}$ 的混合积，记作 $(\boldsymbol{a}\times\boldsymbol{b})\cdot\boldsymbol{c}=[\boldsymbol{abc}]$.

如果 $\boldsymbol{a}=x_1\boldsymbol{i}+y_1\boldsymbol{j}+z_1\boldsymbol{k},\boldsymbol{b}=x_2\boldsymbol{i}+y_2\boldsymbol{j}+z_2\boldsymbol{k},\boldsymbol{c}=x_3\boldsymbol{i}+y_3\boldsymbol{j}+z_3\boldsymbol{k}$，那么

$$(\boldsymbol{a}\times\boldsymbol{b})\cdot\boldsymbol{c}=\begin{vmatrix} x_1 & y_1 & z_1 \\ x_2 & y_2 & z_2 \\ x_3 & y_3 & z_3 \end{vmatrix}.$$

(2) 性质

① $[\boldsymbol{abc}]=[\boldsymbol{bca}]=[\boldsymbol{cab}]$；

② 三个向量 $\boldsymbol{a},\boldsymbol{b},\boldsymbol{c}$ 共面的充分必要条件是它们的混合积为零，即 $[\boldsymbol{abc}]=0$.

(3) 混合积的几何意义：三个不共面向量 $\boldsymbol{a},\boldsymbol{b},\boldsymbol{c}$ 的混合积的绝对值等于以 $\boldsymbol{a},\boldsymbol{b},\boldsymbol{c}$ 为棱的平行六面体的体积 V.

二 平面方程

法向量：设 Π 是空间中的一个平面，如果非零向量 $\boldsymbol{n}$ 与平面 Π 垂直，则称向量 $\boldsymbol{n}$ 为平面 Π 的法线向量（简称法向量）.

1. 平面的点法式方程　已知平面 Π 过一定点 $M_0(x_0,y_0,z_0)$，它的法线向量为 $\boldsymbol{n}=\{A,$

$B,C\}$,其中 A,B,C 不同时为零,则其平面方程为

$$A(x-x_0)+B(y-y_0)+C(z-z_0)=0,$$

称为平面的点法式方程.

2. 平面的一般式方程 $Ax+By+Cz+D=0$,其中 A,B,C 不同时为零,它的法线向量为 $\boldsymbol{n}=\{A,B,C\}$.

3. 平面的截距式方程 过三点 $A(a,0,0),B(0,b,0),C(0,0,c)(abc\neq 0)$ 的平面方程为 $\dfrac{x}{a}+\dfrac{y}{b}+\dfrac{z}{c}=1$,称为平面的截距式方程,其中 a,b,c 分别称为平面在 x 轴,y 轴和 z 轴上截距.

注 平面方程为 x,y,z 的一次方程,反之也成立.

4. 平面的三点式方程 过不共线的三点 $M_k(x_k,y_k,z_k)(k=1,2,3)$ 的平面方程为

$$\begin{vmatrix} x-x_1 & y-y_1 & z-z_1 \\ x_2-x_1 & y_2-y_1 & z_2-z_1 \\ x_3-x_1 & y_3-y_1 & z_3-z_1 \end{vmatrix}=0,$$

称为平面的三点式方程.

5. 两平面间的夹角指不超过 $\dfrac{\pi}{2}$ 的角 设有两个平面的方程分别为

$\Pi_1: A_1x+B_1y+C_1z+D_1=0(A_1,B_1,C_1$ 不同时为零$)$，

$\Pi_2: A_2x+B_2y+C_2z+D_2=0(A_2,B_2,C_2$ 不同时为零$)$，

则平面 Π_1 和 Π_2 的夹角 θ 的余弦为

$$\cos\theta=|\cos\langle\widehat{\boldsymbol{n}_1,\boldsymbol{n}_2}\rangle|=\frac{|\boldsymbol{n}_1\cdot\boldsymbol{n}_2|}{|\boldsymbol{n}_1||\boldsymbol{n}_2|}=\frac{|A_1A_2+B_1B_2+C_1C_2|}{\sqrt{A_1^2+B_1^2+C_1^2}\sqrt{A_2^2+B_2^2+C_2^2}}.$$

6. 点到平面的距离　设点 $M_0(x_0,y_0,z_0)$ 是平面 $\Pi: Ax+By+Cz+D=0$ 外的一点，则点 M_0 到平面 Π 的距离为 $d=\dfrac{|Ax_0+By_0+Cz_0+D|}{\sqrt{A^2+B^2+C^2}}$.

三 空间直线的方程

方向向量：如果一个非零向量 $\boldsymbol{s}$ 与直线 L 平行，则称向量 $\boldsymbol{s}$ 是直线 L 的一个方向向量.

1. 直线的对称式方程

设 $M_0(x_0,y_0,z_0)$ 是直线 L 上的一个点，$\boldsymbol{s}=\{m,n,p\}$ 为 L 的一个方向向量，则直线 L 的方程为 $\dfrac{x-x_0}{m}=\dfrac{y-y_0}{n}=\dfrac{z-z_0}{p}$，称为直线 L 的对称式方程或点向式方程. 当分母为 0 时，应理解为分子也为 0.

2. 直线的参数式方程

设 $M_0(x_0,y_0,z_0)$ 是直线 L 上的一个点，$\boldsymbol{s}=\{m,n,p\}$ 为 L 的一个方向向量，则直线 L 的

方程为$\begin{cases} x = x_0 + mt, \\ y = y_0 + nt, \\ z = z_0 + pt. \end{cases}$

3. 直线的一般式方程 $L:\begin{cases} A_1x + B_1y + C_1z + D_1 = 0, \\ A_2x + B_2y + C_2z + D_2 = 0, \end{cases}$其中 x,y,z 的系数不成比例.

与 L 平行的直线的方向向量 $\boldsymbol{s}$ 为

$$\boldsymbol{s} = \begin{vmatrix} \boldsymbol{i} & \boldsymbol{j} & \boldsymbol{k} \\ A_1 & B_1 & C_1 \\ A_2 & B_2 & C_2 \end{vmatrix}.$$

4. 直线的两点式方程 若直线过两点 $M_1=(x_1,y_1,z_1)$，$M_2=(x_2,y_2,z_2)$，则直线的两点式方程为$\dfrac{x-x_1}{x_2-x_1}=\dfrac{y-y_1}{y_2-y_1}=\dfrac{z-z_1}{z_2-z_1}$.

5. 两直线的夹角 （不超过$\dfrac{\pi}{2}$ 的角）：设直线 L_1 与 L_2 的方程为

$$L_1:\frac{x-x_1}{m_1}=\frac{y-y_1}{n_1}=\frac{z-z_1}{p_1},L_2:\frac{x-x_2}{m_2}=\frac{y-y_2}{n_2}=\frac{z-z_2}{p_2},$$

它们的夹角为 θ，则有 $\cos\theta=\dfrac{|m_1m_2+n_1n_2+p_1p_2|}{\sqrt{m_1^2+n_1^2+p_1^2}\sqrt{m_2^2+n_2^2+p_2^2}}$.

直线与平面的夹角　直线与它在平面上的投影之间的夹角$\theta\left(0\leqslant\theta<\frac{\pi}{2}\right)$，称为直线与平面的夹角（图 4-4），当直线与平面垂直时，规定平面与直线的夹角为$\frac{\pi}{2}$.

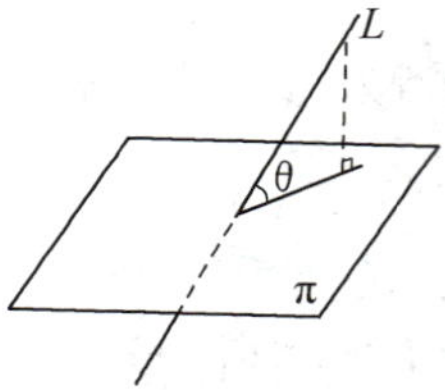

图 4-4

已知直线 L：$\frac{x-x_0}{m}=\frac{y-y_0}{n}=\frac{z-z_0}{p}$，平面 Π：$Ax+By+Cz+D=0$，则直线 L 与平面 Π 的法线之间的夹角为 φ，则 $\theta=\frac{\pi}{2}-\varphi$，所以

$$\sin\theta=|\cos\varphi|=\frac{|Am+Bn+Cp|}{\sqrt{m^2+n^2+p^2}\sqrt{A^2+B^2+C^2}}.$$

6. 平面束方程

设平面 Π_1：$A_1x+B_1y+C_1z+D_1=0$，平面 Π_2：$A_2x+B_2y+C_2z+D_2=0$，则过 Π_1 与 Π_2 的交线的所有的平面方程称为平面束方程，其方程为

$$\lambda(A_1x+B_1y+C_1z+D_1)+\mu(A_2x+B_2y+C_2z+D_2)=0,$$

其中 λ,μ 为不同时为 0 的实数.

7. 点到直线的距离 点 $M_0(x_0,y_0,z_0)$ 到直线 $L:\frac{x-x_1}{m}=\frac{y-y_1}{n}=\frac{z-z_1}{p}$ 的距离为 $d=\frac{|\boldsymbol{s}\times\overrightarrow{M_0M_1}|}{|\boldsymbol{s}|}$，其中 $M_1(x_1,y_1,z_1)\in L$，$\boldsymbol{s}=\{m,n,p\}\ /\!/\ L$(图 4-5).

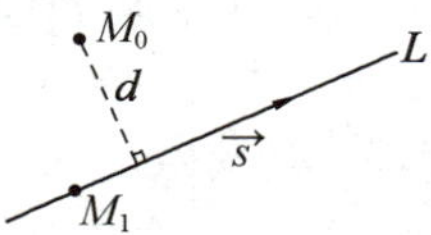

图 4-5

8. 两条直线间的距离 设 $L_1:\frac{x-x_1}{m_1}=\frac{y-y_1}{n_1}=\frac{z-z_1}{p_1}$ 和 $L_2:\frac{x-x_2}{m_2}=\frac{y-y_2}{n_2}=\frac{z-z_2}{p_2}$ 为两条直线，方向向量分别为 $\boldsymbol{s}_1=\{m_1,n_1,p_1\}$ 和 $\boldsymbol{s}_2=\{m_2,n_2,p_2\}$，且 $M_k(x_k,y_k,z_k)\in L_k,k=1,2$，若 $(\boldsymbol{s}_1\times\boldsymbol{s}_2)\cdot\overrightarrow{M_1M_2}\neq 0$，则 L_1 和 L_2 异面，此时它们之间的距离为

$$d=\frac{|(\boldsymbol{s}_1\times\boldsymbol{s}_2)\cdot\overrightarrow{M_1M_2}|}{|\boldsymbol{s}_1\times\boldsymbol{s}_2|}.$$

9. 两条直线共面的条件 设 $L_1:\frac{x-x_1}{m_1}=\frac{y-y_1}{n_1}=\frac{z-z_1}{p_1}$ 和 $L_2:\frac{x-x_2}{m_2}=\frac{y-y_2}{n_2}=\frac{z-z_2}{p_2}$ 为两条直线，且 $M_k(x_k,y_k,z_k)\in L_k,k=1,2$，则 L_1 和 L_2 共面的充要条件是 $(\boldsymbol{s}_1\times\boldsymbol{s}_2)\cdot\overrightarrow{M_1M_2}=0$，即 $\begin{vmatrix} x_2-x_1 & y_2-y_1 & z_2-z_1 \\ m_1 & n_1 & p_1 \\ m_2 & n_2 & p_2 \end{vmatrix}=0$.

10. 四点共面的条件 设 $M_k(x_k,y_k,z_k)(k=1,2,3,4)$，则四点 M_1,M_2,M_3,M_4 共面的充要条件是 $\begin{vmatrix} x_2-x_1 & y_2-y_1 & z_2-z_1 \\ x_3-x_1 & y_3-y_1 & z_3-z_1 \\ x_4-x_1 & y_4-y_1 & z_4-z_1 \end{vmatrix}=0.$

四 空间曲面与曲线

1. 常见的空间曲面方程

(1) 球面方程

① 球心为 $M_0(x_0,y_0,z_0)$，半径为 $R(R>0)$ 的球面方程为

$$(x-x_0)^2+(y-y_0)^2+(z-z_0)^2=R^2.$$

② 球心为原点，半径为 R 的球面方程为 $x^2+y^2+z^2=R^2$.

③ 球心在 x 轴上 $(R,0,0)$，半径为 R 的球面方程（即与 yOz 坐标面相切于原点）为

$$x^2+y^2+z^2=2Rx.$$

④ 球心在 z 轴上 $(0,0,R)$，半径为 R 的球面方程（即与 xOy 坐标面相切于原点）为

$$x^2+y^2+z^2=2Rz.$$

(2) 圆锥面方程 $z^2=a^2(x^2+y^2)$（图 4-6）.

(3) 椭球面方程 $\dfrac{x^2}{a^2}+\dfrac{y^2}{b^2}+\dfrac{z^2}{c^2}=1$ （a,b,c 为正常数）（图 4-7）.

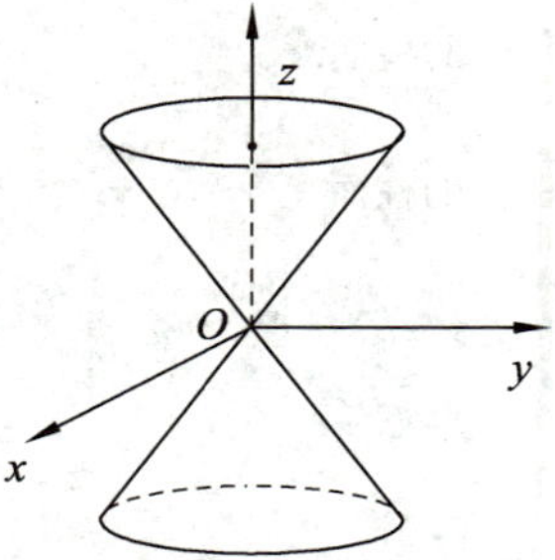

图 4-6 圆锥面：$z^2 = a^2(x^2 + y^2)$

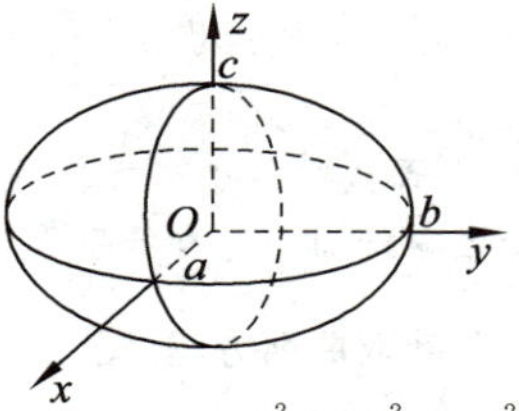

图 4-7 椭球面：$\frac{x^2}{a^2} + \frac{y^2}{b^2} + \frac{z^2}{c^2} = 1$

(4) **母线平行坐标轴的柱面方程**

① 柱面定义：直线 L 沿空间一条曲线 C 平行移动所形成的曲面称为柱面. 动直线 L 称为柱面的母线，定曲线 C 称为柱面的准线.

② 准线在坐标平面上、母线平行于坐标轴的柱面表示如下.

$F(x,y) = 0$ 表示母线平行于 z 轴、准线为 $\begin{cases} F(x,y) = 0, \\ z = 0 \end{cases}$ 的柱面.

$F(y,z)=0$ 表示母线平行于 x 轴、准线为 $\begin{cases}F(y,z)=0,\\ x=0\end{cases}$ 的柱面.

$F(x,z)=0$ 表示母线平行于 y 轴、准线为 $\begin{cases}F(x,z)=0,\\ y=0\end{cases}$ 的柱面.

注 母线平行于坐标轴的柱面方程的特点是方程中缺少一个变量. 如方程 $x^2+y^2=R^2$ 表示以 z 轴为中心轴的圆柱面.

(5) **单叶双曲面方程**(图 4-8)

$\frac{x^2}{a^2}+\frac{y^2}{b^2}-\frac{z^2}{c^2}=1$($a,b,c$ 为正常数)；　$\frac{x^2}{a^2}-\frac{y^2}{b^2}+\frac{z^2}{c^2}=1$　(a,b,c 为正常数)；

$-\frac{x^2}{a^2}+\frac{y^2}{b^2}+\frac{z^2}{c^2}=1$($a,b,c$ 为正常数).

(6) **双叶双曲面方程**(图 4-9)

$-\frac{x^2}{a^2}-\frac{y^2}{b^2}+\frac{z^2}{c^2}=1$($a,b,c$ 为正常数)；　$-\frac{x^2}{a^2}+\frac{y^2}{b^2}-\frac{z^2}{c^2}=1$($a,b,c$ 为正常数)；

$\frac{x^2}{a^2}-\frac{y^2}{b^2}-\frac{z^2}{c^2}=1$($a,b,c$ 为正常数).

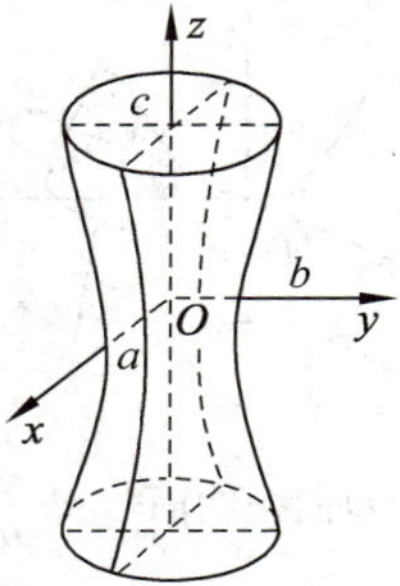

图4-8　单叶双曲面$\frac{x^2}{a^2}+\frac{y^2}{b^2}-\frac{z^2}{c^2}=1$

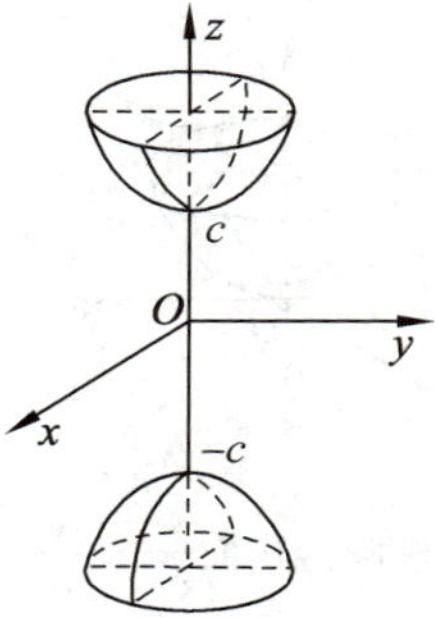

图 4-9　双叶双曲面$-\frac{x^2}{a^2}-\frac{y^2}{b^2}+\frac{z^2}{c^2}=1$

(7) **椭圆抛物面方程**(图 4-10)

$\frac{x^2}{a^2}+\frac{y^2}{b^2}=2pz$($a,b,p$ 为正常数)；　　$\frac{y^2}{b^2}+\frac{z^2}{c^2}=2px$($b,c,p$ 为正常数)；

$\frac{z^2}{c^2}+\frac{x^2}{a^2}=2py$($c,a,p$ 为正常数).

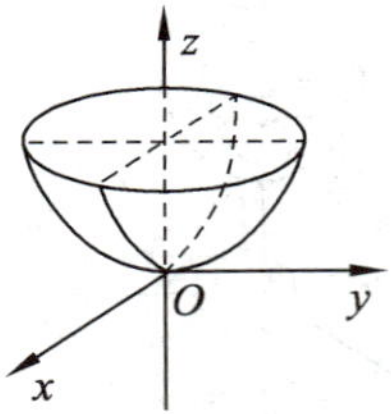

图 4-10　椭圆抛物面$\frac{x^2}{a^2}+\frac{y^2}{b^2}=2pz$

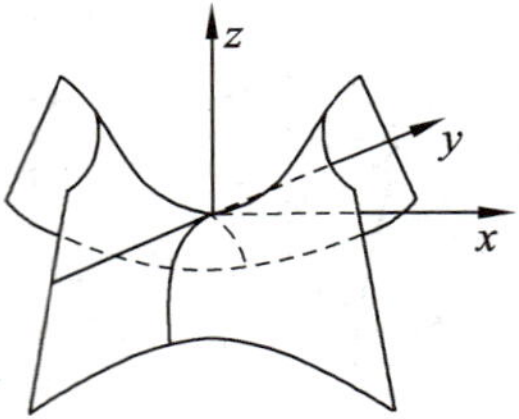

图 4-11　双曲抛物面$\frac{x^2}{a^2}-\frac{y^2}{b^2}=2pz$

(8) **双曲抛物面方程**(图 4-11)

$\frac{x^2}{a^2}-\frac{y^2}{b^2}=2pz$($a,b,p$ 为正常数)；　　$\frac{y^2}{b^2}-\frac{z^2}{c^2}=2px$($b,c,p$ 为正常数)；

$$\frac{z^2}{c^2}-\frac{x^2}{a^2}=2py(c,a,p\text{ 为正常数}).$$

2. 空间曲线的定义

空间曲线$\begin{cases}F(x,y,z)=0,\\G(x,y,z)=0\end{cases}$可以看做两个曲面的交线.

3. 空间曲线的方程

(1) 一般式方程 $\begin{cases} F(x,y,z)=0, \\ G(x,y,z)=0. \end{cases}$ (2) 参数式方程 $\begin{cases} x=x(t), \\ y=y(t), \\ z=z(t). \end{cases}$

4. 空间曲线在坐标面上的投影曲线

(1) **投影柱面定义** 过空间曲线 C 上每一点作平行坐标轴的直线. 这些直线所形成的面称为投影柱面. 设空间曲线 C 的方程为 $\begin{cases} F(x,y,z)=0, \\ G(x,y,z)=0 \end{cases}$

消去一个变量如消去 z 得方程 $H(x,y)=0$,

此方程即为投影柱面.

(2) **投影曲线定义** 投影柱面(如 $H(x,y)=0$) 与坐标面(xOy 面) 的交线叫作曲线 C 在坐标面上(xOy 面上) 的投影曲线,简称为投影.

如空间曲线 C: $\begin{cases} x^2+y^2+z^2=4, \\ x^2+y^2=3z \end{cases}$ 在 xOy 面上的投影曲线为 $\begin{cases} x^2+y^2=3, \\ z=0. \end{cases}$

第五章 多元函数微分学

本章知识结构

- 多元函数微分学
  - 多元函数的基本概念
  - 偏导数与全微分
    - 偏导数
    - 高阶偏导数
    - 全微分
  - 多元复合函数和隐函数的求导
    - 多元复合函数求导法则
    - 隐函数求导法则
  - 多元函数的极值
    - 极值
    - 最值
    - 条件极值
  - 几何应用
    - 空间曲线的切线与法平面
    - 空间曲面的切平面与法线
  - 二元函数的泰勒公式

一 多元函数的基本概念

1. 邻域 设 $P_0(x_0,y_0)$ 是 xOy 平面上的一定点，δ 是某一正数，与点 $P_0(x_0,y_0)$ 的距离小于 δ 的点 $P(x,y)$ 的全体，称为点 $P_0(x_0,y_0)$ 的 δ 邻域，记为 $U(P_0,\delta)$，即

$$U(P_0,\delta)=\{P \mid |P_0P|<\delta\}=\{(x,y) \mid \sqrt{(x-x_0)^2+(y-y_0)^2}<\delta\}.$$

在几何上，$U(P_0,\delta)$ 表示以 $P_0(x_0,y_0)$ 为中心，δ 为半径的圆的内部(不含圆周).

邻域 $U(P_0,\delta)$ 去掉中心 $P_0(x_0,y_0)$ 后，称为 $P_0(x_0,y_0)$ 的去心邻域，记作 $\mathring{U}(P_0,\delta)$，即

$$\mathring{U}(P_0,\delta)=\{P \mid 0<|P_0P|<\delta\}=\{(x,y) \mid 0<\sqrt{(x-x_0)^2+(y-y_0)^2}<\delta\}.$$

如果不需要强调邻域的半径 δ，则用 $U(P_0)$ 表示点 $P_0(x_0,y_0)$ 的邻域，用 $\mathring{U}(P_0)$ 表示 $P_0(x_0,y_0)$ 的去心邻域.

2. 平面点集的基本概念

设 E 是 xOy 面上的一个点集，P 是 xOy 面上的一点，则

(1) **内点** 如果存在 P 的某个邻域 $U(P)$，使 $U(P)\subset E$，则称点 P 为 E 的内点.

(2) **边界点** 如果在点 P 的任何邻域内，既有属于 E 的点，又有不属于 E 的点，则称点 P 为 E 的边界点. E 的边界点的集合称为 E 的边界.

(3) **开集** 如果点集 E 的每一点都是 E 的内点，则称 E 为开集.

(4) **连通集**　设 E 是平面点集，如果对于 E 中的任何两点，都可用完全含于 E 中的折线连接起来，则称 E 是连通集.

(5) **开区域**　连通的开集称为开区域，也称区域.

(6) **闭区域**　开区域连同它的边界称为闭区域.

(7) **有界区域**　如果区域 E 可包含在以原点为中心的某个圆内，即存在正数 r，使 $E\subset U(O,r)$，则称 E 为有界区域；否则，称 E 为无界区域.

(8) **聚点**　设 E 是平面上的一个点集，P 是平面上的一个点. 如果点 P 的任一邻域内总有无限多个点属于点集 E，则称 P 为 E 的聚点.

显然，E 的内点一定是 E 的聚点，此外，E 的边界点也可能是 E 的聚点.

3. n 维空间　由 n 元有序实数组 $(x_1,x_2,\cdots,x_n)$ 的全体组成的集合称为 n 维空间，记作 R^n，即

$$R^n=\{(x_1,x_2,\cdots,x_n)\mid x_i\in R,i=1,2,\cdots,n\}.$$

n 元有序实数组 $(x_1,x_2,\cdots,x_n)$ 称为 n 维空间中的一个点，数 x_i 称为该点的第 i 个坐标.

4. 二元函数　设 D 是 $\mathbf{R}^2$ 中的一个平面点集，如果对于每个点 $P(x,y)\in D$，变量 z 按照一定的对应法则 f 总有唯一确定的数值与之对应，则称 z 是 x,y 的二元函数，记作

$$z=f(x,y)\ (x,y)\in D\ 或\ z=f(P),P\in D.$$

其中 x,y 为自变量，z 为因变量，点集 D 为函数的定义域.

类似地，可以定义三元函数以及三元以上的函数，二元及二元以上的函数统称为多元函数.

二元函数 $z=f(x,y)$ 的图形. 设函数 $z=f(x,y)$ 的定义域为平面区域 D，对于 D 中的任意一点 $P(x,y)$，对应一确定的函数值 $z[z=f(x,y)]$. 这样便得到一个三元有序数组 (x,y,z)，相应地在空间可得到一点 $M(x,y,z)$. 当点 P 在 D 内变动时，相应的点 M 就在空间中变动，当点 P 取遍整个定义域 D 时，点 M 就在空间形成一张曲面 S：

$$S=\{(x,y,z)\mid z=f(x,y),(x,y)\in D\},$$

而函数的定义域 D 就是曲面 S 在 xOy 面上的投影区域.

5. 二元函数的极限　设二元函数 $f(x,y)$ 的定义域为 D，$P_0(x_0,y_0)$ 为 D 的聚点，若 $\forall\varepsilon>0$，$\exists\delta>0$，使当 $0<\sqrt{(x-x_0)^2+(y-y_0)^2}<\delta$ 时，有 $|f(x,y)-A|<\varepsilon$ 成立，则称 A 为函数 $f(x,y)$ 当 $(x,y)\to(x_0,y_0)$ 时的极限，记为 $\lim\limits_{(x,y)\to(x_0,y_0)}f(x,y)=A$.

注　(1) 为了区别于一元函数的极限，把二元函数的极限叫作二重极限.

(2) $(x,y)\to(x_0,y_0)$ 是指在定义域范围内按任何方式趋于 (x_0,y_0)，所以二元函数的极限比一元函数的极限复杂.

(3) $\lim\limits_{(x,y)\to(x_0,y_0)}f(x,y)=A$ 的充要条件是 $f(x,y)=A+\alpha(x,y)$，其中 $\lim\limits_{(x,y)\to(x_0,y_0)}\alpha(x,y)=0$.

(4) 验证极限 $\lim\limits_{(x,y)\to(x_0,y_0)} f(x,y)$ 不存在，只需找到两条曲线，动点 (x,y) 沿这两条曲线趋于定点 (x_0,y_0)，极限 $\lim\limits_{(x,y)\to(x_0,y_0)} f(x,y)$ 的值不相等即可.

6. 二元函数的连续性 设二元函数 $f(x,y)$ 的定义域为 D，$P_0(x_0,y_0)$ 为 D 的聚点，且 $P_0\in D$. 若 $\lim\limits_{(x,y)\to(x_0,y_0)} f(x,y)=f(x_0,y_0)$，则称函数 $f(x,y)$ 在点 (x_0,y_0) 处连续.

若 $f(x,y)$ 在区域 D 内每一点皆连续，则称 $f(x,y)$ 在 D 内连续.

7. 有界闭区域上连续函数的性质

(1) **最大值最小值定理** 若函数 $f(x,y)$ 在有界闭区域 D 上连续，则 $f(x,y)$ 在 D 上能取到最大值和最小值.

(2) **有界性定理** 若函数 $f(x,y)$ 在有界闭区域 D 上连续，则 $f(x,y)$ 在 D 上有界.

(3) **介值定理** 若函数 $f(x,y)$ 在有界闭区域 D 上连续，m 和 M 分别是 $f(x,y)$ 在 D 上的最小值和最大值，则对于任意介于 m 和 M 之间的数 c，必存在一点 $(x_0,y_0)\in D$，使 $f(x_0,y_0)=c$.

二 多元函数微分法

1. 偏导数的定义及其计算法

(1) **偏导数的定义**

若极限 $\lim\limits_{\Delta x\to 0}\dfrac{f(x_0+\Delta x,y_0)-f(x_0,y_0)}{\Delta x}$ 或 $\lim\limits_{x\to x_0}\dfrac{f(x,y_0)-f(x_0,y_0)}{x-x_0}$ 存在，则称函数 $z=$

$f(x,y)$ 在点 (x_0,y_0) 处关于 x 的偏导数存在，此极限值称为 $z=f(x,y)$ 在点 (x_0,y_0) 处关于 x 的偏导数，可记为 $f'_x(x_0,y_0)$，$z'_x\Big|_{\substack{x=x_0\\y=y_0}}$，$\dfrac{\partial z}{\partial x}\Big|_{\substack{x=x_0\\y=y_0}}$，$\dfrac{\partial f}{\partial x}\Big|_{\substack{x=x_0\\y=y_0}}$.

若极限 $\lim\limits_{\Delta y\to 0}\dfrac{f(x_0,y_0+\Delta y)-f(x_0,y_0)}{\Delta y}$ 或 $\lim\limits_{y\to y_0}\dfrac{f(x_0,y)-f(x_0,y_0)}{y-y_0}$ 存在，则称函数 $z=f(x,y)$ 在点 (x_0,y_0) 处关于 y 的偏导数存在，此极限值称为 $z=f(x,y)$ 在点 (x_0,y_0) 处关于 y 的偏导数，可记为 $f'_y(x_0,y_0)$，$z'_y\Big|_{\substack{x=x_0\\y=y_0}}$，$\dfrac{\partial z}{\partial y}\Big|_{\substack{x=x_0\\y=y_0}}$，$\dfrac{\partial f}{\partial y}\Big|_{\substack{x=x_0\\y=y_0}}$.

(2) **偏导函数的定义** 若函数 $z=f(x,y)$ 在区域 D 内每一点 (x,y) 处对 x 和 y 的偏导数都存在，那么这两个偏导数都是 x 和 y 的函数，分别称为函数 $z=f(x,y)$ 对 x 和 y 的偏导函数，分别记为 $f'_x(x,y)$，z'_x，$\dfrac{\partial z}{\partial x}$，$\dfrac{\partial f}{\partial x}$ 和 $f'_y(x,y)$，z'_y，$\dfrac{\partial z}{\partial y}$，$\dfrac{\partial f}{\partial y}$.

在不发生混淆时也称偏导函数为偏导数.

注 (1) 一元函数的导数 $\dfrac{\mathrm{d}y}{\mathrm{d}x}$ 可看作函数的微分 $\mathrm{d}y$ 与自变量的微分 $\mathrm{d}x$ 之商；而多元函数偏导数的记号 $\dfrac{\partial f}{\partial x}$ 是一个整体符号，不能看作分子与分母之商.

(2) 偏导数与连续的关系

若一元函数在某点具有导数，则它在该点必连续. 但对于多元函数来说，既使各偏导数在某点都存在，也不能保证函数在该点连续. 如函数 $f(x,y)=\begin{cases}\dfrac{xy}{x^2+y^2}, x^2+y^2\neq 0,\\ 0, x^2+y^2=0\end{cases}$ 在 $(0,0)$ 点 $f'_x(0,0)=0, f'_y(0,0)=0$，但 $f(x,y)$ 在 $(0,0)$ 点不连续.

(3) 偏导数的计算方法

计算多元函数的偏导数并不需要用新方法，因为这里只有一个自变量在变动，其他自变量看作固定的，所以仍旧是一元函数的微分法问题. 如 $z=f(x,y)$，求 $\dfrac{\partial f}{\partial x}$ 时，只需把 y 暂时看作常量而对 x 求导即可；而求 $\dfrac{\partial f}{\partial y}$ 时，则是把 x 看作常量只对 y 求导.

(4) 偏导数概念的推广

如函数 $u=f(x,y,z)$ 在点 (x,y,z) 处对自变量 x,y,z 的偏导数分别为

$$f'_x(x,y,z)=\lim_{\Delta x\to 0}\frac{f(x+\Delta x,y,z)-f(x,y,z)}{\Delta x},$$

$$f'_y(x,y,z)=\lim_{\Delta y\to 0}\frac{f(x,y+\Delta y,z)-f(x,y,z)}{\Delta y},$$

$$f'_z(x,y,z)=\lim_{\Delta z\to 0}\frac{f(x,y,z+\Delta z)-f(x,y,z)}{\Delta z}.$$

2. 偏导数的几何意义

偏导数 $f'_x(x_0,y_0)$ 在几何上表示曲线 $\begin{cases} z=f(x,y), \\ y=y_0 \end{cases}$ 在点 $M_0(x_0,y_0,f(x_0,y_0))$ 处的切线 M_0T_x 对 x 轴的斜率如图 5-1 所示.

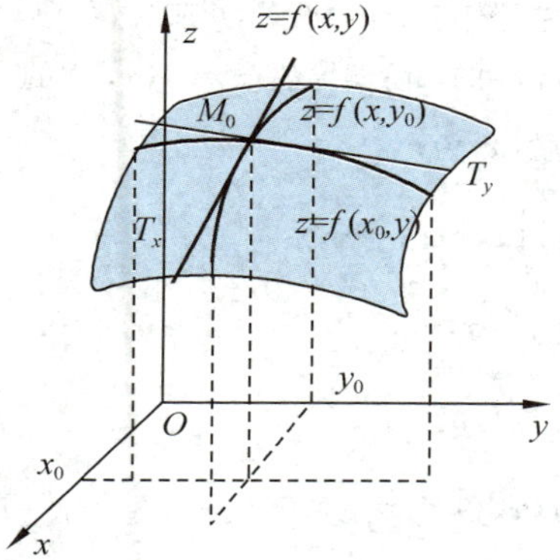

图 5-1

偏导数 $f'_y(x_0,y_0)$ 在几何上表示曲线 $\begin{cases} z=f(x,y), \\ x=x_0 \end{cases}$ 在点 $M_0(x_0,y_0,f(x_0,y_0))$ 处的切线 M_0T_y 对 y 轴的斜率见图 5-1.

3. 高阶偏导数

若函数 $z=f(x,y)$ 的偏导数 $\frac{\partial z}{\partial x}=f'_x(x,y)$ 和 $\frac{\partial z}{\partial y}=f'_y(x,y)$ 对 x 和 y 的偏导数仍然存在，则称它们为函数 $z=f(x,y)$ 的二阶偏导数. $z=f(x,y)$ 的二阶偏导数有

(1) $\frac{\partial^2 z}{\partial x^2}=\frac{\partial}{\partial x}\left(\frac{\partial z}{\partial x}\right)=f''_{xx}(x,y)$；

(2) $\frac{\partial^2 z}{\partial y^2}=\frac{\partial}{\partial y}\left(\frac{\partial z}{\partial y}\right)=f''_{yy}(x,y)$；

(3) $\frac{\partial^2 z}{\partial x\partial y}=\frac{\partial}{\partial y}\left(\frac{\partial z}{\partial x}\right)=f''_{xy}(x,y)$；

(4) $\frac{\partial^2 z}{\partial y\partial x}=\frac{\partial}{\partial x}\left(\frac{\partial z}{\partial y}\right)=f''_{yx}(x,y)$.

注 (1) 若函数 $z=f(x,y)$ 的两个二阶混合偏导数 $f''_{xy}(x,y)$ 和 $f''_{yx}(x,y)$ 都连续，则 $f''_{xy}(x,y)=f''_{yx}(x,y)$.

(2) 二阶及二阶以上的偏导数统称为高阶偏导数.

4. 多元复合函数链式求导法则

(1) 设函数 $z=f(u,v)$,其中 $u=\varphi(x)$,$v=\psi(x)$. 如果函数 $u=\varphi(x)$,$v=\psi(x)$ 都在 x 点可导,函数 $z=f(u,v)$ 在对应的点 (u,v) 处具有连续偏导数,则复合函数 $z=f[\varphi(x),\psi(x)]$ 在 x 点可导,且

$$\frac{\mathrm{d}z}{\mathrm{d}x}=\frac{\partial z}{\partial u}\frac{\mathrm{d}u}{\mathrm{d}x}+\frac{\partial z}{\partial v}\frac{\mathrm{d}v}{\mathrm{d}x}. \quad ①$$

注 ① 式称为多元复合函数求导的链式法则.

可以推广到复合函数的中间变量多于两个的情形. 比如 $z=f(u,v,w)$,而 $u=\varphi(x)$,$v=\psi(x)$,$w=w(x)$,则在相类似的条件下,复合函数 $z=f[\varphi(x),\psi(x),w(x)]$ 关于 x 可导,且其导数公式为 $\dfrac{\mathrm{d}z}{\mathrm{d}x}=\dfrac{\partial z}{\partial u}\dfrac{\mathrm{d}u}{\mathrm{d}x}+\dfrac{\partial z}{\partial v}\dfrac{\mathrm{d}v}{\mathrm{d}x}+\dfrac{\partial z}{\partial w}\dfrac{\mathrm{d}w}{\mathrm{d}x}$. ②

在 ① 式和 ② 式中的导数 $\dfrac{\mathrm{d}z}{\mathrm{d}x}$ 称为 z 关于 x 全导数.

(2) 设 $z=f(u,v)$ 在 (u,v) 处可微,函数 $u=\varphi(x,y)$ 及 $v=\psi(x,y)$ 在点 (x,y) 处的两个偏导数都存在,则复合函数 $z=f[\varphi(x,y),\psi(x,y)]$ 在 (x,y) 处的两个偏导数都存在,且有

$$\frac{\partial z}{\partial x}=\frac{\partial z}{\partial u}\frac{\partial u}{\partial x}+\frac{\partial z}{\partial v}\frac{\partial v}{\partial x}, \quad \frac{\partial z}{\partial y}=\frac{\partial z}{\partial u}\frac{\partial u}{\partial y}+\frac{\partial z}{\partial v}\frac{\partial v}{\partial y}.$$

5. 隐函数的求导公式

(1) 一元隐函数求导法则

设函数 $F(x,y)$ 在点 $P_0(x_0,y_0)$ 的某一邻域内有连续的偏导数，$F(x_0,y_0)=0$，$F'_y(x_0,y_0)\neq 0$，则方程 $F(x,y)=0$ 在点 $P_0(x_0,y_0)$ 的某邻域内唯一确定一个连续且具有连续导数的函数 $y=f(x)$，它满足条件 $y_0=f(x_0)$，并且有

$$\frac{\mathrm{d}y}{\mathrm{d}x}=-\frac{F'_x(x,y)}{F'_y(x,y)}.$$

(2) 二元隐函数求导法则

设函数 $F(x,y,z)$ 在点 $P_0(x_0,y_0,z_0)$ 的某邻域内具有连续的偏导数，$F(x_0,y_0,z_0)=0$，$F'_z(x_0,y_0,z_0)\neq 0$，则方程 $F(x,y,z)=0$ 在点 $P_0(x_0,y_0,z_0)$ 的某一邻域内能唯一确定一个连续且具有连续偏导数的函数 $z=f(x,y)$，它满足条件 $z_0=f(x_0,y_0)$，并且有

$$\frac{\partial z}{\partial x}=-\frac{F'_x(x,y,z)}{F'_z(x,y,z)},\frac{\partial z}{\partial y}=-\frac{F'_y(x,y,z)}{F'_z(x,y,z)}.$$

(3) 方程组的情形

① 由方程组 $\begin{cases}F(x,y,z)=0,\\G(x,y,z)=0\end{cases}$ 确定的一元函数组 $\begin{cases}y=y(x),\\z=z(x),\end{cases}$ 求 $\dfrac{\mathrm{d}y}{\mathrm{d}x},\dfrac{\mathrm{d}z}{\mathrm{d}x}$.

在每个方程两边同时对 x 求偏导数，得

$$\begin{cases} F'_y \dfrac{\mathrm{d}y}{\mathrm{d}x} + F'_z \dfrac{\mathrm{d}z}{\mathrm{d}x} = -F'_x, \\ G'_y \dfrac{\mathrm{d}y}{\mathrm{d}x} + G'_z \dfrac{\mathrm{d}z}{\mathrm{d}x} = -G'_x, \end{cases}$$

利用克拉默法则可得 $\begin{cases} \dfrac{\mathrm{d}y}{\mathrm{d}x} = -\dfrac{1}{J} \cdot \dfrac{\partial(F,G)}{\partial(x,z)}, \\ \dfrac{\mathrm{d}z}{\mathrm{d}x} = -\dfrac{1}{J} \cdot \dfrac{\partial(F,G)}{\partial(y,x)} \end{cases}$ 其中 $J = \dfrac{\partial(F,G)}{\partial(y,z)} = \begin{vmatrix} F'_y & F'_z \\ G'_y & G'_z \end{vmatrix} \neq 0.$

② 由方程组 $\begin{cases} F(x,y,u,v) = 0, \\ G(x,y,u,v) = 0 \end{cases}$ 确定的二元函数组 $\begin{cases} u = u(x,y), \\ v = v(x,y), \end{cases}$ 求 $\dfrac{\partial u}{\partial x}, \dfrac{\partial v}{\partial x}$.

在每个方程两边同时对 x 求偏导数，得

$$\begin{cases} F'_u \dfrac{\partial u}{\partial x} + F'_v \dfrac{\partial v}{\partial x} = -F'_x, \\ G'_u \dfrac{\partial u}{\partial x} + G'_v \dfrac{\partial v}{\partial x} = -G'_x, \end{cases}$$

利用克拉默法则可得 $\begin{cases} \dfrac{\partial u}{\partial x} = -\dfrac{1}{J} \cdot \dfrac{\partial(F,G)}{\partial(x,v)}, \\ \dfrac{\partial v}{\partial x} = -\dfrac{1}{J} \cdot \dfrac{\partial(F,G)}{\partial(u,x)}. \end{cases}$

类似可得 $\begin{cases} \dfrac{\partial u}{\partial y} = -\dfrac{1}{J} \cdot \dfrac{\partial(F,G)}{\partial(y,v)}, \\ \dfrac{\partial v}{\partial y} = -\dfrac{1}{J} \cdot \dfrac{\partial(F,G)}{\partial(u,y)}, \end{cases}$

其中 $J = \dfrac{\partial(F,G)}{\partial(u,v)} = \begin{vmatrix} F'_u & F'_v \\ G'_u & G'_v \end{vmatrix} \neq 0.$

6. 全增量 如果函数 $z = f(x,y)$ 在点 $P(x,y)$ 的某邻域内有定义，并设 $P'(x+\Delta x, y+\Delta y)$ 为这邻域内的任意一点，则称这两点的函数值之差 $f(x+\Delta x, y+\Delta y) - f(x,y)$ 为函数在点 $P(x,y)$ 对应于自变量增量 $\Delta x, \Delta y$ 的全增量，记为 Δz，即

$$\Delta z = f(x+\Delta x, y+\Delta y) - f(x,y).$$

7. 全微分定义 如果函数 $z = f(x,y)$ 在定义域 D 内的点 (x,y) 处全增量 $\Delta z = f(x+\Delta x, y+\Delta y) - f(x,y)$ 可表示成 $\Delta z = A\Delta x + B\Delta y + o(\rho)$，

其中 A, B 不依赖于 $\Delta x, \Delta y$，仅与 x, y 有关，$\rho = \sqrt{(\Delta x)^2 + (\Delta y)^2}$，则称函数 $z = f(x,y)$ 在 (x,y) 处可微，且线性部分 $A\Delta x + B\Delta y$ 称为函数 $f(x,y)$ 在点 (x,y) 处的全微分，记作 $\mathrm{d}z$，即

$$\mathrm{d}z = \mathrm{d}f = A\Delta x + B\Delta y.$$

规定自变量的微分等于自变量的增量，即 $\mathrm{d}x = \Delta x, \mathrm{d}y = \Delta y$，于是有

$$\mathrm{d}z = \frac{\partial z}{\partial x}\mathrm{d}x + \frac{\partial z}{\partial y}\mathrm{d}y.$$

二元函数的全微分的概念及结论，可以推广到三元和三元以上的函数．比如，若三元函数 $u=f(x,y,z)$ 在点 (x,y,z) 处可微，则它的全微分为 $\mathrm{d}u=\dfrac{\partial u}{\partial x}\mathrm{d}x+\dfrac{\partial u}{\partial y}\mathrm{d}y+\dfrac{\partial u}{\partial z}\mathrm{d}z$.

通常把二元函数的全微分等于它的两个偏微分之和称为二元函数的微分符合叠加原理．叠加原理也适用于二元以上函数的情况．

若 $z=f(x,y)$ 在区域 D 内处处可微，则称 $f(x,y)$ 在 D 内可微，也称 $f(x,y)$ 是 D 内的可微函数．

8. 可微的必要条件

(1) 若函数 $z=f(x,y)$ 在点 (x,y) 处可微，则 $z=f(x,y)$ 在点 (x,y) 处必连续．

(2) 若函数 $z=f(x,y)$ 在点 (x,y) 处可微，则 $z=f(x,y)$ 在点 (x,y) 处偏导数存在，进一步有 $\mathrm{d}z=f'_x(x,y)\mathrm{d}x+f'_y(x,y)\mathrm{d}y$.

注 一元函数 $f(x)$ 在点 x_0 可导的充要条件是 $f(x)$ 在点 x_0 可微．但对于多元函数而言，偏导数存在只是全微分存在的必要条件而不是充分条件．例如，函数 $f(x,y)=\begin{cases}\dfrac{xy}{x^2+y^2}, x^2+y^2\neq 0,\\ 0, x^2+y^2=0\end{cases}$ 在 $(0,0)$ 点 $f'_x(0,0)=0$，$f'_y(0,0)$，但 $f(x,y)$ 在 $(0,0)$ 点不连续，也不可微．

9. 可微的充分条件 若函数 $f(x,y)$ 在点 (x,y) 处偏导数连续，则 $f(x,y)$ 在点 (x,y) 处可微.

10. 可微的充要条件 函数 $f(x,y)$ 在点 (x,y) 处可微的充要条件是

$$\lim_{\substack{\Delta x\to 0\\ \Delta y\to 0}}\frac{f(x+\Delta x,y+\Delta y)-f(x,y)-f'_x(x,y)\Delta x-f'_y(x,y)\Delta y}{\sqrt{(\Delta x)^2+(\Delta y)^2}}=0.$$

11. 全微分形式不变性 设函数 $z=f(u,v)$ 具有连续偏导数，则有全微分

$$\mathrm{d}z=\frac{\partial z}{\partial u}\mathrm{d}u+\frac{\partial z}{\partial v}\mathrm{d}v.$$

当 $u=u(x,y),v=v(x,y)$ 时，仍有

$$\mathrm{d}z=\frac{\partial z}{\partial x}\mathrm{d}x+\frac{\partial z}{\partial y}\mathrm{d}y=\frac{\partial z}{\partial u}\mathrm{d}u+\frac{\partial z}{\partial v}\mathrm{d}v.$$

全微分形式不变性的实质：无论 z 是自变量 u,v 的函数或中间变量 u,v 的函数，它的全微分形式是一样的.

12. 全微分的运算法则

设 $f(x,y),g(x,y)$ 在 (x,y) 处可微，则

(1) $f(x,y)\pm g(x,y)$ 在 (x,y) 处可微，且

$$\mathrm{d}[f(x,y)\pm g(x,y)]=\mathrm{d}[f(x,y)]\pm\mathrm{d}[g(x,y)];$$

(2) 若 k 为常数，$kf(x,y)$ 在点 (x,y) 处可微，且

$$\mathrm{d}[kf(x,y)]=k\mathrm{d}[f(x,y)];$$

(3) $f(x,y)g(x,y)$ 在点(x,y)处可微，且

$$d[f(x,y)g(x,y)]=g(x,y)d[f(x,y)]+f(x,y)d[g(x,y)];$$

(4) 当 $g(x,y)\neq 0$ 时，$\dfrac{f(x,y)}{g(x,y)}$ 在点(x,y)处可微，且

$$d\left[\frac{f(x,y)}{g(x,y)}\right]=\frac{g(x,y)df(x,y)-f(x,y)dg(x,y)}{g^2(x,y)}.$$

13. 空间曲线的切线与法平面方程（数学一）

(1) **设空间曲线 Γ：** $\begin{cases}x=\varphi(t),\\ y=\psi(t),\\ z=\omega(t),\end{cases}$ 其中 $\varphi(t),\psi(t),\omega(t)$ 均可导，取参数 $t=t_0$，对应曲线上的点为 $M_0(x_0,y_0,z_0)$ 如图 5-2 所示，则曲线 Γ 在点 M_0 处的切线和法平面方程分别为

$$\frac{x-x_0}{\varphi'(t_0)}=\frac{y-y_0}{\psi'(t_0)}=\frac{z-z_0}{\omega'(t_0)},$$

$$\varphi'(t_0)(x-x_0)+\psi'(t_0)(y-y_0)+\omega'(t_0)(z-z_0)=0.$$

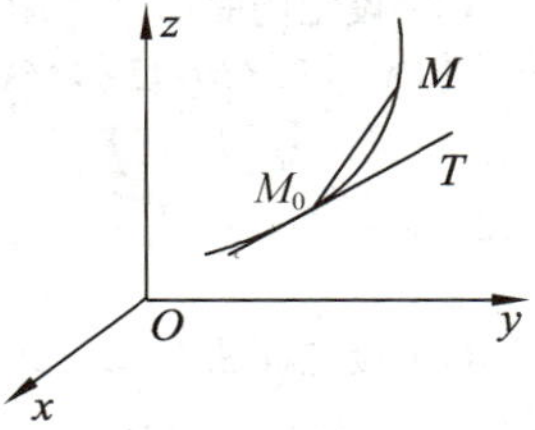

图 5-2

(2) **设空间曲线 Γ：** $\begin{cases}F(x,y,z)=0,\\ G(x,y,z)=0,\end{cases}$ $M_0(x_0,y_0,z_0)$ 为曲线 Γ 上的点，则曲线 Γ 在点 M_0 处的切线和法平面方程分别为

$$\frac{x-x_0}{\begin{vmatrix} F'_y & F'_z \\ G'_y & G'_z \end{vmatrix}_{M_0}}=\frac{y-y_0}{\begin{vmatrix} F'_z & F'_x \\ G'_z & G'_x \end{vmatrix}_{M_0}}=\frac{z-z_0}{\begin{vmatrix} F'_x & F'_y \\ G'_x & G'_y \end{vmatrix}_{M_0}},$$

$$\begin{vmatrix} F'_y & F'_z \\ G'_y & G'_z \end{vmatrix}_{M_0}(x-x_0)+\begin{vmatrix} F'_z & F'_x \\ G'_z & G'_x \end{vmatrix}_{M_0}(y-y_0)+\begin{vmatrix} F'_x & F'_y \\ G'_x & G'_y \end{vmatrix}_{M_0}(z-z_0)=0.$$

14. 空间曲面的切平面与法线方程(数学一)

(1) **设空间曲面 Σ:** $F(x,y,z)=0$，$M(x_0,y_0,z_0)\in\Sigma$，则曲面 Σ 在点 M 处的法向量为 $\boldsymbol{n}=\{F'_x(M),F'_y(M),F'_z(M)\}$，过点 M 的切平面和法线方程分别为

$$F'_x(M)(x-x_0)+F'_y(M)(y-y_0)+F'_z(M)(z-z_0)=0,$$

$$\frac{x-x_0}{F'_x(M)}=\frac{y-y_0}{F'_y(M)}=\frac{z-z_0}{F'_z(M)}.$$

(2) **设空间曲面 Σ:** $z=f(x,y)$，$M(x_0,y_0,z_0)\in\Sigma$，则曲面 Σ 在点 M 处的法向量为 $\boldsymbol{n}=\{f'_x(x_0,y_0),f'_y(x_0,y_0),-1\}$，过点 M 的切平面和法线方程分别为

$$f'_x(x_0,y_0)(x-x_0)+f'_y(x_0,y_0)(y-y_0)-(z-z_0)=0,$$

$$\frac{x-x_0}{f'_x(x_0,y_0)}=\frac{y-y_0}{f'_y(x_0,y_0)}=\frac{z-z_0}{-1}.$$

(3) **方向余弦** 若α,β,γ表示曲面法向量的方向角,并假定法向量的方向是向上的,即使得它与z轴的正向所成的角γ是锐角,则法向量的方向余弦为

$$\cos\alpha=-\frac{f'_x}{\sqrt{(f'_x)^2+(f'_y)^2+1}},\cos\beta=-\frac{f'_y}{\sqrt{(f'_x)^2+(f'_y)^2+1}},$$

$$\cos\gamma=\frac{1}{\sqrt{(f'_x)^2+(f'_y)^2+1}},$$

其中$f'_x=f'_x(x_0,y_0),f'_y=f'_y(x_0,y_0)$.

三 多元函数的极值与最值

1. 二元函数的极值 设二元函数$f(x,y)$在区域D上有定义,$P_0(x_0,y_0)$是D的内点,若存在点$P_0(x_0,y_0)$的邻域$U(P_0)\subset D$,使对于该邻域内异于P_0的任意点$P(x,y)$,都有

$$f(x,y)<f(x_0,y_0)[\text{或 }f(x,y)>f(x_0,y_0)],$$

则称函数$f(x,y)$在点$P_0(x_0,y_0)$处有极大值(或极小值),点$P_0(x_0,y_0)$称为函数$f(x,y)$的极大值点(或极小值点).

2. 二元函数取极值的必要条件 设函数$z=f(x,y)$在点(x_0,y_0)具有偏导数,且在点(x_0,y_0)处有极值,则

$$f'_x(x_0,y_0)=0,f'_y(x_0,y_0)=0.$$

如果三元函数 $u=f(x,y,z)$ 在点 $P_0(x_0,y_0,z_0)$ 具有偏导数，则它在 $P_0(x_0,y_0,z_0)$ 有极值的必要条件为

$$f'_x(x_0,y_0,z_0)=0,f'_y(x_0,y_0,z_0)=0,f'_z(x_0,y_0,z_0)=0.$$

3. 驻点　使一阶偏导数同时为零的点，称为函数的驻点.

4. 二元函数取极值的充分条件

首先确定函数 $f(x,y)$ 的定义域和驻点 (x_0,y_0)，再利用函数取极值的充分条件判断驻点是否为极值点.

令 $A=f''_{xx}(x_0,y_0),B=f''_{xy}(x_0,y_0),C=f''_{yy}(x_0,y_0)$，具体判别准则如下.

(1) 若 $AC-B^2>0$，则点 (x_0,y_0) 为函数 $f(x,y)$ 的极值点，并且当 $A>0$（或 $A<0$）时，点 (x_0,y_0) 为函数 $f(x,y)$ 的极小值点（极大值点）.

(2) 若 $AC-B^2<0$，则点 (x_0,y_0) 不是函数 $f(x,y)$ 的极值点.

(3) 若 $AC-B^2=0$，方法失效.

注　对于偏导数不存在的点，利用极值的定义判定是否为极值点. 求极值点千万不能漏掉偏导数不存在的点. 比如，$f(x,y)=|x|+|y|$，或者 $f(x,y)=\sqrt{x^2+y^2}$，虽然 $f'_x(0,0)$ 和 $f'_y(0,0)$ 都不存在，但是由定义可知，$(0,0)$ 是极小值点.

5. 条件极值和拉格朗日乘数法

(1) 求函数 $z=f(x,y)$ 在限制条件 $\varphi(x,y)=0$ 下的极值，方法是利用拉格朗日乘数法.

① 构造拉格朗日函数 $F(x,y,\lambda)=f(x,y)+\lambda\varphi(x,y)$.

② 令 $\begin{cases} F'_x=f'_x+\lambda\varphi'_x=0, \\ F'_y=f'_y+\lambda\varphi'_y=0, \\ F'_\lambda=\varphi(x,y)=0, \end{cases}$ 解此方程组求出 x_0,y_0 及 λ，则 (x_0,y_0) 是 $z=f(x,y)$ 在限制条件 $\varphi(x,y)=0$ 下可能的极值点.

③ 判定驻点 (x_0,y_0) 是否为极值点，方法是利用无条件极值的判别方法判别.

(2) 拉格朗日乘数法可以推广到两个限制条件的情形.

求函数 $u=f(x,y,z)$ 在条件 $\varphi(x,y,z)=0$ 和 $\psi(x,y,z)=0$ 下的条件极值，步骤如下.

① 构造拉格朗日函数 $L(x,y,z),\lambda_1,\lambda_2=f(x,y,z)+\lambda_1\varphi(x,y,z)+\lambda_2\psi(x,y,z)$，其中 λ_1,λ_2 为待定参数.

② 解方程组 $\begin{cases} L'_x=f'_x(x,y,z)+\lambda_1\varphi'_x(x,y,z)+\lambda_2\psi'_x(x,y,z)=0, \\ L'_y=f'_y(x,y,z)+\lambda_1\varphi'_y(x,y,z)+\lambda_2\psi'_y(x,y,z)=0, \\ L'_z=f'_z(x,y,z)+\lambda_1\varphi'_z(x,y,z)+\lambda_2\psi'_z(x,y,z)=0, \\ L'_{\lambda_1}=\varphi(x,y,z)=0, \\ L'_{\lambda_2}=\psi(x,y,z)=0, \end{cases}$

得 x,y,z 值，则(x,y,z) 就是可能的极值点.

③ 判定可能的极值点是否为极值点，方法是利用无条件极值的判别方法判别.

6. 二元函数最值的求法

如果 $f(x,y)$ 在有界闭区域 D 上连续，由连续函数的性质知，函数 $f(x,y)$ 在 D 上必有最大值和最小值. 最大(小) 值点可以在 D 的内部，也可以在 D 的边界上. 我们假定，函数在 D 上连续、在 D 内可微且只有有限个驻点，这时如果 $f(x,y)$ 在 D 的内部取最大(小) 值，那么这最大(小) 值也是函数的极大(小) 值，在这种情况下，最大(小) 值点一定是极大(小) 值点之一. 因此，要求函数 $f(x,y)$ 在有界闭区域 D 上的最大(小) 值时，需将函数的所有极大(小) 值与边界上的最大(小) 值比较，其中最大(小) 的就是最大(小) 值.

归纳起来，可得连续函数 $f(x,y)$ 在有界闭区域 D 上最大(小) 值的求解步骤如下.

(1) 求出 $z=f(x,y)$ 在 D 内部偏导数不存在的点和驻点，并计算这些点的函数值.

(2) 求出 $z=f(x,y)$ 在 D 的边界上的最大值和最小值.

(3) 比较上述各点处的函数值，最大者就是最大值，最小者就是最小值.

注 在实际问题中，若根据问题的性质，知道函数 $f(x,y)$ 的最大值(最小值) 一定在 D 的内部取得，而函数在 D 内只有一个驻点，则可以肯定该驻点处的函数值就是函数 $f(x,y)$ 在 D 上的最大值(最小值).

四 方向导数和梯度(数学一)

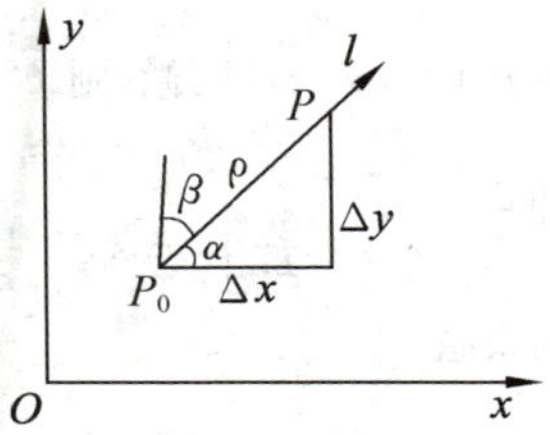

图 5-3

1. 方向导数

(1) **定义** 设函数 $f(x,y)$ 在点 $P_0(x_0,y_0)$ 的某一邻域 $U(P_0)$ 内有定义，$\boldsymbol{l}$ 为从点 P_0 出发的射线，$P(x_0+\Delta x,y_0+\Delta y)$ 是 $\boldsymbol{l}$ 上且含于 $U(P_0)$ 内的任一点，若极限

$$\lim_{\rho\to0^+}\frac{f(x_0+\Delta x,y_0+\Delta y)-f(x_0,y_0)}{\rho}$$

存在，则称此极限值为 $f(x,y)$ 在点 $P_0(x_0,y_0)$ 处沿 $\boldsymbol{l}$ 方向的方向导数，记为 $\left.\dfrac{\partial f}{\partial \boldsymbol{l}}\right|_{P_0}$，其中 $\rho=\sqrt{(\Delta x)^2+(\Delta y)^2}$.

(2) 如果函数 $f(x,y)$ 在点 $P_0(x_0,y_0)$ 处可微，则 $f(x,y)$ 在点 $P_0(x_0,y_0)$ 沿 $\boldsymbol{l}$ 方向的方向导数都存在，且 $\left.\frac{\partial f}{\partial \boldsymbol{l}}\right|_{P_0}=\left.\frac{\partial f}{\partial x}\right|_{P_0}\cos\alpha+\left.\frac{\partial f}{\partial y}\right|_{P_0}\cos\beta$，其中 $\cos\alpha$ 和 $\cos\beta$ 为 $\boldsymbol{l}$ 的方向余弦.

(3) 如果函数 $f(x,y,z)$ 在点 $P_0(x_0,y_0,z_0)$ 可微，则 $f(x,y,z)$ 在 $P_0(x_0,y_0,z_0)$ 点沿 $\boldsymbol{l}$ 方向的方向导数都存在，且

$$\left.\frac{\partial f}{\partial \boldsymbol{l}}\right|_{P_0}=\left.\frac{\partial f}{\partial x}\right|_{P_0}\cos\alpha+\left.\frac{\partial f}{\partial y}\right|_{P_0}\cos\beta+\left.\frac{\partial f}{\partial z}\right|_{P_0}\cos\gamma,$$

其中 $\cos\alpha,\cos\beta,\cos\gamma$ 为 $\boldsymbol{l}$ 的方向余弦.

注 函数 $z=f(x,y)$ 的方向导数 $\left.\frac{\partial f}{\partial \boldsymbol{l}}\right|_{P_0}$ 就是 $z=f(x,y)$ 在点 $P_0(x_0,y_0)$ 沿方向 $\boldsymbol{l}$ 的变化率.

2. 梯度

(1) 若函数 $f(x,y)$ 的偏导数 $f'_x(x,y)$，$f'_y(x,y)$ 存在，则称 $\mathbf{grad}\,f=\{f'_x(x,y),f'_y(x,y)\}$ 为 $f(x,y)$ 的梯度.

(2) 梯度方向是 $f(x,y)$ 在 $P(x,y)$ 点变化率最大的方向；

(3) 梯度的模，即 $\sqrt{[f'_x(x,y)]^2+[f'_y(x,y)]^2}$ 是方向导数的最大值.

注 推广到三元函数，即

$$\mathbf{grad}\,f(x,y,z)=\{f'_x(x,y,z),f'_y(x,y,z),f'_z(x,y,z)\},$$

因此，如果求函数 $u=f(x,y,z)$ 在 $P(x,y,z)$ 点的梯度，只需求出 $\frac{\partial u}{\partial x},\frac{\partial u}{\partial y},\frac{\partial u}{\partial z}$ 即可.

五 二元函数的泰勒公式

1. 二元函数的泰勒定理

设函数 $z=f(x,y)$ 在点 (x_0,y_0) 的某邻域内连续且有直到 $n+1$ 阶连续偏导数，(x_0+h,y_0+k) 为此邻域内的任意一点，则

$$f(x_0+h,y_0+k)=f(x_0,y_0)+\left(h\frac{\partial}{\partial x}+k\frac{\partial}{\partial y}\right)f(x_0,y_0)+\frac{1}{2!}\left(h\frac{\partial}{\partial x}+k\frac{\partial}{\partial y}\right)^2 f(x_0,y_0)$$
$$+\cdots+\frac{1}{n!}\left(h\frac{\partial}{\partial x}+k\frac{\partial}{\partial y}\right)^n f(x_0,y_0)+R_n,\quad ①$$

其中 $R_n=\frac{1}{(n+1)!}\left(h\frac{\partial}{\partial x}+k\frac{\partial}{\partial y}\right)^{n+1}f(x_0+\theta h,y_0+\theta k)\quad(0<\theta<1).\quad ②$

公式①称为函数 $z=f(x,y)$ 在点 (x_0,y_0) 的 n 阶泰勒公式，②式称为①式的拉格朗日型余项.

2. 误差估计式

由假设，函数的各 $n+1$ 阶偏导数都连续，故它们的绝对值在点 (x_0, y_0) 的某一邻域内都不超过某一正常数 M，于是有

$$|R_n| \leqslant \frac{M}{(n+1)!}(|h|+|k|)^{n+1} = \frac{M}{(n+1)!}\rho^{n+1}\left(\frac{|h|}{\rho}+\frac{|k|}{\rho}\right)^{n+1} \leqslant \frac{(\sqrt{2})^{n+1}}{(n+1)!}M\rho^{n+1}, \quad ③$$

其中 $\rho = \sqrt{h^2+k^2}$.

由 ③ 式，误差 $|R_n|$ 是当 $\rho \to 0$ 时比 ρ^n 高阶的无穷小.

当 $n = 0$ 时，(9.1) 式为

$$f(x_0+h, y_0+k) = f(x_0, y_0) + hf'_x(x_0+\theta h, y_0+\theta k) + kf'_y(x_0+\theta h, y_0+\theta k)$$

是二元函数的拉格朗日中值公式.

3. 二元函数 n 阶麦克劳林公式　在二元函数 $f(x,y)$ 在点 (x_0, y_0) 的 n 阶泰勒公式中，取 $x_0 = 0, y_0 = 0$，可得二元函数 $f(x,y)$ 的 n 阶麦克劳林公式

$$f(x,y) = f(0,0) + \left(x\frac{\partial}{\partial x}+y\frac{\partial}{\partial y}\right)f(0,0) + \frac{1}{2!}\left(x\frac{\partial}{\partial x}+y\frac{\partial}{\partial y}\right)^2 f(0,0) + \cdots$$

$$+\frac{1}{n!}\left(x\frac{\partial}{\partial x}+y\frac{\partial}{\partial y}\right)^n f(0,0) + \frac{1}{(n+1)!}\left(x\frac{\partial}{\partial x}+y\frac{\partial}{\partial y}\right)^{n+1} f(\theta x, \theta y)\,(0<\theta<1).$$

推论　如果函数 $f(x,y)$ 的偏导数 $f'_x(x,y)$，$f'_y(x,y)$ 在某一邻域内都恒等于零，那么函数 $f(x,y)$ 在该区域内为一常数.

第六章 多元函数积分学

本章知识结构

- 重积分及其应用
  - 二重积分
    - 概念与性质
    - 计算方法
      - 直角坐标系
      - 极坐标系
  - 三重积分
    - 概念与性质
    - 计算方法
      - 直角坐标系
        - 先一后二法
        - 先二后一法
      - 柱面坐标系
      - 球面坐标系
  - 重积分应用
    - 几何应用
      - 面积
        - 平面区域面积
        - 空间曲面面积
      - 体积
    - 物理应用
      - 质量
      - 质心
      - 转动惯量
      - 引力

- 曲线积分与曲面积分
  - 曲线积分
    - 对弧长的曲线积分
      - 概念与性质
      - 计算方法
    - 对坐标的曲线积分
      - 概念与性质
      - 计算方法
    - 两类曲线积分之间的关系
    - 格林公式及其应用
    - 平面曲线积分与路径无关的条件
  - 曲面积分
    - 对面积的曲面积分
      - 概念与性质
      - 计算方法
    - 对坐标的曲面积分
      - 概念与性质
      - 计算方法
    - 两类曲面积分之间的关系
    - 高斯公式 — 通量与散度
    - 斯托克斯公式 — 环流量与旋度

一 二重积分

1. 二重积分的概念 设 $f(x,y)$ 是有界闭区域 D 上的有界函数，把闭区域 D 任意划分成 n 个小闭区域 $\Delta\sigma_1,\Delta\sigma_2,\cdots,\Delta\sigma_n$，其中 $\Delta\sigma_i$ 既表示第 i 个小闭区域，又表示它的面积. 在每个 $\Delta\sigma_i$ 上任取一点 (ξ_i,η_i)，作乘积 $f(\xi_i,\eta_i)\Delta\sigma_i(i=1,2,\cdots,n)$，并作和 $\sum\limits_{i=1}^{n}f(\xi_i,\eta_i)\Delta\sigma_i$. 设 λ 为各小闭区域直径的最大值，如果极限

$$\lim_{\lambda\to 0}\sum_{i=1}^{n}f(\xi_i,\eta_i)\Delta\sigma_i$$

存在，且极限值与 D 的分法及点 (ξ_i,η_i) 的选取都无关，则称函数 $f(x,y)$ 在闭区域 D 上可积，此极限值为函数 $f(x,y)$ 在 D 上的二重积分，记为 $\iint\limits_D f(x,y)\mathrm{d}\sigma$，即

$$\iint\limits_D f(x,y)\mathrm{d}\sigma=\lim_{\lambda\to 0}\sum_{i=1}^{n}f(\xi_i,\eta_i)\Delta\sigma_i,$$

其中 $f(x,y)$ 叫作被积函数，$f(x,y)\mathrm{d}\sigma$ 叫作被积表达式，$\mathrm{d}\sigma$ 叫作面积元素，x 和 y 叫作积分变量，D 叫作积分区域，$\sum\limits_{i=1}^{n}f(\xi_i,\eta_i)\Delta\sigma_i$ 叫作积分和.

2. 二重积分的计算法

(1) 直角坐标系下计算二重积分

在直角坐标系下计算二重积分主要分为两种情况：

① 先对 y 积分后对 x 积分.

若闭区域 D 可表示为 $D=\{(x,y)\mid a\leqslant x\leqslant b,\varphi_1(x)\leqslant y\leqslant\varphi_2(x)\}$，则

$$\iint\limits_D f(x,y)\mathrm{d}x\mathrm{d}y=\int_a^b\mathrm{d}x\int_{\varphi_1(x)}^{\varphi_2(x)}f(x,y)\mathrm{d}y.$$

注 此时称 D 为 X 型区域，其特点是：穿过 D 内部且平行于 y 轴的直线与 D 的边界相交不多于两点.

② 先对 x 积分后对 y 积分.

若闭区域 D 可表示为 $D=\{(x,y)\mid c\leqslant y\leqslant d,\psi_1(y)\leqslant x\leqslant\psi_2(y)\}$，则

$$\iint\limits_D f(x,y)\mathrm{d}x\mathrm{d}y=\int_c^d\mathrm{d}y\int_{\psi_1(y)}^{\psi_2(y)}f(x,y)\mathrm{d}x.$$

注 此时称 D 为 Y 型区域，其特点是：穿过 D 内部且平行于 x 轴的直线与 D 的边界相交不多于两点.

利用直角坐标系计算二重积分时，关键是把二重积分正确地转化为累次积分进行计算，

其步骤为：

(1) 画出积分区域 D 的草图.

(2) 根据积分区域 D 和被积函数的特点选择适当的积分次序，积分次序的选择原则有以下几点：

① 积分区域 D 的划分块数应尽可能少；

② 第一次积分的上下限表达式简单，并且容易根据第一次积分的结果计算第二次积分；

③ 不管用哪种积分次序，必须能求出累次积分的被积函数的原函数.

(3) 确定累次积分的上下限，把二重积分化为累次积分计算，这也是计算二重积分最关键的一步. 定限的方法可归纳为：

① 后积先定限(累次积分中后积变量的上下限均为常数可以先确定)；

② 限内划条线(该直线平行于坐标轴且与坐标轴同向)；

③ 先交为下限(直线先穿过的曲线作为下限)；

④ 后交为上限(直线后穿过的曲线作为上限).

注 (1) 积分区域 D 有时可能既是 X 型，又是 Y 型的，此时选择积分次序时应以尽量降低积分的难度为原则，如果遇到被积函数是 $e^{\frac{1}{x}}$，$\frac{\sin x}{x}$，$\frac{\cos x}{x}$，$\frac{1}{\ln x}$，e^{x^2}，$e^{\frac{y}{x}}$ 等，此时应选择先对 y 积分再对 x 积分.

(2) 当积分区域 D 是 X 型区域与 Y 型区域混合时，此时要对 D 进行分割，将 D 分割为若干个 X 型区域和 Y 型区域，分割 D 时应以尽可能少分块为原则.

(3) 利用二重积分中积分区域 D 的对称性可以简化二重积分的计算，归纳如下：

① 设闭区域 D 关于 x 轴对称，则有以下性质成立.

ⅰ 若 $f(x,y)$ 关于变量 y 为奇函数，即 $f(x,-y)=-f(x,y)$，则 $\iint\limits_D f(x,y)\mathrm{d}x\mathrm{d}y=0$.

ⅱ 若 $f(x,y)$ 关于变量 y 为偶函数，即 $f(x,-y)=f(x,y)$，则

$$\iint\limits_D f(x,y)\mathrm{d}x\mathrm{d}y=2\iint\limits_{D_1} f(x,y)\mathrm{d}x\mathrm{d}y,$$

其中 D_1 为区域 D 内 $y\geqslant 0$ 的区域.

② 设闭区域 D 关于 y 轴对称，则有以下性质成立.

ⅰ 若 $f(x,y)$ 关于变量 x 为奇函数，即 $f(-x,y)=-f(x,y)$，则 $\iint\limits_D f(x,y)\mathrm{d}x\mathrm{d}y=0$.

ⅱ 若 $f(x,y)$ 关于变量 x 为偶函数，即 $f(-x,y)=f(x,y)$，则

$$\iint\limits_D f(x,y)\mathrm{d}x\mathrm{d}y=2\iint\limits_{D_1} f(x,y)\mathrm{d}x\mathrm{d}y,$$

其中 D_1 为区域 D 内 $x\geqslant 0$ 的区域.

③ 设闭区域 D 关于原点对称，则有以下性质成立.

ⅰ 若 $f(x,y)$ 满足 $f(-x,-y)=-f(x,y)$，则 $\iint\limits_D f(x,y)\mathrm{d}x\mathrm{d}y=0$.

ⅱ 若 $f(x,y)$ 满足 $f(-x,-y)=f(x,y)$，则 $\iint\limits_D f(x,y)\mathrm{d}x\mathrm{d}y=2\iint\limits_{D_1} f(x,y)\mathrm{d}x\mathrm{d}y$，其中 D_1 为区域 D 内 $y\geqslant 0$ 的区域.

④ 设闭区域 D 关于直线 $y=x$ 对称，则 $\iint\limits_D f(x,y)\mathrm{d}x\mathrm{d}y=\iint\limits_D f(y,x)\mathrm{d}x\mathrm{d}y$.

$$\iint\limits_D f(x,y)\mathrm{d}x\mathrm{d}y=\frac{1}{2}\iint\limits_D [f(x,y)+f(y,x)]\mathrm{d}x\mathrm{d}y.$$

特别地，若 $f(x,y)+f(y,x)=A$，则 $\iint\limits_D f(x,y)\mathrm{d}x\mathrm{d}y=\dfrac{A}{2}\sigma$.

(2) 利用极坐标系计算二重积分

极坐标变换：令 $\begin{cases} x=r\cos\theta, \\ y=r\sin\theta, \end{cases}$ D 可表示为 $D=\{(r,\theta)\mid \alpha\leqslant\theta\leqslant\beta, r_1(\theta)\leqslant r\leqslant r_2(\theta)\}$，则

$$\iint\limits_D f(x,y)\mathrm{d}x\mathrm{d}y=\int_\alpha^\beta \mathrm{d}\theta\int_{r_1(\theta)}^{r_2(\theta)} f(r\cos\theta, r\sin\theta)r\mathrm{d}r.$$

注 ①被积函数中含有 x^2+y^2、$\frac{y}{x}$ 或 $\frac{x}{y}$，积分区域 D 为圆形区域、扇形区域或其一部分，一般考虑极坐标变换.

② 积分区域 D 的边界曲线也要转化为极坐标系下的方程，然后将区域 D 表示为极坐标系下的不等式组，从而确定累次积分的上下限，这也是极坐标系下计算二重积分的关键.

③ 一般而言，极坐标系中二重积分的积分次序是先 r 后 θ，即

$$\iint_D f(x,y)\mathrm{d}x\mathrm{d}y=\int_\alpha^\beta \mathrm{d}\theta\int_{r_1(\theta)}^{r_2(\theta)} f(r\cos\theta,r\sin\theta)r\mathrm{d}r.$$

积分限随极点 O 与积分区域 D 的边界曲线的相对位置而定：

① 当极点 O 在区域 D 的边界曲线外时，则有

$$\iint_D f(x,y)\mathrm{d}x\mathrm{d}y=\int_\alpha^\beta \mathrm{d}\theta\int_{r_1(\theta)}^{r_2(\theta)} f(r\cos\theta,r\sin\theta)r\mathrm{d}r.$$

② 当极点 O 在区域 D 的边界曲线上时，则有

$$\iint_D f(x,y)\mathrm{d}x\mathrm{d}y=\int_\alpha^\beta \mathrm{d}\theta\int_0^{r(\theta)} f(r\cos\theta,r\sin\theta)r\mathrm{d}r.$$

③ 当极点 O 在区域 D 的边界曲线内时，则有

$$\iint_D f(x,y)\mathrm{d}x\mathrm{d}y=\int_0^{2\pi} \mathrm{d}\theta\int_0^{r(\theta)} f(r\cos\theta,r\sin\theta)r\mathrm{d}r.$$

3. 二重积分的换元法

设函数 $f(x,y)$ 在闭区域 D 上连续，变换 $T:x=x(u,v),y=y(u,v)$ 将 uOv 面上的闭区域 D' 变为 xOy 面上的 D，且满足：

(1) $x=x(u,v),y=y(u,v)$ 在 D' 上具有一阶连续偏导数；

(2) 在 D' 上雅可比式 $J(u,v)=\begin{vmatrix}\frac{\partial x}{\partial u} & \frac{\partial x}{\partial v}\\ \frac{\partial y}{\partial u} & \frac{\partial y}{\partial v}\end{vmatrix}\neq 0$；

(3) 变换 $T:D'\to D$ 是一对一的，则有

$$\iint_D f(x,y)\mathrm{d}x\mathrm{d}y=\iint_{D'} f(x(u,v),y(u,v))\mid J(u,v)\mid \mathrm{d}u\mathrm{d}v,$$

上式也称为二重积分的换元公式.

二 三重积分(数学一)

1. 三重积分的概念

设 $f(x,y,z)$ 是空间有界闭区域 Ω 上的有界函数，将 Ω 任意地划分成 n 个小闭区域 ΔV_1，$\Delta V_2,\cdots,\Delta V_n$，其中 ΔV_i 既表示第 i 个小闭区域，也表示它的体积. 在每个小闭区域 ΔV_i 上任取

一点(ξ_i,η_i,ζ_i)，作乘积$f(\xi_i,\eta_i,\zeta_i)\Delta V_i$，并作和$\sum\limits_{i=1}^{n} f(\xi_i,\eta_i,\zeta_i)\Delta V_i$，记$\lambda$为这$n$个小闭区域直径的最大者，若极限$\lim\limits_{\lambda\to 0}\sum\limits_{i=1}^{n} f(\xi_i,\eta_i,\zeta_i)\Delta V_i$存在，且极限值与$\Omega$的分法及点$(\xi_i,\eta_i,\zeta_i)$的选取都无关，则称函数$f(x,y,z)$在区域$\Omega$上可积，其极限值为函数$f(x,y,z)$在区域$\Omega$的三重积分，记作$\iiint\limits_{\Omega} f(x,y,z)\mathrm{d}V$，即

$$\iiint\limits_{\Omega} f(x,y,z)\mathrm{d}V=\lim_{\lambda\to 0}\sum_{i=1}^{n} f(\xi_i,\eta_i,\zeta_i)\Delta V_i,$$

其中$\mathrm{d}V$叫作体积元素.

2. 直角坐标系下三重积分的计算

（1）**截面法（或称切片法，先二后一法）**

① 垂直于z轴作截面，即Ω可表示为$\Omega=\{(x,y,z)\mid(x,y)\in D_z, a\leqslant z\leqslant b\}$，则

$$\iiint\limits_{\Omega} f(x,y,z)\mathrm{d}V=\int_a^b \mathrm{d}z\iint\limits_{D_z} f(x,y,z)\mathrm{d}x\mathrm{d}y.$$

② 垂直于x轴作截面，即Ω可表示为$\Omega=\{(x,y,z)\mid(y,z)\in D_x, c\leqslant x\leqslant d\}$，则

$$\iiint\limits_{\Omega} f(x,y,z)\mathrm{d}V=\int_c^d \mathrm{d}x\iint\limits_{D_x} f(x,y,z)\mathrm{d}y\mathrm{d}z.$$

③ 垂直于 y 轴作截面，即 Ω 可表示为 $\Omega=\{(x,y,z)\mid(z,x)\in D_y,l\leqslant y\leqslant m\}$，则

$$\iiint_{\Omega} f(x,y,z)\mathrm{d}V=\int_l^m \mathrm{d}y\iint_{D_y} f(x,y,z)\mathrm{d}z\mathrm{d}x.$$

(2) **投影法(先一后二法)**

① 向 xOy 面作投影，即 Ω 可表示为

$$\Omega=\{(x,y,z)\mid(x,y)\in D_{xy},\varphi_1(x,y)\leqslant z\leqslant\varphi_2(x,y)\},$$

则

$$\iiint_{\Omega} f(x,y,z)\mathrm{d}V=\iint_{D_{xy}}\mathrm{d}x\mathrm{d}y\int_{\varphi_1(x,y)}^{\varphi_2(x,y)} f(x,y,z)\mathrm{d}z.$$

② 向 yOz 面作投影，即 Ω 可表示为

$$\Omega=\{(x,y,z)\mid(y,z)\in D_{yz},\varphi_1(y,z)\leqslant x\leqslant\varphi_2(y,z)\},$$

则

$$\iiint_{\Omega} f(x,y,z)\mathrm{d}V=\iint_{D_{yz}}\mathrm{d}y\mathrm{d}z\int_{\varphi_1(y,z)}^{\varphi_2(y,z)} f(x,y,z)\mathrm{d}x.$$

③ 向 zOx 面作投影，即 Ω 可表示为

$$\Omega=\{(x,y,z)\mid(z,x)\in D_{zx},\varphi_1(z,x)\leqslant y\leqslant\varphi_2(z,x)\},$$

则

$$\iiint\limits_{\Omega} f(x,y,z)\mathrm{d}V = \iint\limits_{D_{zx}} \mathrm{d}z\mathrm{d}x\int_{\varphi_1(z,x)}^{\varphi_2(z,x)} f(x,y,z)\mathrm{d}y.$$

注 (1) 无论截面法还是投影法，三重积分都化为一次二重积分和一次定积分，而二重积分又可化为累次积分，故三重积分最终都要化为三次积分进行计算.

(2) 对积分区域 Ω 作适当的表示，确定三次积分的上下限是计算三重积分的关键.

3. 柱面坐标系下三重积分的计算

柱面坐标变换为 $\begin{cases} x = r\cos\theta, \\ y = r\sin\theta, \\ z = z, \end{cases}$ 其中

$$\Omega = \{(r,\theta,z) \mid \alpha \leqslant \theta \leqslant \beta, r_1(\theta) \leqslant r \leqslant r_2(\theta), \varphi_1(r,\theta) \leqslant z \leqslant \varphi_2(r,\theta)\},$$

则

$$\iiint\limits_{\Omega} f(x,y,z)\mathrm{d}V = \int_{\alpha}^{\beta}\mathrm{d}\theta\int_{r_1(\theta)}^{r_2(\theta)} r\mathrm{d}r\int_{\varphi_1(r,\theta)}^{\varphi_2(r,\theta)} f(r\cos\theta, r\sin\theta, z)\mathrm{d}z.$$

注 当积分区域 Ω 为圆柱、环柱、扇形柱、锥体等形状的区域时或在坐标面上的投影区域为圆形、扇形、环形区域，被积函数为 $f(x^2+y^2,z)$，$f(y^2+z^2,x)$ 或 $f(z^2+x^2,y)$，$f\left(\dfrac{x}{z}\right)$，$f\left(\dfrac{y}{x}\right)$ 等形式时，一般可以采用柱面坐标计算三重积分.

4. 球面坐标系下三重积分的计算

球面坐标变换为$\begin{cases} x = r\sin\varphi\cos\theta, \\ y = r\sin\varphi\sin\theta, \\ z = r\cos\varphi, \end{cases}$其中

$$\Omega = \{(r,\theta,\varphi) \mid \alpha \leqslant \theta \leqslant \beta, \theta_1 \leqslant \varphi \leqslant \theta_2, r_1(\varphi,\theta) \leqslant r \leqslant r_2(\varphi,\theta)\},$$

则

$$\iiint\limits_{\Omega} f(x,y,z)\mathrm{d}x\mathrm{d}y\mathrm{d}z = \int_{\alpha}^{\beta}\mathrm{d}\theta\int_{\theta_1}^{\theta_2}\mathrm{d}\varphi\int_{r_1(\varphi,\theta)}^{r_2(\varphi,\theta)} f(r\sin\varphi\cos\theta, r\sin\varphi\sin\theta, r\cos\varphi)r^2\sin\varphi\mathrm{d}r.$$

注 当积分区域为球面、球面与锥面、球面与球面等围成的区域，而被积函数含有 $x^2+y^2+z^2$ 的因子时，一般采用球面坐标变换计算三重积分.

三 曲线积分(数学一)

1. 对弧长的曲线积分

(1) 对弧长的曲线积分(第一类曲线积分)的定义

设 L 为 xOy 面内的一条光滑(或分段光滑)曲线段，函数 $f(x,y)$ 在 L 上有界. 在 L 上依次用分点 $A=M_0,M_1,\cdots,M_{n-1},M_n=B$，把 L 分成 n 个小弧段 $\overset{\frown}{M_{i-1}M_i}(i=1,2,\cdots,n)$. 设第 i 个

小段$\overset{\frown}{M_{i-1}M_i}$的长度为$\Delta s_i$，$\forall(\xi_i,\eta_i)\in\overset{\frown}{M_{i-1}M_i}$，作乘积$f(\xi_i,\eta_i)\Delta s_i$，并作和$\sum_{i=1}^{n}f(\xi_i,\eta_i)\Delta s_i$. 令各小弧段长度的最大值为$\lambda$，若极限

$$\lim_{\lambda\to0}\sum_{i=1}^{n}f(\xi_i,\eta_i)\Delta s_i$$

存在，且极限值与L的分法及点(ξ_i,η_i)的选取都无关，则称函数$f(x,y)$在曲线L上可积，称其极限为函数$f(x,y)$在曲线L上的对弧长的曲线积分或第一类曲线积分，记作$\int_L f(x,y)\mathrm{d}s$，即

$$\int_L f(x,y)\mathrm{d}s=\lim_{\lambda\to0}\sum_{i=1}^{n}f(\xi_i,\eta_i)\Delta s_i,$$

其中$f(x,y)$叫作被积函数，L叫作积分曲线，$\mathrm{d}s$叫作弧长元素.

上述定义可推广到空间曲线L的情形，即

$$\int_L f(x,y,z)\mathrm{d}s=\lim_{\lambda\to0}\sum_{i=1}^{n}f(\xi_i,\eta_i,\zeta_i)\Delta s_i.$$

注　如果L是闭曲线，那么函数$f(x,y)$在闭曲线L上的第一类曲线积分记作$\oint_L f(x,y)s$.

(2) **对弧长的曲线积分的性质（假设相应函数在L上可积）**

① （线性性质）设α和β为常数，则

$$\int_L[\alpha f(x,y)+\beta g(x,y)]\mathrm{d}s=\alpha\int_L f(x,y)\mathrm{d}s+\beta\int_L g(x,y)\mathrm{d}s.$$

②（可加性）若曲线 L 可分成两段光滑曲线弧 L_1 和 L_2，且 L_1 和 L_2 无公共内点，则

$$\int_L f(x,y)\mathrm{d}s=\int_{L_1} f(x,y)\mathrm{d}s+\int_{L_2} f(x,y)\mathrm{d}s.$$

③（不等式性质）设在 L 上，有 $f(x,y)\leqslant g(x,y)$，则

$$\int_L f(x,y)\mathrm{d}s\leqslant\int_L g(x,y)\mathrm{d}s,$$

特别地，有

$$\left|\int_L f(x,y)\mathrm{d}s\right|\leqslant\int_L |f(x,y)|\mathrm{d}s.$$

④（中值定理）若 $f(x,y)$ 在 L 上连续，则存在 $(x_0,y_0)\in L$，使得

$$\int_L f(x,y)\mathrm{d}s=f(x_0,y_0)|L|,$$

其中 $|L|$ 为曲线 L 的长度.

(3) **对弧长的曲线积分的计算**

① 设 $f(x,y)$ 在平面曲线 L 上连续，L 的参数方程为 $\begin{cases}x=\varphi(t),\\ y=\psi(t),\end{cases}\alpha\leqslant t\leqslant\beta$，其中 $\varphi(t)$ 和 $\psi(t)$ 在 $[\alpha,\beta]$ 上具有一阶连续导数，且 $\varphi'^2(t)+\psi'^2(t)\neq 0$，则曲线积分 $\int_L f(x,y)\mathrm{d}s$ 存在，且有

$$\int_L f(x,y)\mathrm{d}s=\int_\alpha^\beta f[\varphi(t),\psi(t)]\sqrt{\varphi'^2(t)+\psi'^2(t)}\,\mathrm{d}t.$$

② 如果平面光滑曲线 L 的方程为 $y=\psi(x)(a\leqslant x\leqslant b)$，则

$$\int_L f(x,y)\mathrm{d}s=\int_a^b f[x,\psi(x)]\sqrt{1+\psi'^2(x)}\,\mathrm{d}x.$$

③ 如果平面光滑曲线 L 的方程为 $x=\varphi(y)(c\leqslant y\leqslant d)$，则

$$\int_L f(x,y)\mathrm{d}s=\int_c^d f[\varphi(y),y]\sqrt{1+\varphi'^2(y)}\,\mathrm{d}y.$$

④ 如果平面光滑曲线 L 的极坐标方程为 $r=r(\theta)(\alpha\leqslant\theta\leqslant\beta)$，则

$$\int_L f(x,y)\mathrm{d}s=\int_\alpha^\beta f[r(\theta)\cos\theta,r(\theta)\sin\theta]\sqrt{r^2(\theta)+r'^2(\theta)}\,\mathrm{d}\theta.$$

⑤ 若空间曲线 Γ 的方程为 $x=\varphi(t),y=\psi(t),z=\omega(t)(\alpha\leqslant t\leqslant\beta)$，则

$$\int_\Gamma f(x,y,z)\mathrm{d}s=\int_\alpha^\beta f[\varphi(t),\psi(t),\omega(t)]\sqrt{\varphi'^2(t)+\psi'^2(t)+\omega'^2(t)}\,\mathrm{d}t.$$

⑥ 计算对弧长的曲线积分的一般步骤如下：

第 1 步，画出积分路径的图形.

第 2 步，写出积分路径的参数方程 $\begin{cases}x=\varphi(t),\\y=\psi(t),\end{cases}\alpha\leqslant t\leqslant\beta$，并代入被积函数.

第 3 步，将弧长元素 $\mathrm{d}s$ 替换成 $\sqrt{\varphi'^2(t)+\psi'^2(t)}\,\mathrm{d}t$.

第 4 步，计算

$$\int_L f(x,y)\mathrm{d}s = \int_\alpha^\beta f[\varphi(t),\psi(t)]\sqrt{\varphi'^2(t)+\psi'^2(t)}\,\mathrm{d}t.$$

注 (1) 对弧长的曲线积分化为定积分时积分下限一定小于积分上限.

(2) 曲线积分是沿曲线段积分，因而被积函数中的 x 和 y 满足积分曲线 L 的方程，故可将 L 的方程代入被积函数进行化简，这一点与定积分和重积分不同.

2. 对坐标的曲线积分

(1) **对坐标的曲线积分的定义** 设 L 是 xOy 面上从 A 到 B 的一条光滑有向曲线，函数 $P(x,y)$，$Q(x,y)$ 在 L 上有界. 在 L 上沿 L 的方向任意插入一点列 $A=M_0,M_1,\cdots,M_{n-1},M_n=B$，得到 n 个有向小弧段 $\overset{\frown}{M_{i-1}M_i}(i=1,2,\cdots,n)$，设 $\Delta x_i=x_i-x_{i-1}$，$\Delta y_i=y_i-y_{i-1}$，(ξ_i,η_i) 为 $\overset{\frown}{M_{i-1}M_i}$ 上任意一点，令 λ 为各小弧段长度的最大值. 若极限

$$\lim_{\lambda\to 0}\sum_{i=1}^{n}[P(\xi_i,\eta_i)\Delta x_i+Q(\xi_i,\eta_i)\Delta y_i]$$

存在，则称此极限为函数 $P(x,y)$，$Q(x,y)$ 在有向曲线 L 上的对坐标的曲线积分或第二类曲线积分，记作 $\int_L P(x,y)\mathrm{d}x+Q(x,y)\mathrm{d}y$.

类似地，可定义空间曲线 Γ 上的对坐标的曲线积分，设三元向量值函数

$$F(x,y,z)=P(x,y,z)\boldsymbol{i}+Q(x,y,z)\boldsymbol{j}+R(x,y,z)\boldsymbol{k}$$

在 Γ 上连续，则 $\boldsymbol{F}(x,y,z)$ 在 Γ 上的第二类曲线积分可定义为

$$\int_\Gamma \boldsymbol{F}\cdot\mathrm{d}\boldsymbol{r}=\int_\Gamma P(x,y,z)\mathrm{d}x+Q(x,y,z)\mathrm{d}y+R(x,y,z)\mathrm{d}z$$

$$=\lim_{\lambda\to 0}\sum_{i=1}^{n}[P(\xi_i,\eta_i,\zeta_i)\Delta x_i+Q(\xi_i,\eta_i,\zeta_i)\Delta y_i+R(\xi_i,\eta_i,\zeta_i)\Delta z_i],$$

(2) **物理意义** 物体在变力 $\boldsymbol{F}(x,y)=P(x,y)\boldsymbol{i}+Q(x,y)\boldsymbol{j}$ 作用下沿光滑曲线弧 L 从点 A 移动到点 B 所作的功为

$$W=\int_L P(x,y)\mathrm{d}x+Q(x,y)\mathrm{d}y.$$

(3) **对坐标的曲线积分的性质（以下总假定**$\int_L P(x,y)\mathrm{d}x$ **与**$\int_L Q(x,y)\mathrm{d}y$ **都存在）**

① 设 L 是有向曲线弧，L^- 是与 L 方向相反的有向曲线弧，则

$$\int_L P(x,y)\mathrm{d}x+Q(x,y)\mathrm{d}y=-\int_{L^-} P(x,y)\mathrm{d}x+Q(x,y)\mathrm{d}y.$$

注 当积分弧段的方向改变时，对坐标的曲线积分要改变符号，因此，对坐标的曲线积分必须注意积分曲线的方向.

② 线性性质：设 α 和 β 为任意常数，则

$$\int_L \alpha P(x,y)\mathrm{d}x+\beta Q(x,y)\mathrm{d}y=\alpha\int_L P(x,y)\mathrm{d}x+\beta\int_L Q(x,y)\mathrm{d}y.$$

③ 可加性：如果有向曲线弧 L 可分成两段光滑曲线弧 L_1 和 L_2，且 L_1 和 L_2 无公共内点，则

$$\int_L P(x,y)\mathrm{d}x+Q(x,y)\mathrm{d}y=\int_{L_1} P(x,y)\mathrm{d}x+Q(x,y)\mathrm{d}y+\int_{L_2} P(x,y)\mathrm{d}x+Q(x,y)\mathrm{d}y.$$

(4) 对坐标的曲线积分的计算方法

① 设 $P(x,y)$ 和 $Q(x,y)$ 是定义在有向光滑曲线 L 上的连续函数，L 的参数方程为 $\begin{cases}x=\varphi(t),\\ y=\psi(t).\end{cases}$ 当参数 t 单调地由 α 变到 β 时，点 $M(x,y)$ 从 L 的起点 A 沿 L 方向运动到终点 B，$\varphi(t)$，$\psi(t)$ 在以 α 和 β 为端点的区间上有一阶连续导数，且 $\varphi'^2(t)+\psi'^2(t)\neq 0$，则对坐标的曲线积分 $\int_L P(x,y)\mathrm{d}x+Q(x,y)\mathrm{d}y$ 存在，且

$$\int_L P(x,y)\mathrm{d}x+Q(x,y)\mathrm{d}y=\int_\alpha^\beta\{P[\varphi(t),\psi(t)]\varphi'(t)+Q[\varphi(t),\psi(t)]\psi'(t)\}\mathrm{d}t.$$

② 如果有向曲线 L 的方程是 $y=\psi(x)$，L 的起点对应参数 α，终点对应参数 β，则

$$\int_L P(x,y)\mathrm{d}x+Q(x,y)\mathrm{d}y=\int_\alpha^\beta\{P[x,\psi(x)]+Q[x,\psi(x)]\psi'(x)\}\mathrm{d}x.$$

③ 如果有向曲线 L 的方程是 $x=\varphi(y)$，L 的起点对应参数 α，终点对应参数 β，则

$$\int_L P(x,y)\mathrm{d}x+Q(x,y)\mathrm{d}y=\int_\alpha^\beta\{P[\varphi(y),y]\varphi'(y)+Q[\varphi(y),y]\}\mathrm{d}y.$$

④ 若空间曲线 Γ 的参数方程为 $x=\varphi(t)$，$y=\psi(t)$，$z=\omega(t)$，则

$$\begin{aligned}&\int_\Gamma P(x,y,z)\mathrm{d}x+Q(x,y,z)\mathrm{d}y+R(x,y,z)\mathrm{d}z\\&=\int_\alpha^\beta[P(\varphi(t),\psi(t),\omega(t))\varphi'(t)+Q(\varphi(t),\psi(t),\omega(t))\psi'(t)\\&\quad+R(\varphi(t),\psi(t),\omega(t))\omega'(t)]\mathrm{d}t.\end{aligned}$$

Γ 的起点对应参数 α，终点对应参数 β.

注　(1) 与对弧长的曲线积分类似，在对坐标的曲线积分的计算中，可将积分曲线的方程代入被积函数进行化简.

(2) 在对坐标的曲线积分的计算中仍可利用对称性化简计算，但要注意应同时考虑被积函数的奇偶性与积分路径的对称性.

3. 两类曲线积分之间的关系

(1) 平面曲线 L 上的两类曲线积分之间的联系

$$\int_L P(x,y)\mathrm{d}x+Q(x,y)\mathrm{d}y=\int_L[P(x,y)\cos\alpha+Q(x,y)\cos\beta]\mathrm{d}s,$$

其中 $\cos\alpha$ 和 $\cos\beta$ 为有向曲线弧 L 在点 (x,y) 处的正向切向量的方向余弦.

(2) **空间曲线 Γ 上的两类曲线积分之间的联系**

$$\int_{\Gamma} P(x,y,z)\mathrm{d}x+Q(x,y,z)\mathrm{d}y+R(x,y,z)\mathrm{d}z$$
$$=\int_{\Gamma}[P(x,y,z)\cos\alpha+Q(x,y,z)\cos\beta+R(x,y,z)\cos\gamma]\mathrm{d}s,$$

其中 $\cos\alpha,\cos\beta,\cos\gamma$ 为有向曲线弧 Γ 在点 (x,y,z) 处的正向切向量的方向余弦.

四 格林公式　曲线积分与路径无关的条件(数学一)

1. 格林公式　设平面有界闭区域 D 由分段光滑的闭曲线 ∂D 围成,函数 $P(x,y)$ 及 $Q(x,y)$ 在 D 上具有一阶连续偏导数,则有

$$\iint_D\left(\frac{\partial Q}{\partial x}-\frac{\partial P}{\partial y}\right)\mathrm{d}x\mathrm{d}y=\oint_{\partial D^+}P\mathrm{d}x+Q\mathrm{d}y.$$

其中 ∂D^+ 是 D 的取正向的边界曲线.

注　(1) 格林公式建立了平面区域上的二重积分与其封闭边界曲线上对坐标的曲线积分之间的联系,给出了计算对坐标的曲线积分的新方法.

(2) 设闭区域 D 是由分段光滑曲线 L 围成，则区域 D 的面积为 $S=\frac{1}{2}\oint_{\partial D^{+}} x\mathrm{d}y-y\mathrm{d}x$.

(3) 应用格林公式要注意以下 3 个条件.

① 曲线必须是闭曲线；② 积分曲线取正向；③ $P(x,y)$ 和 $Q(x,y)$ 及其偏导数连续.

(4) 利用格林公式求曲线积分的方法.

① 直接用格林公式计算.

② 若 L 不封闭，则要添加辅助曲线 L_1，使 $L+L_1$ 封闭，再利用格林公式计算，然后再将添加部分的积分减去.

③ 当被积函数在曲线所围区域中有奇点时，用“挖洞”法将奇点挖掉，再利用格林公式计算，这时曲线的选择要根据被积函数的特点，便于其上曲线积分的计算.

2. 曲线积分与路径无关的条件

设区域 D 是一个单连通区域，函数 $P(x,y)$ 和 $Q(x,y)$ 在 D 内具有一阶连续偏导数，则下列 4 个命题等价.

(1) 对 D 内任一简单闭曲线 L（除端点外自身不相交的分段光滑闭曲线），曲线积分 $\oint_{L} P(x,y)\mathrm{d}x+Q(x,y)\mathrm{d}y=0$.

(2) 曲线积分$\int_L P\mathrm{d}x+Q\mathrm{d}y$在$D$内与路径无关.

(3) 存在函数$u(x,y)$,使$\mathrm{d}u=P(x,y)\mathrm{d}x+Q(x,y)\mathrm{d}y,\forall(x,y)\in D$.

(4) 在D内恒有$\frac{\partial Q}{\partial x}=\frac{\partial P}{\partial y}$.

注 利用曲线积分与路径无关的条件可选取特殊路径计算曲线积分,经常选择与坐标轴平行的折线段进行积分.

3. 原函数

(1) 若曲线积分$\int_L P(x,y)\mathrm{d}x+Q(x,y)\mathrm{d}y$在$D$内与路径无关,则存在$u(x,y)$,使

$$\mathrm{d}u=P(x,y)\mathrm{d}x+Q(x,y)\mathrm{d}y,$$

称$u(x,y)$为表达式$P(x,y)\mathrm{d}x+Q(x,y)\mathrm{d}y$的原函数.

(2) 求原函数$u(x,y)$的方法.

① 曲线积分法:可以选择特殊路径来计算曲线积分

$$u(x,y)=\int_{(x_0,y_0)}^{(x,y)}P(x,y)\mathrm{d}x+Q(x,y)\mathrm{d}y,$$

通常选取平行于坐标轴的折线.

② 不定积分法：由 $\mathrm{d}u=P(x,y)\mathrm{d}x+Q(x,y)\mathrm{d}y$ 知$\frac{\partial u}{\partial x}=P(x,y)$，$\frac{\partial u}{\partial y}=Q(x,y)$. 在$\frac{\partial u}{\partial x}=P(x,y)$ 的两边对 x 积分，得 $u(x,y)=\int P(x,y)\mathrm{d}x+\varphi(y)$，

由此得
$$\frac{\partial u}{\partial y}=\frac{\partial\left[\int P(x,y)\mathrm{d}x\right]}{\partial y}+\varphi'(y)$$

因而有
$$\frac{\partial\left[\int P(x,y)\mathrm{d}x\right]}{\partial y}+\varphi'(y)=Q(x,y)$$

故
$$\varphi'(y)=Q(x,y)-\frac{\partial\left[\int P(x,y)\mathrm{d}x\right]}{\partial y},$$

积分即可得到 $\varphi(y)$，从而得原函数 $u(x,y)$.

4. 全微分方程

如果微分方程 $P(x,y)\mathrm{d}x+Q(x,y)\mathrm{d}y=0$ 满足$\frac{\partial Q}{\partial x}=\frac{\partial P}{\partial y}$，则称 $P(x,y)\mathrm{d}x+Q(x,y)\mathrm{d}y=0$ 为全微分方程，通解为
$$\int_{(x_0,y_0)}^{(x,y)}P(x,y)\mathrm{d}x+Q(x,y)\mathrm{d}y=C,$$

其中(x_0,y_0)是使$\frac{\partial Q}{\partial x}=\frac{\partial P}{\partial y}$成立的某单连通区域$C$内适当选定的点的坐标.

五 曲面积分(数学一)

1. 对面积的曲面积分

(1) **定义** 设Σ是有界的光滑或分片光滑的曲面，函数$f(x,y,z)$在Σ上有界. 把Σ任意分成n小块$\Delta S_1,\Delta S_2,\cdots,\Delta S_n$($\Delta S_i$代表第$i$小块曲面的面积)，在$\Delta S_i$上任取一点$(\xi_i,\eta_i,\zeta_i)$，如果当各小块曲面的直径的最大值$\lambda\to 0$时，和式的极限$\lim\limits_{\lambda\to 0}\sum\limits_{i=1}^{n}f(\xi_i,\eta_i,\zeta_i)\Delta S_i$总存在，且极限值与$\Sigma$的分法以及点$(\xi_i,\eta_i,\zeta_i)$的选取都无关，则称函数$f(x,y,z)$在曲面$\Sigma$上可积，其极限值称为函数$f(x,y,z)$在曲面$\Sigma$上的对面积的曲面积分或第一类曲面积分，记作$\iint\limits_{\Sigma}f(x,y,z)\mathrm{d}S$，即

$$\iint\limits_{\Sigma}f(x,y,z)\mathrm{d}S=\lim_{\lambda\to 0}\sum_{i=1}^{n}f(\xi_i,\eta_i,\zeta_i)\Delta S_i,$$

其中$f(x,y,z)$叫作被积函数，Σ叫作积分曲面，$\mathrm{d}S$称为曲面面积元素.

注 当 $f(x,y,z)=1$ 时，$S=\iint\limits_{\Sigma}\mathrm{d}S$ 表示曲面 Σ 的面积.

（2）**对面积的曲面积分的性质**

假设 $f(x,y,z)$ 和 $g(x,y,z)$ 在 Σ 上对面积的曲面积分存在.

① 线性性质：设 α 和 β 为常数，则

$$\iint\limits_{\Sigma}[\alpha f(x,y,z)+\beta g(x,y,z)]\mathrm{d}S=\alpha\iint\limits_{\Sigma}f(x,y,z)\mathrm{d}S+\beta\iint\limits_{\Sigma}g(x.\ y,z)\mathrm{d}S.$$

② 可加性：若积分曲面 $\Sigma=\Sigma_1\cup\Sigma_2$，且 Σ_1,Σ_2 除边界外无公共点，则

$$\iint\limits_{\Sigma}f(x,y,z)\mathrm{d}S=\iint\limits_{\Sigma_1}f(x,y,z)\mathrm{d}S+\iint\limits_{\Sigma_2}f(x,y,z)\mathrm{d}S.$$

（3）**对面积的曲面积分的计算公式**

① 设光滑曲面 $\Sigma:z=z(x,y),(x,y)\in D_{xy}$，$D_{xy}$ 为 Σ 在 xOy 面上的投影，$f(x,y,z)$ 在曲面 Σ 上为连续函数，则

$$\iint\limits_{\Sigma}f(x,y,z)\mathrm{d}S=\iint\limits_{D_{xy}}f[x,y,z(x,y)]\sqrt{1+z_x'^2+z_y'^2}\mathrm{d}x\mathrm{d}y.$$

② 设光滑曲面 $\Sigma:y=y(z,x),(z,x)\in D_{zx}$，$D_{zx}$ 为 Σ 在 zOx 面上的投影，$f(x,y,z)$ 在曲面 Σ 上为连续函数，则

$$\iint_{\Sigma} f(x,y,z)\mathrm{d}S=\iint_{D_{zx}} f[x,y(z,x),z]\sqrt{1+y_x'^2+y_z'^2}\mathrm{d}x\mathrm{d}z.$$

③ 设光滑曲面 $\Sigma: x=x(y,z),(y,z)\in D_{yz}$，$D_{yz}$ 为 Σ 在 yOz 面上的投影，$f(x,y,z)$ 在曲面 Σ 上为连续函数，则

$$\iint_{\Sigma} f(x,y,z)\mathrm{d}S=\iint_{D_{yz}} f[x(y,z),y,z]\sqrt{1+x_y'^2+x_z'^2}\mathrm{d}y\mathrm{d}z.$$

注 (1) 对面积的曲面积分，由于被积函数 $f(x,y,z)$ 定义在曲面 Σ 上，因此计算对面积的曲面积分可以将曲面 Σ 的方程代入被积函数中，这样可以大大简化计算过程.

(2) 设曲面 $\Sigma: z=z(x,y),(x,y)\in D_{xy}$，则曲面 Σ 的面积为 $S=\iint_{D_{xy}}\sqrt{1+z_x'^2+z_y'^2}\mathrm{d}x\mathrm{d}y$.

2. 对坐标的曲面积分

(1) 对坐标的曲面积分的定义

设 Σ 为光滑有向曲面，函数 $R(x,y,z)$ 在 Σ 上有界. 将 Σ 任意分成 n 个小有向曲面 ΔS_i（也表示第 i 块小曲面的面积）. ΔS_i 在 xOy 面上的投影为 $(\Delta S_i)_{xy}$，$(\xi_i,\eta_i,\zeta_i)(i=1,2,\cdots,n)$ 是在 ΔS_i 任取的一点，如果当各小块曲面的直径的最大值 $\lambda\to 0$ 时，

$$\lim_{\lambda\to 0}\sum_{i=1}^{n} R(\xi_i,\eta_i,\zeta_i)(\Delta S_i)_{xy}$$

存在，则称此极限值为函数 $R(x,y,z)$ 在有向曲面 Σ 上对坐标 x,y 的曲面积分，记作 $\iint\limits_{\Sigma} R(x,y,z)\mathrm{d}x\mathrm{d}y$，即

$$\iint\limits_{\Sigma} R(x,y,z)\mathrm{d}x\mathrm{d}y = \lim_{\lambda\to 0}\sum_{i=1}^{n} R(\xi_i,\eta_i,\zeta_i)(\Delta S_i)_{xy},$$

其中 $R(x,y,z)$ 称为被积函数，Σ 称为积分曲面.

类似地，可定义函数 $P(x,y,z)$ 在有向曲面 Σ 上对坐标 y,z 的曲面积分以及函数 $Q(x,y,z)$ 在有向曲面 Σ 上对坐标 z,x 的曲面积分

$$\iint\limits_{\Sigma} P(x,y,z)\mathrm{d}y\mathrm{d}z = \lim_{\lambda\to 0}\sum_{i=1}^{n} P(\xi_i,\eta_i,\zeta_i)(\Delta S_i)_{yz},$$

$$\iint\limits_{\Sigma} Q(x,y,z)\mathrm{d}z\mathrm{d}x = \lim_{\lambda\to 0}\sum_{i=1}^{n} Q(\xi_i,\eta_i,\zeta_i)(\Delta S_i)_{zx}.$$

组合曲面积分

$$\begin{aligned}&\iint\limits_{\Sigma} P(x,y,z)\mathrm{d}y\mathrm{d}z + Q(x,y,z)\mathrm{d}z\mathrm{d}x + R(x,y,z)\mathrm{d}x\mathrm{d}y\\ =&\iint\limits_{\Sigma} P(x,y,z)\mathrm{d}y\mathrm{d}z + \iint\limits_{\Sigma} Q(x,y,z)\mathrm{d}z\mathrm{d}x + \iint\limits_{\Sigma} R(x,y,z)\mathrm{d}x\mathrm{d}y.\end{aligned}$$

(2) **对坐标的曲面积分的物理意义**

如果某向量场由 $\boldsymbol{F}(x,y,z)=P(x,y,z)\boldsymbol{i}+Q(x,y,z)\boldsymbol{j}+R(x,y,z)\boldsymbol{k}$ 给出，Σ 是场内的一片有向曲面，其中 P,Q,R 具有一阶连续偏导数，则向量场 F 通过曲面 Σ 指定侧的通量 Φ 为

$$\Phi=\iint_{\Sigma}\boldsymbol{F}\cdot\mathrm{d}\boldsymbol{S}=\iint_{\Sigma}\boldsymbol{F}\cdot\boldsymbol{n}\mathrm{d}S$$

$$=\iint_{\Sigma}P(x,y,z)\mathrm{d}y\mathrm{d}z+Q(x,y,z)\mathrm{d}z\mathrm{d}x+R(x,y,z)\mathrm{d}x\mathrm{d}y.$$

其中 $\mathrm{d}S=\{\mathrm{d}y\mathrm{d}z,\mathrm{d}z\mathrm{d}x,\mathrm{d}x\mathrm{d}y\}$.

(3) **对坐标的曲面积分的性质**(**以** $\iint_{\Sigma}R(x,y,z)\mathrm{d}x\mathrm{d}y$ **为例**)

假设 $\iint_{\Sigma}R_1(x,y,z)\mathrm{d}x\mathrm{d}y$ 和 $\iint_{\Sigma}R_2(x,y,z)\mathrm{d}x\mathrm{d}y$ 都存在.

① 线性性质:设 α 和 β 为常数，则 $\iint_{\Sigma}[\alpha R_1(x,y,z)+\beta R_2(x,y,z)]\mathrm{d}x\mathrm{d}y$

$$=\alpha\iint_{\Sigma}R_1(x,y,z)\mathrm{d}x\mathrm{d}y+\beta\iint_{\Sigma}R_2(x,y,z)\mathrm{d}x\mathrm{d}y.$$

② 可加性:若积分曲面 $\Sigma=\Sigma_1\cup\Sigma_2$，且 Σ_1,Σ_2 除边界外无公共点，则

$$\iint\limits_{\Sigma} R(x,y,z)\mathrm{d}x\mathrm{d}y=\iint\limits_{\Sigma_1} R(x,y,z)\mathrm{d}x\mathrm{d}y+\iint\limits_{\Sigma_2} R(x,y,z)\mathrm{d}x\mathrm{d}y.$$

③ 设 Σ 是有向曲面，Σ^- 表示与 Σ 取相反侧的有向曲面，则

$$\iint\limits_{\Sigma} R(x,y,z)\mathrm{d}x\mathrm{d}y=-\iint\limits_{\Sigma^-} R(x,y,z)\mathrm{d}x\mathrm{d}y.$$

(4) **对坐标的曲面积分的计算方法**

① 设积分曲面 Σ 由方程 $z=z(x,y)$ 给出，Σ 在 xOy 面上的投影区域为 D_{xy}，函数 $z=z(x,y)$ 在 D_{xy} 上具有一阶连续偏导数，若函数 $R(x,y,z)$ 在 Σ 上连续，则有

$$\iint\limits_{\Sigma} R(x,y,z)\mathrm{d}x\mathrm{d}y=\pm\iint\limits_{D_{xy}} R[x,y,z(x,y)]\mathrm{d}x\mathrm{d}y,$$

其中，当 Σ 取上侧，即 $\cos\gamma>0$ 时，积分前取"+"；当 Σ 取下侧，即 $\cos\gamma<0$ 时，积分前取"−".

② 如果 Σ 由 $x=x(y,z)$ 给出，Σ 在 yOz 面上的投影区域为 D_{yz}，函数 $x=x(y,z)$ 在 D_{yz} 上具有一阶连续偏导数，若函数 $P(x,y,z)$ 在 Σ 上连续，则有

$$\iint\limits_{\Sigma} P(x,y,z)\mathrm{d}y\mathrm{d}z=\pm\iint\limits_{D_{yz}} P[x(y,z),y,z]\mathrm{d}y\mathrm{d}z,$$

其中，当 Σ 取前侧时，即 $\cos\alpha>0$，积分前取"+"；当 Σ 取后侧，即 $\cos\alpha<0$ 时，积分前取"−".

③ 如果 Σ 由 $y=y(z,x)$ 给出，Σ 在 zOx 面上的投影区域为 D_{zx}，函数 $y=y(z,x)$ 在 D_{zx}

上具有一阶连续偏导数，若函数 $Q(x,y,z)$ 在 Σ 上连续，则有

$$\iint_{\Sigma} Q(x,y,z)\,\mathrm{d}z\mathrm{d}x = \pm \iint_{D_{zx}} Q[x,y(z,x),z]\,\mathrm{d}z\mathrm{d}x,$$

其中，当 Σ 取右侧，即 $\cos\beta>0$ 时，积分前取"+"；当 Σ 取左侧，即 $\cos\beta<0$ 时，积分前取"−".

④ 如果有向曲面 Σ 分别在 yOz，zOx，xOy 坐标面上投影区域的面积为零，则计算公式中对应的积分值等于零.

3. 两类曲面积分之间的关系

$$\iint_{\Sigma}(P\cos\alpha + Q\cos\beta + r\cos\gamma)\,\mathrm{d}S = \iint_{\Sigma} P\,\mathrm{d}y\mathrm{d}z + Q\mathrm{d}z\mathrm{d}x + R\mathrm{d}x\mathrm{d}y,$$

其中 $\cos\alpha$，$\cos\beta$，$\cos\gamma$ 是有向曲面 Σ 上点 (x,y,z) 处的正向法向量的方向余弦.

4. 高斯公式　通量与散度

(1) **高斯公式**　设空间闭区域 Ω 是由分片光滑的闭曲面 Σ 所围成，函数 $P(x,y,z)$、$Q(x,y,z)$、$R(x,y,z)$ 在 Ω 上具有一阶连续偏导数，则有

$$\iiint_{\Omega}\left(\frac{\partial P}{\partial x}+\frac{\partial Q}{\partial y}+\frac{\partial R}{\partial z}\right)\mathrm{d}V = \oint\!\!\!\oint_{\Sigma} P\,\mathrm{d}y\mathrm{d}z + Q\mathrm{d}z\mathrm{d}x + R\mathrm{d}x\mathrm{d}y \qquad ①$$

或 $$\iiint_{\Omega}\left(\frac{\partial P}{\partial x}+\frac{\partial Q}{\partial y}+\frac{\partial R}{\partial z}\right)\mathrm{d}V = \oint\!\!\!\oint_{\Sigma}(P\cos\alpha + Q\cos\beta + r\cos\gamma)\,\mathrm{d}S, \qquad ②$$

其中 Σ 取外侧，$\cos\alpha$，$\cos\beta$，$\cos\gamma$ 是曲面 Σ 在点 (x,y,z) 处的正法向量 $\boldsymbol{n}(x,y,z)$ 的方向余弦.

① 和 ② 式称为高斯公式.

注 ① 格林公式揭示了平面闭区域上的二重积分与沿其边界曲线上的曲线积分之间的关系. 高斯公式揭示了空间闭区域上的三重积分与沿其边界曲面上的曲面积分之间的关系，利用高斯公式可以把对坐标的曲面积分化为三重积分，而在大多数情况下，计算三重积分比计算对坐标的曲面积分容易.

② 要注意高斯公式应用的条件：

i $P(x,y,z)$,$Q(x,y,z)$,$R(x,y,z)$ 在区域 Ω 上有一阶连续偏导数.

ii 在高斯公式中，Σ 应为封闭曲面，并取外侧. 如果 Σ 不是封闭曲面，则要添加辅助曲面使之封闭，然后再利用高斯公式. 注意，如果 Σ 取内侧，高斯公式中应加负号. 添加辅助曲面应尽量简单，要容易计算其上对坐标的曲面积分，一般选择平行于坐标面的平面.

③ 在应用高斯公式时，要清楚 $P(x,y,z)$,$Q(x,y,z)$,$R(x,y,z)$ 对什么变量求偏导，不要混淆.

④ 利用两类曲面积分之间的关系，有时可把对面积的曲面积分先转化为对坐标的曲面积分，然后应用高斯公式.

(2) **通量与散度**

设某向量场 $\boldsymbol{A}=P(x,y,z)\boldsymbol{i}+Q(x,y,z)\boldsymbol{j}+R(x,y,z)\boldsymbol{k}$，其中 P,Q,R 具有一阶连续偏导

数,Σ 是场内的一有向曲面,$\boldsymbol{n}$ 是 Σ 上点 (x,y,z) 处的正向单位法向量,则称

$$\iint_{\Sigma} P\mathrm{d}y\mathrm{d}z+Q\mathrm{d}z\mathrm{d}x+R\mathrm{d}x\mathrm{d}y$$

为向量场 $\boldsymbol{A}$ 通过曲面 Σ 向着指定侧的通量(或流量).

称 $\frac{\partial P}{\partial x}+\frac{\partial Q}{\partial y}+\frac{\partial R}{\partial z}$ 为向量场 $\boldsymbol{A}$ 的散度,记作 $\mathrm{div}\boldsymbol{A}$,即 $\mathrm{div}\boldsymbol{A}=\frac{\partial P}{\partial x}+\frac{\partial Q}{\partial y}+\frac{\partial R}{\partial z}$.

5. 斯托克斯公式　环流量与旋度

(1) 斯托克斯公式

① 斯托克斯公式:设 L 为分段光滑的有向闭曲线,Σ 是由 L 张成的光滑有向曲面,L 的正向与 Σ 的侧符合右手法则,函数 $P(x,y,z)$,$Q(x,y,z)$,$R(x,y,z)$ 在曲面 Σ 上具有一阶连续偏导数,则有

$$\oint_{L} P\mathrm{d}x+Q\mathrm{d}y+R\mathrm{d}z$$

$$=\iint_{\Sigma}\left(\frac{\partial R}{\partial y}-\frac{\partial Q}{\partial z}\right)\mathrm{d}y\mathrm{d}z+\left(\frac{\partial P}{\partial z}-\frac{\partial R}{\partial x}\right)\mathrm{d}z\mathrm{d}x+\left(\frac{\partial Q}{\partial x}-\frac{\partial P}{\partial y}\right)\mathrm{d}x\mathrm{d}y, \qquad ①$$

或 $\oint_{L}(P\cos\lambda+Q\cos\mu+R\cos v)\mathrm{d}s$

$$=\iint_{\Sigma}\left[\left(\frac{\partial R}{\partial y}-\frac{\partial Q}{\partial z}\right)\cos\alpha+\left(\frac{\partial P}{\partial z}-\frac{\partial R}{\partial x}\right)\cos\beta+\left(\frac{\partial Q}{\partial x}-\frac{\partial P}{\partial y}\right)\cos\gamma\right]\mathrm{d}S. \qquad ②$$

其中 $\cos\alpha,\cos\beta,\cos\gamma$ 为 Σ 正侧法向量的方向余弦，$\cos\lambda,\cos\mu,\cos v$ 为与 L 正向一致的切向量的方向余弦. ① 和 ② 式称为斯托克斯公式.

注 i 为了便于记忆，利用行列式记号可以把斯托克斯公式写成

$$\oint_L P\mathrm{d}x+Q\mathrm{d}y+R\mathrm{d}z=\iint_\Sigma\begin{vmatrix}\mathrm{d}y\mathrm{d}z & \mathrm{d}z\mathrm{d}x & \mathrm{d}x\mathrm{d}y\\ \dfrac{\partial}{\partial x} & \dfrac{\partial}{\partial y} & \dfrac{\partial}{\partial z}\\ P & Q & R\end{vmatrix},$$

或
$$\oint_L (P\cos\lambda+Q\cos\mu+R\cos v)\mathrm{d}s=\iint_\Sigma\begin{vmatrix}\cos\alpha & \cos\beta & \cos\gamma\\ \dfrac{\partial}{\partial x} & \dfrac{\partial}{\partial y} & \dfrac{\partial}{\partial z}\\ P & Q & R\end{vmatrix}\mathrm{d}S.$$

ii 格林公式揭示了平面闭区域上的二重积分与沿其边界曲线上的曲线积分之间的关系，斯托克斯公式是格林公式的推广，其揭示了曲面 Σ 上的曲面积分与沿着 Σ 的边界曲线的曲线积分之间的关系.

iii 利用斯托克斯公式可以把对坐标的空间曲线积分转化为以此曲线为边界的曲面积分，其关键是要根据给出的空间曲线适当地选择以此曲线为边界的曲面.

iv 利用斯托克斯公式可推得空间曲线积分与路径无关的条件.

(2) 环流量与旋度

设向量场

$\boldsymbol{A}=P(x,y,z)\boldsymbol{i}+Q(x,y,z)\boldsymbol{j}+R(x,y,z)\boldsymbol{k}$,

其中函数 P,Q,R 连续,Γ 是 $\boldsymbol{A}$ 的定义域内的一条分段光滑的有向闭曲线,$\boldsymbol{\tau}=\{\cos\alpha',\cos\beta',\cos\gamma'\}$ 是 Γ 在点(x,y,z)处与它方向一致的单位切向量,称$\oint_{\Gamma}P\mathrm{d}x+Q\mathrm{d}y+R\mathrm{d}z$ 为向量场 $\boldsymbol{A}$ 沿有向闭曲线 Γ 的环流量.

设向量场 $\boldsymbol{A}$ 中 P,Q,R 具有一阶连续偏导数,则向量

$$\left(\frac{\partial R}{\partial y}-\frac{\partial Q}{\partial z}\right)\boldsymbol{i}+\left(\frac{\partial P}{\partial z}-\frac{\partial R}{\partial x}\right)\boldsymbol{j}+\left(\frac{\partial Q}{\partial x}-\frac{\partial P}{\partial y}\right)\boldsymbol{k}$$

称为向量场 $\boldsymbol{A}$ 的旋度. 记为 $\mathbf{rot}\boldsymbol{A}$,即

$$\mathbf{rot}\boldsymbol{A}=\left(\frac{\partial R}{\partial y}-\frac{\partial Q}{\partial z}\right)\boldsymbol{i}+\left(\frac{\partial P}{\partial z}-\frac{\partial R}{\partial x}\right)\boldsymbol{j}+\left(\frac{\partial Q}{\partial x}-\frac{\partial P}{\partial y}\right)\boldsymbol{k}.$$

注 为便于记忆,旋度 $\mathbf{rot}\boldsymbol{A}$ 用行列式表示为 $\mathbf{rot}\boldsymbol{A}=\begin{vmatrix}\boldsymbol{i} & \boldsymbol{j} & \boldsymbol{k}\\ \dfrac{\partial}{\partial x} & \dfrac{\partial}{\partial y} & \dfrac{\partial}{\partial z}\\ P & Q & R\end{vmatrix}$.

六 重积分的应用

1. 重积分的几何应用

（1）**平面区域的面积**

设 D 为平面有界闭区域，则区域 D 的面积 $\boldsymbol{A}=\iint_{D}\mathrm{d}x\mathrm{d}y$.

（2）**空间区域的体积**(数学一)

设 Ω 为空间有界闭区域，则区域 Ω 的体积 $V=\iiint_{\Omega}\mathrm{d}x\mathrm{d}y\mathrm{d}z$.

（3）**曲顶柱体的体积**

设曲顶柱体 $z=f(x,y)\geqslant 0$，其中 $(x,y)\in D$，则曲顶柱体的体积 $V=\iint_{D}f(x,y)\mathrm{d}x\mathrm{d}y$.

（4）**曲面的面积**(数学一)

设曲面 S 的方程为 $z=f(x,y)$，D_{xy} 为 S 在 xOy 面上的投影区域，$f(x,y)$ 在 D_{xy} 上具有连续的一阶偏导数，则曲面 S 的面积为

$$A=\iint_{D_{xy}}\sqrt{1+\left(\frac{\partial z}{\partial x}\right)^2+\left(\frac{\partial z}{\partial y}\right)^2}\,\mathrm{d}x\mathrm{d}y.$$

注 (1) 设曲面 S 的方程为 $x=g(y,z)$，D_{yz} 为 S 在 yOz 面上的投影区域，$g(y,z)$ 在 D_{yz} 上具有连续的偏导数，则曲面 S 的面积为

$$A=\iint\limits_{D_{yz}}\sqrt{1+\left(\frac{\partial x}{\partial y}\right)^2+\left(\frac{\partial x}{\partial z}\right)^2}\,\mathrm{d}y\mathrm{d}z.$$

(2) 设曲面 S 的方程为 $y=h(z,x)$，D_{zx} 为 S 在 zOx 面上的投影区域，$h(z,x)$ 在 D_{zx} 上具有连续的偏导数，则曲面 S 的面积为

$$A=\iint\limits_{D_{zx}}\sqrt{1+\left(\frac{\partial y}{\partial x}\right)^2+\left(\frac{\partial y}{\partial z}\right)^2}\,\mathrm{d}z\mathrm{d}x.$$

2. 重积分的物理应用(数学一)

(1) 质量

① 若平面薄片的面密度为 $\rho(x,y)$，所占平面区域为 D，则此平面薄片的质量为

$$M=\iint\limits_{D}\rho(x,y)\,\mathrm{d}x\mathrm{d}y.$$

② 若物体的体密度为 $\rho(x,y,z)$，所占空间区域为 Ω，则物体的质量为

$$M=\iiint\limits_{\Omega}\rho(x,y,z)\,\mathrm{d}x\mathrm{d}y\mathrm{d}z.$$

(2) **质心**

① 若平面薄片占有平面区域 D，面密度为 $\mu(x,y)$，则质心坐标为

$$\left(\frac{\iint\limits_D x\mu(x,y)\mathrm{d}x\mathrm{d}y}{\iint\limits_D \mu(x,y)\mathrm{d}x\mathrm{d}y},\frac{\iint\limits_D y\mu(x,y)\mathrm{d}x\mathrm{d}y}{\iint\limits_D \mu(x,y)\mathrm{d}x\mathrm{d}y}\right).$$

特别地，若面密度 $\mu(x,y)$ 为常数时，平面区域 D 的形心坐标为

$$\left(\frac{\iint\limits_D x\mathrm{d}x\mathrm{d}y}{\iint\limits_D \mathrm{d}x\mathrm{d}y},\frac{\iint\limits_D y\mathrm{d}x\mathrm{d}y}{\iint\limits_D \mathrm{d}x\mathrm{d}y}\right).$$

② 若物体占有空间区域 Ω，体密度为 $\mu(x,y,z)$，则物体的质心坐标为

$$\left(\frac{\iiint\limits_\Omega x\mu(x,y,z)\mathrm{d}x\mathrm{d}y\mathrm{d}z}{\iiint\limits_\Omega \mu(x,y,z)\mathrm{d}x\mathrm{d}y\mathrm{d}z},\frac{\iiint\limits_\Omega y\mu(x,y,z)\mathrm{d}x\mathrm{d}y\mathrm{d}z}{\iiint\limits_\Omega \mu(x,y,z)\mathrm{d}x\mathrm{d}y\mathrm{d}z},\frac{\iiint\limits_\Omega z\mu(x,y,z)\mathrm{d}x\mathrm{d}y\mathrm{d}z}{\iiint\limits_\Omega \mu(x,y,z)\mathrm{d}x\mathrm{d}y\mathrm{d}z}\right).$$

特别地，若体密度 $\mu(x,y,z)$ 为常数时，Ω 的形心坐标为

$$\left(\frac{\iiint\limits_{\Omega} x\mathrm{d}x\mathrm{d}y\mathrm{d}z}{\iiint\limits_{\Omega}\mathrm{d}x\mathrm{d}y\mathrm{d}z},\frac{\iiint\limits_{\Omega} y\mathrm{d}x\mathrm{d}y\mathrm{d}z}{\iiint\limits_{\Omega}\mathrm{d}x\mathrm{d}y\mathrm{d}z},\frac{\iiint\limits_{\Omega} z\mathrm{d}x\mathrm{d}y\mathrm{d}z}{\iiint\limits_{\Omega}\mathrm{d}x\mathrm{d}y\mathrm{d}z}\right).$$

(3) **转动惯量**

① 若平面薄片占有平面区域 D，面密度为 $\mu(x,y)$，则对 x 轴、y 轴及原点的转动惯量分别为

$$I_x=\iint\limits_{D} y^2\mu(x,y)\mathrm{d}x\mathrm{d}y,$$

$$I_y=\iint\limits_{D} x^2\mu(x,y)\mathrm{d}x\mathrm{d}y,$$

$$I_O=\iint\limits_{D}(x^2+y^2)\mu(x,y)\mathrm{d}x\mathrm{d}y.$$

② 若物体占有空间区域 Ω，体密度为 $\mu(x,y,z)$，则物体对 x 轴、y 轴、z 轴及原点的转动惯量分别为

$$I_x=\iiint\limits_{\Omega}(y^2+z^2)\mu(x,y,z)\mathrm{d}x\mathrm{d}y\mathrm{d}z,$$

$$I_y=\iiint\limits_{\Omega}(z^2+x^2)\mu(x,y,z)\mathrm{d}x\mathrm{d}y\mathrm{d}z,$$

$$I_z=\iiint\limits_{\Omega}(x^2+y^2)\mu(x,y,z)\mathrm{d}x\mathrm{d}y\mathrm{d}z,$$

$$I_o=\iiint\limits_{\Omega}(x^2+y^2+z^2)\mu(x,y,z)\mathrm{d}x\mathrm{d}y\mathrm{d}z.$$

（4）**引力**

密度为 $\rho(x,y,z)$ 的占有空间立体区域 Ω，对 Ω 外一点 $M_0(x_0,y_0,z_0)$ 处的质量为 m 的质点的引力 $\overrightarrow{F}=(F_x,F_y,F_z)$ 为

$$F_x=Gm\iiint\limits_{\Omega}\frac{\rho(x,y,z)(x-x_0)}{[(x-x_0)^2+(y-y_0)^2+(z-z_0)^2]^{\frac{3}{2}}}\mathrm{d}x\mathrm{d}y\mathrm{d}z,$$

$$F_y=Gm\iiint\limits_{\Omega}\frac{\rho(x,y,z)(y-y_0)}{[(x-x_0)^2+(y-y_0)^2+(z-z_0)^2]^{\frac{3}{2}}}\mathrm{d}x\mathrm{d}y\mathrm{d}z,$$

$$F_z=Gm\iiint\limits_{\Omega}\frac{\rho(x,y,z)(z-z_0)}{[(x-x_0)^2+(y-y_0)^2+(z-z_0)^2]^{\frac{3}{2}}}\mathrm{d}x\mathrm{d}y\mathrm{d}z.$$

第七章 无穷级数（数学一，数学三）

本章知识结构

- 无穷级数
  - 常数项级数
    - 概念
      - 部分和、级数的收敛与发散、收敛级数的和
      - 几何级数和 $P-$级数的收敛与发散
    - 收敛级数的性质
      - 线性性质
      - 收敛级数任意加括号仍收敛
      - 增加或减少有限项不影响收敛性
      - 级数收敛的必要条件
    - 正项级数判别法
      - 比较判别法及其极限形式
      - 比值判别法与根值判别法
      - 积分判别法
    - 交错级数判别法 —— 莱布尼茨定理
    - 任意项级数判别法 —— 绝对收敛与条件收敛
  - 幂级数
    - 幂级数形式、收敛定理、收敛半径
    - 幂级数和函数性质
    - 函数展开成幂的数
    - 幂级数求和

无穷级数 — 傅里叶级数 $\begin{cases}\text{傅里叶级数定义}\\ \text{收敛定理}\\ \text{周期为 }2\pi(2l)\text{ 的函数展开 Fourier 级数}\\ \text{正弦(余弦)级数}\end{cases}$

一 常数项级数的概念和性质

1. 级数及其收敛性概念

（1）如果给定一个数列 $u_1, u_2, \cdots, u_n, \cdots$，则表达式

$$u_1 + u_2 + \cdots + u_n + \cdots$$

称为（常数项）无穷级数，简称（常数项）级数，记作 $\sum_{n=1}^{\infty} u_n$，即

$$\sum_{n=1}^{\infty} u_n = u_1 + u_2 + \cdots + u_n + \cdots,$$

其中 $u_1, u_2, \cdots, u_n, \cdots$ 叫作级数的项，u_1 叫作级数的首项，级数的第 n 项 u_n 叫作级数的通项或一般项.

（2）若级数 $\sum_{n=1}^{\infty} u_n$ 的部分和数列 $\{S_n\}$ 收敛于 s，即 $\lim\limits_{n\to\infty} S_n = s$，则称级数 $\sum_{n=1}^{\infty} u_n$ 收敛，其和

为 s，也称级数 $\sum_{n=1}^{\infty} u_n$ 收敛于 s，记为 $\sum_{n=1}^{\infty} u_n = s$. 若级数的部分和数列 $\{S_n\}$ 的极限不存在，则称级数 $\sum_{n=1}^{\infty} u_n$ 发散.

2. 收敛级数的基本性质

(1) 若级数 $\sum_{n=1}^{\infty} u_n$ 收敛于和 s，则级数 $\sum_{n=1}^{\infty} ku_n$ 也收敛，其和为 ks（k 为常数）. 即收敛级数的每一项同乘一个常数后，它的收敛性不变.

(2) 如果级数 $\sum_{n=1}^{\infty} u_n$、$\sum_{n=1}^{\infty} v_n$ 收敛于和 s、σ，则级数 $\sum_{n=1}^{\infty} (u_n \pm v_n)$ 也收敛，且其和为 $s \pm \sigma$. 即两个收敛级数可以逐项相加或相减，其收敛性不变.

(3) 若级数 $\sum_{n=1}^{\infty} u_n$ 收敛，则级数 $\sum_{n=1}^{\infty} (u_{2n-1} + u_{2n})$ 和 $\sum_{n=1}^{\infty} (u_n \pm u_{n+1})$ 都收敛；

(4) 在级数 $\sum_{n=1}^{\infty} u_n$ 中去掉、添加或改变有限项，不改变级数的收敛性.

(5) 如果级数 $\sum_{n=1}^{\infty} u_n$ 收敛，则在不改变其各项次序的情况下，对该级数的项任意添加括号后所形成的级数仍收敛，且其和不变.

注 ① 若级数 $\sum_{n=1}^{\infty} u_n$ 加括号后所成的新级数发散，则原级数必定发散；而由加括号后所成的新级数收敛，不能判定原级数的敛散性.

② 如果级数 $\sum_{n=1}^{\infty} u_n$ 收敛，$\sum_{n=1}^{\infty} v_n$ 发散，则级数 $\sum_{n=1}^{\infty} (u_n \pm v_n)$ 发散.

(6) 级数收敛的必要条件：如果级数 $\sum_{n=1}^{\infty} u_n$ 收敛，则 $\lim_{n\to\infty} u_n = 0$.

注 ① 若 $\lim_{n\to\infty} u_n \neq 0$，则级数 $\sum_{n=1}^{\infty} u_n$ 发散；若 $\lim_{n\to\infty} u_n = 0$，并不能保证级数收敛，需用其他判别法来判定级数是否收敛.

② 级数 $\sum_{n=1}^{\infty} u_n$ 收敛，则 $\lim_{n\to\infty} u_n = 0$，故可根据级数收敛判断通项的极限为零，求解这种极限的一般步骤是：

将欲求的极限作为无穷级数的通项 u_n，判别 $\sum_{n=1}^{\infty} u_n$ 收敛，即得 $\lim_{n\to\infty} u_n = 0$.

二 正项级数及其判别法

1. 正项级数的定义 若 $u_n \geqslant 0(n=1,2,\cdots)$，则称级数 $\sum\limits_{n=1}^{\infty} u_n$ 为正项级数.

2. 正项级数的判别法

(1) **基本定理** 正项级数 $\sum\limits_{n=1}^{\infty} u_n$ 收敛的充要条件是其部分和数列 $\{S_n\}$ 有界.

(2) **比较判别法 1** 设 $\sum\limits_{n=1}^{\infty} u_n$ 及 $\sum\limits_{n=1}^{\infty} v_n$ 都是正项级数，且 $u_n \leqslant v_n(n=1,2,\cdots)$.

① 如果级数 $\sum\limits_{n=1}^{\infty} v_n$ 收敛，则级数 $\sum\limits_{n=1}^{\infty} u_n$ 收敛；

② 如果级数 $\sum\limits_{n=1}^{\infty} u_n$ 发散，则级数 $\sum\limits_{n=1}^{\infty} v_n$ 发散.

(3) **比较判别法 2** 设 $\sum\limits_{n=1}^{\infty} u_n$ 和 $\sum\limits_{n=1}^{\infty} v_n$ 都是正项级数，且存在正整数 N，当 $n \geqslant N$ 时，有 $u_n \leqslant kv_n$（k 为正常数）成立，则

① 如果级数 $\sum\limits_{n=1}^{\infty} v_n$ 收敛，则级数 $\sum\limits_{n=1}^{\infty} u_n$ 收敛；

② 如果级数 $\sum_{n=1}^{\infty} u_n$ 发散，则级数 $\sum_{n=1}^{\infty} v_n$ 发散.

(4) **比较判别法的极限形式**　设 $\sum_{n=1}^{\infty} u_n$ 和 $\sum_{n=1}^{\infty} v_n$ 都是正项级数，且 $\lim\limits_{n\to\infty} \frac{u_n}{v_n} = l$.

① 如果 $0 < l < +\infty$，则级数 $\sum_{n=1}^{\infty} u_n$ 和 $\sum_{n=1}^{\infty} v_n$ 同时收敛或同时发散；

② 如果 $l = 0$，若 $\sum_{n=1}^{\infty} v_n$ 收敛，则 $\sum_{n=1}^{\infty} u_n$ 收敛；若 $\sum_{n=1}^{\infty} u_n$ 发散，则 $\sum_{n=1}^{\infty} v_n$ 发散；

③ 如果 $l = +\infty$，若 $\sum_{n=1}^{\infty} u_n$ 收敛，则 $\sum_{n=1}^{\infty} v_n$ 收敛；若 $\sum_{n=1}^{\infty} v_n$ 发散，则 $\sum_{n=1}^{\infty} u_n$ 发散

(5) **比值判别法，达朗贝尔判别法**　设 $\sum_{n=1}^{\infty} u_n$ 是正项级数，$\lim\limits_{n\to\infty} \frac{u_{n+1}}{u_n} = \rho$，

① 如果 $\rho < 1$，则级数 $\sum_{n=1}^{\infty} u_n$ 收敛；

② 如果 $\rho > 1$，则级数 $\sum_{n=1}^{\infty} u_n$ 发散；

③ 如果 $\rho = 1$，则级数 $\sum_{n=1}^{\infty} u_n$ 可能收敛，也可能发散.

(6) **根值判别法，柯西判别法** 设 $\sum_{n=1}^{\infty} u_n$ 是正项级数，如果 $\lim_{n\to\infty} \sqrt[n]{u_n} = \rho$，

① 如果 $\rho < 1$，则级数 $\sum_{n=1}^{\infty} u_n$ 收敛；

② 如果 $\rho > 1$，则级数 $\sum_{n=1}^{\infty} u_n$ 发散；

③ 如果 $\rho = 1$，则级数 $\sum_{n=1}^{\infty} u_n$ 可能收敛，也可能发散.

(7) **积分判别法** 设 $f(x)$ 为 $[1,+\infty)$ 上的非负减函数，则正项级数 $\sum_{n=1}^{\infty} f(n)$ 与反常积分 $\int_1^{+\infty} f(x)\mathrm{d}x$ 同时收敛或同时发散.

注 判定正项级数 $\sum_{n=1}^{\infty} u_n$ 敛散性的一般步骤：首先看 $\lim_{n\to\infty} u_n$ 是否为零，若 $\lim_{n\to\infty} u_n \neq 0$，则级数发散；若 $\lim_{n\to\infty} u_n = 0$，则用比值法或根值法来判别敛散性，如果仍然无法判定，则考虑用比较法或定义求 $\lim_{n\to\infty} S_n$.

3. 重要结论

(1) 级数$\sum\limits_{n=1}^{\infty}\frac{1}{n^p}$称为$P-$级数，当$p>1$时，级数收敛；当$0<p\leqslant 1$时，级数发散.

(2) 几何级数(或等比级数)　无穷级数$\sum\limits_{n=1}^{\infty}aq^{n-1}(a\neq 0)$称为几何级数，当$|q|<1$时，收敛且和为$\frac{a}{1-q}$；当$|q|\geqslant 1$时，级数发散.

三　交错级数及其判别法

1. 交错级数的定义　设$u_n>0(n=1,2,\cdots)$，称$\sum\limits_{n=1}^{\infty}(-1)^{n-1}u_n$(或$\sum\limits_{n=1}^{\infty}(-1)^n u_n$)为交错级数.

2. 交错级数的莱布尼茨定理　如果交错级数$\sum\limits_{n=1}^{\infty}(-1)^{n-1}u_n$满足条件：

(1) $u_n\geqslant u_{n+1}>0(n=1,2,\cdots)$；(2) $\lim\limits_{n\to\infty}u_n=0$，则交错级数$\sum\limits_{n=1}^{\infty}(-1)^{n-1}u_n$收敛，且其和$s\leqslant u_1$，余项的绝对值$|r_n|\leqslant u_{n+1}$.

四 绝对收敛与条件收敛

1. 绝对收敛与条件收敛的定义 如果级数 $\sum_{n=1}^{\infty} u_n$ 各项的绝对值所构成的正项级数 $\sum_{n=1}^{\infty} |u_n|$ 收敛,则称级数 $\sum_{n=1}^{\infty} u_n$ 绝对收敛;如果级数 $\sum_{n=1}^{\infty} u_n$ 收敛,而级数 $\sum_{n=1}^{\infty} |u_n|$ 发散,则称级数 $\sum_{n=1}^{\infty} u_n$ 条件收敛.

2. 绝对收敛与收敛的关系 若级数 $\sum_{n=1}^{\infty} u_n$ 绝对收敛,则级数 $\sum_{n=1}^{\infty} u_n$ 一定收敛.

注 若级数 $\sum_{n=1}^{\infty} |u_n|$ 发散,不能断定级数 $\sum_{n=1}^{\infty} u_n$ 也发散. 但是,如果用比值判别法或根值判别法判定出级数 $\sum_{n=1}^{\infty} |u_n|$ 发散,则级数 $\sum_{n=1}^{\infty} u_n$ 必定发散.

五 函数项级数的一般概念

1. 函数项级数的定义 设函数列 $u_1(x), u_2(x), \cdots, u_n(x), \cdots$ 中每一个函数都在区间 I

内有定义，则

$$\sum_{n=1}^{\infty} u_n(x) = u_1(x) + u_2(x) + \cdots + u_n(x) + \cdots$$

称为定义在 I 内的函数项级数.

2. 收敛域 若 $x_0 \in I$ 使级数 $\sum\limits_{n=1}^{\infty} u_n(x_0)$ 收敛，则称 x_0 为函数项级数的收敛点. 收敛点的全体叫作函数项级数 $\sum\limits_{n=1}^{\infty} u_n(x)$ 的收敛域.

3. 和函数的定义 在收敛域上，函数项级数的和是 x 的函数 $S(x)$，通常称 $S(x)$ 为函数项级数的和函数，且

$$S(x) = u_1(x) + u_2(x) + \cdots + u_n(x) + \cdots = \sum_{n=1}^{\infty} u_n(x).$$

六 幂级数及其收敛性

1. 幂级数定义 称 $a_0 + a_1(x - x_0) + a_2(x - x_0)^2 + \cdots + a_n(x - x_0)^n + \cdots$ 为 $x - x_0$ 的幂级数，记作 $\sum\limits_{n=0}^{\infty} a_n(x - x_0)^n$，其中 $a_0, a_1, a_2, \cdots, a_n, \cdots$ 为常数，称为幂级数的系数.

称 $a_0+a_1x+a_2x^2+\cdots+a_nx^n+\cdots$ 为 x 的幂级数，记作 $\sum\limits_{n=0}^{\infty}a_nx^n$，其中 $a_0,a_1,a_2,\cdots,a_n,\cdots$ 为常数，称为幂级数的系数.

2. 阿贝尔(Abel)定理 如果幂级数 $\sum\limits_{n=0}^{\infty}a_nx^n$ 在 $x=x_0(x_0\neq0)$ 处收敛，则对所有满足不等式 $|x|<|x_0|$ 的 x，幂级数 $\sum\limits_{n=0}^{\infty}a_nx^n$ 绝对收敛；反之，如果幂级数 $\sum\limits_{n=0}^{\infty}a_nx^n$ 在 $x=x_0$ 处发散，则对所有满足不等式 $|x|>|x_0|$ 的 x，幂级数 $\sum\limits_{n=0}^{\infty}a_nx^n$ 发散.

3. 幂级数的收敛半径及收敛域

(1) **幂级数的收敛半径** 如果幂级数 $\sum\limits_{n=0}^{\infty}a_nx^n$ 不是仅在一点 $x_0=0$ 处收敛，也不是在整个数轴上都收敛，那么一定存在正数 R，当 $|x|<R$ 时，幂级数绝对收敛；当 $|x|>R$ 时，幂级数发散；当 $x=R$ 和 $x=-R$ 时，幂级数可能收敛，也可能发散. 正数 R 称为幂级数 $\sum\limits_{n=0}^{\infty}a_nx^n$ 的收敛半径.

(2) **收敛半径的求法**

① $\sum\limits_{n=0}^{\infty}a_nx^n$ 为不缺项幂级数

方法 1 如果$\lim\limits_{n\to\infty}\left|\dfrac{a_{n+1}}{a_n}\right|=\rho$，其中$a_n$和$a_{n+1}$是幂级数$\sum\limits_{n=0}^{\infty}a_nx^n$的相邻两项的系数，则该幂级数的收敛半径为$R=\begin{cases}0,\rho=+\infty,\\ \dfrac{1}{\rho},0<\rho<+\infty,\\ +\infty,\rho=0.\end{cases}$

方法 2 如果$\lim\limits_{n\to\infty}\sqrt[n]{|a_n|}=\rho$，其中$a_n$是幂级数$\sum\limits_{n=0}^{\infty}a_nx^n$的$x^n$的系数，则该幂级数的收敛半径为$R=\begin{cases}0,\rho=+\infty,\\ \dfrac{1}{\rho},0<\rho<+\infty,\\ +\infty,\rho=0.\end{cases}$

② $\sum\limits_{n=0}^{\infty}a_nx^n$为缺项的幂级数

设$\sum\limits_{n=0}^{\infty}a_nx^n=\sum\limits_{n=0}^{\infty}u_n(x)$，则利用比值或者根值判别法，即计算

$$\lim_{n\to\infty}\frac{|u_{n+1}(x)|}{|u_n(x)|}=|\varphi(x)|\text{ 或}\lim_{n\to\infty}\sqrt[n]{|u_n(x)|}=|\varphi(x)|,$$

则满足$|\varphi(x)|<1$的点即为收敛点，解得$|x|<R$，R即为收敛半径．若要求收敛域，则必

须考察 $|\varphi(x)|=1$ 的点是否收敛.

(3) **收敛区间及收敛域**　开区间 $(-R,R)$ 称为幂级数 $\sum\limits_{n=0}^{\infty}a_nx^n$ 的收敛区间. 而幂级数 $\sum\limits_{n=0}^{\infty}a_nx^n$ 的收敛域可能为 $(-R,R)$ 或 $(-R,R]$ 或 $[-R,R)$ 或 $[-R,R]$.

4. 幂级数和函数的性质

(1) 幂级数 $\sum\limits_{n=0}^{\infty}a_nx^n$ 的和函数 $S(x)$ 在其收敛域上一定连续.

(2) 幂级数 $\sum\limits_{n=0}^{\infty}a_nx^n$ 的和函数 $S(x)$ 在其收敛区间 $(-R,R)$ 内可积，并有逐项积分公式

$$\int_0^x S(t)\mathrm{d}t=\int_0^x\left[\sum_{n=0}^{\infty}a_nt^n\right]\mathrm{d}t=\sum_{n=0}^{\infty}\int_0^x a_nt^n\mathrm{d}t=\sum_{n=0}^{\infty}\frac{a_n}{n+1}x^{n+1}(|x|<R),$$

逐项积分后所得的幂级数和原幂级数有相同的收敛半径.

(3) 幂级数 $\sum\limits_{n=0}^{\infty}a_nx^n$ 的和函数 $S(x)$ 在其收敛区间 $(-R,R)$ 内可导，并有逐项求导公式

$$S'(x)=\left(\sum_{n=0}^{\infty}a_nx^n\right)'=\sum_{n=0}^{\infty}(a_nx^n)'=\sum_{n=1}^{\infty}na_nx^{n-1}(|x|<R),$$

逐项求导后所得的幂级数和原幂级数有相同的收敛半径.

注 (1) 幂级数 $\sum_{n=0}^{\infty} a_n x^n$ 与其逐项求导、逐项求积分后得到的幂级数 $\sum_{n=1}^{\infty} n a_n x^{n-1}$ 和 $\sum_{n=0}^{\infty} \frac{a_n}{n+1} x^{n+1}$ 具有相同的收敛半径，但在收敛区间的端点的收敛性未必相同，因此，它们的收敛域未必相同.

(2) 幂级数 $\sum_{n=0}^{\infty} a_n x^n$ 的和函数 $S(x)$ 在其收敛区间 $(-R,R)$ 内具有任意阶导数.

5. 函数展开成幂级数

(1) **泰勒级数**　函数 $f(x)$ 在 x_0 点的泰勒级数为 $\sum_{n=0}^{\infty} \frac{f^{(n)}(x_0)}{n!}(x-x_0)^n$.

(2) **麦克劳林级数**　当 $x_0=0$ 时，泰勒级数称为麦克劳林级数 $\sum_{n=0}^{\infty} \frac{f^{(n)}(0)}{n!} x^n$.

(3) **函数 $f(x)$ 在 x_0 处的泰勒级数收敛于 $f(x)$ 的充分必要条件**　设 $f(x)$ 在 x_0 的一个邻域内具有任意阶导数，则在该邻域内 $f(x)$ 在 x_0 的泰勒级数收敛于 $f(x)$ 的充分必要条件是

$$\lim_{n\to\infty} R_n(x) = 0,$$

其中 $R_n(x)$ 是 $f(x)$ 的泰勒公式中的余项.

6. 函数展开成幂级数的方法

（1）**直接法** 首先求出函数 $f(x)$ 在 x_0 处的各阶导数值；

其次写出幂级数 $\sum_{n=0}^{\infty}\frac{f^{(n)}(x_0)}{n!}(x-x_0)^n$ 并求收敛半径 R；验证当 $x\in(-R,R)$ 时极限 $\lim_{n\to\infty}R_n(x)=\lim_{n\to\infty}\frac{f^{(n+1)}(\xi)}{(n+1)!}\cdot(x-x_0)^{n+1}=0$（$\xi$ 介于 x_0 与 x 之间）是否成立，若极限为零，则 $f(x)=\sum_{n=0}^{\infty}\frac{f^{(n)}(x_0)}{n!}(x-x_0)^n$；若极限不为零，则 $f(x)$ 不能展开为 $x-x_0$ 的幂级数.

（2）**间接法** 利用一些已知函数的幂级数的展开式、幂级数的运算（如四则运算，逐项微分法，逐项积分法）以及变量代换法，将所给函数展开为幂级数.

7. 几个常用函数的麦克劳林级数

（1）$e^x=\sum_{n=0}^{\infty}\frac{1}{n!}x^n, x\in(-\infty,+\infty)$.

（2）$\sin x=\sum_{n=0}^{\infty}\frac{(-1)^n}{(2n+1)!}x^{2n+1}, x\in(-\infty,+\infty)$.

（3）$\cos x=\sum_{n=0}^{\infty}\frac{(-1)^n}{(2n)!}x^{2n}, x\in(-\infty,+\infty)$.

（4）$\ln(1+x)=\sum_{n=1}^{\infty}(-1)^{n-1}\frac{x^n}{n}, x\in(-1,1]$.

(5) $(1+x)^m=\sum_{n=0}^{\infty}C_m^n x^n, x\in(-1,1)$，区间的端点是否收敛视 α 的值而定.

(6) $\frac{1}{1+x}=\sum_{n=0}^{\infty}(-1)^n x^n, x\in(-1,1)$.

(7) $\frac{1}{1-x}=\sum_{n=0}^{\infty}x^n, x\in(-1,1)$.

七 傅里叶级数(数学一)

1. 傅里叶(Fourier)级数的定义

设 $f(x)$ 是以 2π 为周期的可积函数，三角级数

$$\frac{a_0}{2}+\sum_{n=1}^{\infty}(a_n\cos nx+b_n\sin nx)$$

称为 $f(x)$ 的傅里叶级数.

其中 $\begin{cases} a_n=\frac{1}{\pi}\int_{-\pi}^{\pi}f(x)\cos nx\,dx, n=0,1,2,\cdots, \\ b_n=\frac{1}{\pi}\int_{-\pi}^{\pi}f(x)\sin nx\,dx, n=1,2,\cdots, \end{cases}$ 称为 $f(x)$ 的傅里叶级数，上式中 a_n, b_n 称为 $f(x)$ 的傅里叶系数.

2. 收敛定理(狄利克雷充分条件) 设 $f(x)$ 是周期为 2π 的周期函数，如果 $f(x)$ 满足条件：

(1) 在一个周期内连续或只有有限个第一类间断点.

(2) 在一个周期内至多只有有限个极值点，那么函数 $f(x)$ 的傅里叶级数收敛，并且

① 当 x 是 $f(x)$ 的连续点时，级数收敛于 $f(x)$；

② 当 x 是 $f(x)$ 的间断点时，级数收敛于 $\dfrac{f(x-0)+f(x+0)}{2}$.

注 (1) 傅里叶级数的收敛性定理是一个充分条件.

(2) 定理中的条件(1)、(2)称为狄利克雷条件. 易见，函数展开成傅里叶级数的条件比展开成幂级数的条件低得多.

(3) 根据傅里叶级数的收敛性定理知，满足狄利克雷条件的函数在它的连续点处，傅里叶级数收敛于该点的函数值；在函数的间断点处，傅里叶级数收敛于该点的左、右极限的算术平均值，即

$$\frac{a_0}{2}+\sum_{n=1}^{\infty}(a_n\cos nx+b_n\sin nx)=\begin{cases} f(x), & x\text{ 为 } f(x)\text{ 的连续点}, \\ \dfrac{f(x-0)+f(x+0)}{2}, & x\text{ 为 } f(x)\text{ 的第一类间断点}. \end{cases}$$

由于在 $f(x)$ 的连续点处，$f(x)=\dfrac{f(x-0)+f(x+0)}{2}$，所以上式可写成

$$\frac{a_0}{2}+\sum_{n=1}^{\infty}(a_n\cos nx+b_n\sin nx)=\frac{f(x-0)+f(x+0)}{2}.$$

因此，函数 $f(x)$ 的傅里叶展开式可写为

$$f(x)=\frac{a_0}{2}+\sum_{n=1}^{\infty}(a_n\cos nx+b_n\sin nx),x\in C,$$

其中 $C=\left\{x\,\middle|\,f(x)=\dfrac{f(x-0)+f(x+0)}{2}\right\}$.

3. 正弦级数与余弦级数

(1) 若 $f(x)$ 是以 2π 为周期的奇函数，则 $f(x)\cos nx$ 是奇函数，$f(x)\sin nx$ 是偶函数，则 $a_n=0,n=0,1,2,\cdots$，$b_n=\dfrac{2}{\pi}\displaystyle\int_0^{\pi}f(x)\sin nx\mathrm{d}x,n=1,2,\cdots$，因此，奇函数 $f(x)$ 展为傅里叶级数时，只含有正弦项，称为正弦级数，即正弦级数为 $\displaystyle\sum_{n=1}^{\infty}b_n\sin nx$.

(2) 若 $f(x)$ 是以 2π 为周期的偶函数，那么 $f(x)\sin nx$ 是奇函数，$f(x)\cos nx$ 偶函数，则

$$a_n=\frac{2}{\pi}\int_0^{\pi}f(x)\cos nx\mathrm{d}x,n=0,1,2,\cdots,\ b_n=0,n=1,2,\cdots,$$

因此，偶函数 $f(x)$ 展为傅里叶级数时，只含有常数项和余弦项，称为余弦级数，即余弦级数为 $\frac{a_0}{2}+\sum_{n=1}^{\infty}a_n\cos nx$.

(3) 定义在$[-\pi,\pi]$上的函数展开为傅里叶级数以及定义在$[0,\pi]$上的函数展开为正弦级数与余弦级数的步骤：

① 如果函数 $f(x)$ 只是在$[-\pi,\pi]$上有定义，并且满足收敛定理的条件，那么 $f(x)$ 也可以展开成傅里叶级数.

事实上，我们可以在区间$[-\pi,\pi)$或$(-\pi,\pi]$外补充函数 $f(x)$ 的定义，使 $f(x)$ 延拓为以 2π 为周期的函数 $F(x)$（此过程称为周期延拓），然后将 $F(x)$ 展开为傅里叶级数，最后限制 x 在$(-\pi,\pi)$范围内，此时 $F(x)\equiv f(x)$. 这样就得到 $f(x)$ 的傅里叶级数展开式，根据收敛定理，在区间端点 $x=\pm\pi$ 处，级数收敛于

$$\frac{f(-\pi+0)+f(\pi-0)}{2}.$$

② 如果定义在$[0,\pi]$上的函数 $f(x)$ 满足收敛定理的条件，则补充函数 $f(x)$ 在区间$(-\pi,0)$内的定义，使函数 $f(x)$ 成为$(-\pi,\pi)$内的奇函数 $F(x)$（称为奇延拓）或偶函数 $F(x)$（称为偶延拓），然后将奇延拓（偶延拓）后的函数 $F(x)$ 展开成傅里叶级数，这个级数必定是正弦级数（余弦级数）. 再限制 x 在$(0,\pi]$上，此时 $F(x)\equiv f(x)$，这样便得到 $f(x)$ 的正弦级数（余弦级数）展开式.

4. 周期为 $2l$ 的函数展开成傅里叶级数

（1）周期为 $2l$ 的函数 $f(x)$ 满足收敛定理的条件，则它的傅里叶级数展开式为

$$f(x)=\frac{a_0}{2}+\sum_{n=1}^{\infty}\left(a_n\cos\frac{n\pi x}{l}+b_n\sin\frac{n\pi x}{l}\right),x\in C,$$

其中

$$\begin{cases}a_n=\dfrac{1}{l}\displaystyle\int_{-l}^{l}f(x)\cos\frac{n\pi x}{l}\mathrm{d}x,n=0,1,2,\cdots,\\ b_n=\dfrac{1}{l}\displaystyle\int_{-l}^{l}f(x)\sin\frac{n\pi x}{l}\mathrm{d}x,n=1,2,3,\cdots,\end{cases}$$

$$C=\left\{x\,\middle|\,f(x)=\frac{f(x-0)+f(x+0)}{2}\right\}.$$

（2）当 $f(x)$ 是以 $2l$ 为周期的奇函数时，它的傅里叶级数是正弦级数 $f(x)=\sum\limits_{n=1}^{\infty}b_n\sin\dfrac{n\pi x}{l}$，$x\in C$，其中 $b_n=\dfrac{2}{l}\displaystyle\int_{0}^{l}f(x)\sin\frac{n\pi x}{l}\mathrm{d}x,n=1,2,3,\cdots$.

（3）当 $f(x)$ 是以 $2l$ 为周期的偶函数时，它的傅里叶级数是余弦级数

$$f(x)=\frac{a_0}{2}+\sum_{n=1}^{\infty}a_n\cos\frac{n\pi x}{l},x\in C,$$

其中 $a_n=\dfrac{2}{l}\displaystyle\int_{0}^{l}f(x)\cos\frac{n\pi x}{l}\mathrm{d}x,n=0,1,2,\cdots$.

第八章 微分方程

本章知识结构

- 常微分方程
  - 微分方程的基本概念 — 微分方程的阶、通解、特解
  - 一阶微分方程
    - 可分离变量的微分方程
    - 齐次微分方程
    - 一阶线性微分方程
    - 伯努利方程
  - 可降阶的高阶微分方程
    - $y^{(n)}=f(x)$
    - $y''=f(x,y')$
    - $y''=f(y,y')$
  - 二阶常系数线性微分方程
    - 二阶常系数线性齐次微分方程
    - 二阶常系数线性非齐次微分方程
  - 欧拉方程
  - 差分方程

一 微分方程的基本概念

1. 微分方程　含有自变量、未知函数及其导数或微分的方程称为微分方程. 当未知函数是一元函数时，称为常微分方程.

2. 微分方程的阶　微分方程中所含的导数或微分的最高阶数称为微分方程的阶.

3. 微分方程的解　使微分方程成立的函数称为微分方程的解，不含任意常数的解称为微分方程的特解；若微分方程的解中所含的相互独立的任意常数的个数与微分方程的阶数相等，称此解为微分方程的通解. 注意，通解未必是全部解.

4. 定解条件与初值条件　能确定通解中任意常数的条件称为定解条件. 最常用的定解条件是初值条件，以 $y(x)$ 为未知函数的 n 阶微分方程的初值条件为 $y(x_0)=y_0, y'(x_0)=y_1, \cdots, y^{(n-1)}(x_0)=y_{n-1}$，其中 $x_0, y_0, \cdots, y_{n-1}$ 是给定的常数.

二 一阶微分方程

1. 可分离变量的微分方程

(1) **定义**　形如$\frac{\mathrm{d}y}{\mathrm{d}x}=f(x)g(y)$的一阶微分方程称为可分离变量的微分方程.

(2) **解法**　先分离变量，再两边积分，即

$$\frac{\mathrm{d}y}{\mathrm{d}x}=f(x)g(y)\Rightarrow\frac{\mathrm{d}y}{g(y)}=f(x)\mathrm{d}x\Rightarrow\int\frac{\mathrm{d}y}{g(y)}=\int f(x)\mathrm{d}x.$$

注 可分离变量方程的通解形式为$\int\frac{\mathrm{d}y}{g(y)}=\int f(x)\mathrm{d}x$,由于将 $g(y)$ 作为分母,故若 $g(y)=0$ 有解 $y_1,y_2,\cdots,y_m$,则可分离变量方程还有特解 $y=y_i(i=1,2,\cdots,m)$.故注意在分离变量的同时,经常在两边要同除以某一函数,此时往往会遗漏该函数的某些特解,而这些特解通常并不能由通解得到,如果要求全部解,要补全.

2. 齐次方程

(1) **定义** 形如$\frac{\mathrm{d}y}{\mathrm{d}x}=g\left(\frac{y}{x}\right)$的一阶微分方程称为齐次微分方程.

(2) **解法** 令 $u=\frac{y}{x}$,则$\frac{\mathrm{d}y}{\mathrm{d}x}=u+x\frac{\mathrm{d}u}{\mathrm{d}x}$,代入得 $u+x\frac{\mathrm{d}u}{\mathrm{d}x}=g(u)$,这是可分离变量微分方程,可得$\int\frac{\mathrm{d}u}{g(u)-u}=\int\frac{\mathrm{d}x}{x}$.

3. 一阶线性微分方程

(1) **定义** 形如 $y'+P(x)y=0$ 的方程称为一阶齐次线性微分方程,形如 $y'+P(x)y=Q(x)$ 的方程称为一阶非齐次线性微分方程.

(2) 微分方程 $y'+P(x)y=0$ 的通解公式为 $y=Ce^{-\int P(x)\mathrm{d}x}$.

(3) 微分方程 $y'+P(x)y=Q(x)$ 的通解求法：

解法 1（公式法） 通解公式为 $y=e^{-\int P(x)\mathrm{d}x}\left[\int Q(x)e^{\int P(x)\mathrm{d}x}\mathrm{d}x+C\right]$.

解法 2（常数变易法） 设方程 $y'+P(x)y=Q(x)$ 的解为 $y=C(x)e^{-\int P(x)\mathrm{d}x}$，代入得

$$C'(x)=Q(x)e^{\int P(x)\mathrm{d}x},$$

两边积分可求得 $C(x)=\int Q(x)e^{\int P(x)\mathrm{d}x}\mathrm{d}x+C$，故方程 $y'+P(x)y=Q(x)$ 的通解为

$$y=e^{-\int P(x)\mathrm{d}x}\left[\int Q(x)e^{\int P(x)\mathrm{d}x}\mathrm{d}x+C\right].$$

注 一阶线性非齐次微分方程的通解等于非齐次方程本身的一个特解与其对应的齐次方程的通解之和.

4. 伯努利方程（数学一）

(1) **定义** 形如 $\frac{\mathrm{d}y}{\mathrm{d}x}+P(x)y=Q(x)y^{\alpha}$ $(\alpha\neq 0,1)$ 的方程称为伯努利方程.

(2) **解法** 令 $z=y^{1-\alpha}$，代入原方程得 $\frac{\mathrm{d}z}{\mathrm{d}x}+(1-\alpha)P(x)z=(1-\alpha)Q(x)$，求解该一阶线

性微分方程，再将变量替换回去即可.

三 可降阶的高阶微分方程

1. $y^{(n)}(x)=f(x)$ 型的微分方程

解法 这是最简单的可降阶的高阶方程，只需逐步积分即可求解，在求解积分过程中每次都需增加一个常数，最后的解中应包含有 n 个任意常数.

2. $y''=f(x,y')$ 型的微分方程

解法 方程中不显含 y，令 $y'=\frac{\mathrm{d}y}{\mathrm{d}x}=p(x)$，则 $y''=\frac{\mathrm{d}p}{\mathrm{d}x}$，原方程可化为$\frac{\mathrm{d}p}{\mathrm{d}x}=f(x,p)$，解此一阶微分方程可得 $p=\varphi(x,C_1)$，故原方程的通解为 $y=\int\varphi(x,C_1)\mathrm{d}x+C_2$.

3. $y''=f(y,y')$ 型的微分方程

解法 方程中不显含 x，令 $y'=\frac{\mathrm{d}y}{\mathrm{d}x}=p(y)$，则 $y''=\frac{\mathrm{d}p}{\mathrm{d}x}=\frac{\mathrm{d}p}{\mathrm{d}y}\frac{\mathrm{d}y}{\mathrm{d}x}=p\frac{\mathrm{d}p}{\mathrm{d}y}$，原方程可化为 $p\frac{\mathrm{d}p}{\mathrm{d}y}=f(y,p)$，解此一阶微分方程可得 $p=\varphi(y,C_1)=\frac{\mathrm{d}y}{\mathrm{d}x}$，故原方程的通解为 $\int\frac{\mathrm{d}y}{\varphi(y,C_1)}=x+C_2$.

四 高阶线性微分方程

1. 二阶线性微分方程的概念与性质

$$y''+a_1(x)y'+a_2(x)y=0, \qquad ①$$

$$y''+a_1(x)y'+a_2(x)y=f(x). \qquad ②$$

(1) **基本概念** 称 ① 式为二阶齐次线性微分方程；若 $f(x)\neq 0$，称 ② 式为二阶非齐次线性微分方程.

(2) **解的结构** 若 $y_1(x)$，$y_2(x)$ 是 ① 式的两个线性无关的解，则

① 式的通解为 $c_1y_1(x)+c_2y_2(x)$；

② 式的通解为 $y^*(x)+c_1y_1(x)+c_2y_2(x)$，其中 $y^*(x)$ 是 ② 式的某一特解.

(3) **① 式和 ② 式解的常用性质**

若 $y_1(x)$，$y_2(x)$，…，$y_s(x)$ 是 ① 式的 s 个解，则 $c_1y_1(x)+c_2y_2(x)+\cdots+c_sy_s(x)$ 仍然是 ① 式的解；

若 $y_1(x)$ 是 ① 式的解，$y^*(x)$ 是 ② 式的特解，则 $y^*(x)+y_1(x)$ 是 ② 式的解；

若 $\tilde{y}(x)$ 和 $\tilde{z}(x)$ 都是 ② 式的解，则 $\tilde{z}(x)-\tilde{y}(x)$ 是 ① 式的解；

若 $f(x)=f_1(x)+f_2(x)$，且有方程

$$y''+a_1(x)y'+a_2(x)y=f_1(x), \qquad ③$$

$$y''+a_1(x)y'+a_2(x)y=f_2(x), \quad ④$$

假设 $y_1(x)$ 是 ③ 式的解，$y_2(x)$ 是 ④ 式的解，则 $y(x)=y_1(x)+y_2(x)$ 是 ② 式的解.

2. 二阶常系数线性微分方程

(1) 二阶常系数齐次线性微分方程 $y''+py'+qy=0$(其中 p,q 为常数) 的通解的求解步骤：

首先，原方程的特征方程为 $\lambda^2+p\lambda+q=0$，特征根为 λ_1 和 λ_2，然后分以下 3 种情况确定原方程的解.

情况 1 $\Delta=p^2-4q>0$，则 $\lambda_1\neq\lambda_2$，原方程的通解为 $y=C_1e^{\lambda_1 x}+C_2e^{\lambda_2 x}$.

情况 2 $\Delta=p^2-4q=0$，则 $\lambda_1=\lambda_2$，原方程的通解为 $y=(C_1+C_2x)e^{\lambda_1 x}$.

情况 3 $\Delta=p^2-4q<0$，则 $\lambda_{1,2}=\alpha\pm i\beta$，原方程的通解为 $y=e^{\alpha x}(C_1\cos\beta x+C_2\sin\beta x)$.

(2) 二阶常系数非齐次线性微分方程 $y''+py'+qy=f(x)$(其中 p,q 为常数) 求特解的主要方法是待定系数法，这种方法依赖函数 $f(x)$ 的形式，下面分两种情况说明.

① $f(x)=P_n(x)e^{kx}$[其中 $P_n(x)$ 是 n 次多项式].

若 k 不是原方程对应齐次方程的特征方程的根，令 $y(x)=Q_n(x)e^{kx}$，代入原方程比较系数确定多项式 $Q_n(x)$ 的各项系数.

若 k 是原方程对应齐次方程的特征方程的单根，令 $y(x)=xQ_n(x)e^{kx}$，代入原方程比较系数确定多项式 $Q_n(x)$ 的各项系数.

若 k 与原方程对应齐次方程的特征方程的重根，令 $y(x)=x^2Q_n(x)e^{kx}$，代入原方程比较

系数确定多项式 $Q_n(x)$ 的各项系数.

② $f(x)=e^{\alpha x}[P_l(x)\cos\beta x+Q_s(x)\sin\beta x]$，其中 $P_l(x)$ 和 $Q_s(x)$ 分别是 l,s 次多项式，令 $n=\max\{l,s\}$.

若 $\alpha\pm i\beta$ 不是原方程对应齐次方程的特征方程的根，令 $y(x)=e^{\alpha x}[A_n(x)\cos\beta x+B_n(x)\sin\beta x]$，代入原方程比较系数确定多项式 $A_n(x)$ 和 $B_n(x)$ 的各项系数.

若 $\alpha\pm i\beta$ 是原方程对应齐次方程的特征方程的根，令 $y(x)=xe^{\alpha x}[A_n(x)\cos\beta x+B_n(x)\sin\beta x]$，代入原方程比较系数确定多项式 $A_n(x)$ 和 $B_n(x)$ 的各项系数.

五 欧拉方程（数学一）

1. 欧拉方程的定义

形如 $x^n y^{(n)}+a_1x^{n-1}y^{(n-1)}+\cdots+a_{n-1}xy'+a_ny=f(x)$ 的方程称为欧拉方程，其中 $a_1,a_2,\cdots,a_n$ 为常数.

2. 欧拉方程的解法

令 $x=e^t$，则有 $xy'=\dfrac{dy}{dt}$，$x^2y''=\dfrac{d^2y}{dt^2}-\dfrac{dy}{dt}$，…. 代入原方程可化为高阶常系数线性微分方程，解出 $y(t)$，再代入 $t=\ln x$ 可得原方程的解.

特别地，二阶欧拉方程 $x^2y''+a_1xy'+a_2y=f(x)$ 化为二阶线性常系数微分方程是 $\dfrac{d^2y}{dt^2}+$

$(a_1-1)\frac{dy}{dt}+a_2y=f(e^t)$.

六 差分方程(数学三)

1. 差分的概念

设函数 $y=f(x)$ 在非负整数集合上有定义,记 $y_x=f(x)$(x 为非负整数),则 $y_{x+1}-y_x=f(x+1)-f(x)$,称为 y_x 的一阶差分,记为 Δy_x,即 $\Delta y_x=y_{x+1}-y_x$.

2. 差分的运算法则

下列各式中 a,b,k 均为常数.

(1)$\Delta(a)=0$.

(2)$\Delta(ky_x)=k\Delta y_x$.

(3)$\Delta(ay_x+bz_x)=a\Delta y_x+b\Delta z_x$.

(4)$\Delta(y_xz_x)=y_{x+1}\Delta z_x+z_x\Delta y_x=y_x\Delta z_x+z_{x+1}\Delta y_x$.

(5)$\Delta\left(\frac{y_x}{z_x}\right)=\frac{z_x\Delta y_x-y_x\Delta z_x}{z_{x+1}z_x}$.

3. 差分方程

差分方程的定义 含有未知函数的差分或表示未知函数不同时刻值的符号(至少两个)的方程,称为差分方程. 方程中未知函数 y_x 最大下标与最小下标的差称为差分方程的阶.

方程 $y_{x+1}+a(x)y_x=f(x)$ 称为一阶线性差分方程,其中未知函数及其未知函数的差分都是一次的；否则，称为一阶非线性差分方程. 若 $a(x)$ 为常数，则称为一阶常系数线性差分方程.

4. 一阶常系数线性差分方程的解法

一阶常系数线性非齐次差分方程的一般形式为 $y_{x+1}-ay_x=f(x)(a\neq 0)$，对应的一阶常系数线性齐次差分方程为 $y_{x+1}-ay_x=0(a\neq 0)$.

(1) 一阶常系数线性齐次差分方程 $y_{x+1}-ay_x=0$ 的通解为

$$y_x=Ca^x(C\text{ 为任意常数}).$$

(2) 一阶常系数线性非齐次差分方程 $y_{x+1}-ay_x=f(x)$ 的特解 y^* 的方法.

① $f(x)=A$，A 是已知常数，通解为 $y_x=Y_x+y_x^*=\begin{cases}Ca^x+\dfrac{A}{1-a}, & a\neq 1,\\ Ca^x+Ax, & a=1.\end{cases}$

② $f(x)=Ad^x$，A 是已知常数，通解为 $y_x=Y_x+y_x^*=\begin{cases}Ca^x+\dfrac{Ad^x}{d-a}, & d\neq a,\\ Ca^x+Axd^{x-1}, & d=a.\end{cases}$

③ $f(x)=(a_0+a_1x+\cdots+a_nx^n)d^x$，是多项式乘指数函数型.

当 $d=1$ 时，方程有形如 $y_x^*=x^s(b_0+b_1x+\cdots+b_nx^n)$ 的特解，其中 $s=\begin{cases}0, a\neq 1,\\ 1, a=1.\end{cases}$

当 $d\neq 1$ 时，方程有形如 $y_x^*=x^s(b_0+b_1x+\cdots+b_nx^n)d^x$ 的特解，其中 $s=\begin{cases}0, d\neq a,\\ 1, d=a.\end{cases}$

第二篇 线性代数

第一章 行列式

本章知识结构

- 行列式
  - 行列式的基本概念
    - 排列及其逆序数
    - 二阶、三阶行列式的定义(对角线法则)
    - n 阶行列式的定义(递归定义)— 上三角形行列式
  - 行列式的性质
    - 转置行列式
    - 行列式的基本性质

- 行列式
  - 行列式的典型计算方法
    - 上（下）三角形法
    - 降阶法
    - 升阶法
    - 拆分法
    - 递推法
  - 克拉默法则
    - 齐次线性方程组的零解
    - 齐次线性方程组的非零解

一 排列与逆序

1. n 阶排列

将 $1,2,\cdots,n$ 这 n 个不同的数排成一列，称为 n 阶排列，也简称为排列. n 阶排列共有 $n!$ 个.

2. 逆序与逆序数

在一个排列中，如果一对数的排列顺序与自然顺序相反，即排在左边的数比排在它右边的数大，那么它们就构成一个逆序. 一个排列中逆序的总数就称为这个排列的逆序数. 排列 $i_1 i_2\cdots i_n$ 的逆序数记为 $t(i_1 i_2\cdots i_n)$. 逆序数为偶数的排列称为偶排列，逆序数为奇数的排列称为奇排列. n 阶排列中奇偶排列各占一半，均为 $\frac{n!}{2}$ 个.

任一排列 $i_1 i_2 \cdots i_n$ 的逆序数，可用以下方法计算.

方法 1 $t(i_1 i_2 \cdots i_n) = i_1$ 后面比 i_1 小的数的个数 $+ i_2$ 后面比 i_2 小的数的个数 $+ \cdots + i_{n-1}$ 后面比 i_{n-1} 小的数的个数.

方法 2 可先从最小的数开始，记录排在它前面且比它大的数的个数，对全部 n 个数都按此法检视一遍，就能得到这个 n 阶排列的逆序数.

3. 对换

(1) 在一个排列中，将任意两个数对调，其余的数不动，称为对换，将相邻两个数对换，称为相邻对换.

(2) 对换的性质

① 一个排列中的任意两个数对换，排列改变奇偶性.

② 奇排列变成标准排列的对换次数为奇数，偶排列变成标准排列的对换次数为偶数.

二 行列式

1. 二阶行列式

$$\begin{vmatrix} a_{11} & a_{12} \\ a_{21} & a_{22} \end{vmatrix} = a_{11}a_{22} - a_{12}a_{21}.$$

2. 三阶行列式

$$\begin{vmatrix} a_{11} & a_{12} & a_{13} \\ a_{21} & a_{22} & a_{23} \\ a_{31} & a_{32} & a_{33} \end{vmatrix} = a_{11}a_{22}a_{33}+a_{12}a_{23}a_{31}+a_{13}a_{21}a_{32}-a_{13}a_{22}a_{31}-a_{12}a_{21}a_{33}-a_{11}a_{23}a_{32}.$$

3. n 阶行列式

由 n^2 个元素 $a_{ij}(i,j=1,2,\cdots,n)$ 排成 n 行 n 列的式子

$$D=\begin{vmatrix} a_{11} & a_{12} & a_{13} & \cdots & a_{1n} \\ a_{21} & a_{22} & a_{23} & \cdots & a_{2n} \\ a_{31} & a_{32} & a_{33} & \cdots & a_{3n} \\ \vdots & \vdots & \vdots & & \vdots \\ a_{n1} & a_{n2} & a_{n3} & \cdots & a_{nn} \end{vmatrix} = a_{11}(-1)^{1+1}\begin{vmatrix} a_{22} & a_{23} & \cdots & a_{2n} \\ a_{32} & a_{33} & \cdots & a_{3n} \\ \vdots & \vdots & & \vdots \\ a_{n2} & a_{n3} & \cdots & a_{nn} \end{vmatrix} +$$

$$a_{12}(-1)^{1+2}\begin{vmatrix} a_{21} & a_{23} & \cdots & a_{2n} \\ a_{31} & a_{33} & \cdots & a_{3n} \\ \vdots & \vdots & & \vdots \\ a_{n1} & a_{n3} & \cdots & a_{nn} \end{vmatrix} + \cdots + a_{1n}(-1)^{1+n}\begin{vmatrix} a_{21} & a_{22} & \cdots & a_{2,n-1} \\ a_{31} & a_{32} & \cdots & a_{3,n-1} \\ \vdots & \vdots & & \vdots \\ a_{n1} & a_{n2} & \cdots & a_{n,n-1} \end{vmatrix},$$

称为 n 阶行列式，它是取自不同行、不同列的 n 个元素的乘积 $a_{1i_1}a_{2i_2}\cdots a_{ni_n}$ 的代数和，其中行标是自然排列，列标 $i_1,i_2,\cdots,i_n$ 是自然数 $1,2,\cdots,n$ 的一个排列. 当 $i_1i_2\cdots i_n$ 是偶排列时，该项前

面带正号；$i_1 i_2 \cdots i_n$ 是奇排列时，该项前面带负号，即每项的正负号由 $(-1)^{t(i_1 i_2 \cdots i_n)}$ 决定，即

$$D_n = \begin{vmatrix} a_{11} & a_{12} & \cdots & a_{1n} \\ a_{21} & a_{22} & \cdots & a_{2n} \\ \vdots & \vdots & \vdots & \vdots \\ a_{n1} & a_{n1} & \cdots & a_{nn} \end{vmatrix} = \sum_{i_1 i_2 \cdots i_n} (-1)^{t(i_1 i_2 \cdots i_n)} a_{1i_1} a_{2i_2} \cdots a_{ni_n}.$$

或者

$$D_n = \begin{vmatrix} a_{11} & a_{12} & \cdots & a_{1n} \\ a_{21} & a_{22} & \cdots & a_{2n} \\ \vdots & \vdots & \vdots & \vdots \\ a_{n1} & a_{n1} & \cdots & a_{nn} \end{vmatrix} = \sum_{j_1 j_2 \cdots j_n} (-1)^{t(j_1 j_2 \cdots j_n)} a_{j_1 1} a_{j_2 2} \cdots a_{j_n n}$$

$$= \sum (-1)^{t(i_1 i_2 \cdots i_n)+t(j_1 j_2 \cdots j_n)} a_{i_1 j_1} a_{i_2 j_2} \cdots a_{i_n j_n}.$$

三 行列式的性质

性质 1 行列式与其转置行列式的值相等.

性质 2 互换行列式的两行（或两列），行列式的值仅改变符号.

推论 1 若行列式中有两行（或两列）对应元素相等，则行列式的值等于零.

性质 3 若行列式的某一行（或列）有公因子 k，则公因子 k 可以提到行列式记号外面；或

者说，用 k 乘行列式的某一行（或列），等于用 k 乘以该行列式.

推论 2 如果行列式有两行（或两列）对应元素成比例，则行列式的值为零.

推论 3 若行列式中某一行（或列）对应元素全为零，则行列式的值为零.

性质 4 若行列式的某一行（或列）元素都是两数之和，则可按此行（或列）将行列式拆为两个行列式的和，这两个行列式这一行（或列）的元素分别为对应的两个加数之一，其余各行（或列）的元素与原行列式相同，即

$$\begin{vmatrix} a_{11} & a_{12} & \cdots & a_{1n} \\ \vdots & \vdots & & \vdots \\ a_{i1}+a'_{i1} & a_{i2}+a'_{i2} & \cdots & a_{in}+a'_{in} \\ \vdots & \vdots & & \vdots \\ a_{n1} & a_{n2} & \cdots & a_{nn} \end{vmatrix} = \begin{vmatrix} a_{11} & a_{12} & \cdots & a_{1n} \\ \vdots & \vdots & & \vdots \\ a_{i1} & a_{i2} & \cdots & a_{in} \\ \vdots & \vdots & & \vdots \\ a_{n1} & a_{n2} & \cdots & a_{nn} \end{vmatrix} + \begin{vmatrix} a_{11} & a_{12} & \cdots & a_{1n} \\ \vdots & \vdots & & \vdots \\ a'_{i1} & a'_{i2} & \cdots & a'_{in} \\ \vdots & \vdots & & \vdots \\ a_{n1} & a_{n2} & \cdots & a_{nn} \end{vmatrix}.$$

性质 5 把行列式的某一行（或列）中每个元素都乘以数 k，加到另一行（或列）中对应元素上，行列式的值不变.

（四）行列式按一行（列）展开

1. 余子式 n 阶行列式中，划去元素 a_{ij} 所在的第 i 行和第 j 列元素，剩余的元素按原来的次序组成的 $n-1$ 阶行列式称为元素 a_{ij} 的余子式（剩余的子行列式），记为 M_{ij}.

2. 代数余子式 令 $A_{ij}=(-1)^{i+j}M_{ij}$，称 A_{ij} 是元素 a_{ij} 的代数余子式.

3. k 阶子式 在 n 阶行列式 $D=\det(a_{ij})$ 中，任意取定 k 行 $(i_1,i_2,\cdots,i_k)$ 与 k 列 $(j_1,j_2,\cdots,j_k)(1\leqslant k\leqslant n-1)$，位于这 k 行，k 列交叉处的 k^2 个元素构成的 k 阶行列式称为 D 的一个 k 阶子式，记为 D_k. 划去 D 中这 k 行，k 列，由剩下的元素按原来的次序构成的 $n-k$ 阶行列式称为 D_k 的余子式记为 M_k，并称

$$A_k=(-1)^{i_1+i_2+\cdots+i_k+j_1+j_2+\cdots+j_k}M_k$$

为 k 阶子式 D_k 的代数余子式.

4. 行列式按行(列)展开定理

(1) 行列式等于它的任一行(列)的各元素与其对应的代数余子式乘积之和，即

$$D=a_{i1}A_{i1}+a_{i2}A_{i2}+a_{i3}A_{i3}+\cdots+a_{in}A_{in}=\sum_{j=1}^{n}a_{ij}A_{ij}\ (i=1,2,\cdots,n),$$

$$D=a_{1j}A_{1j}+a_{2j}A_{2j}+a_{3j}A_{3j}+\cdots+a_{nj}A_{nj}=\sum_{i=1}^{n}a_{ij}A_{ij}\ (j=1,2,\cdots,n).$$

(2) 行列式某一行(列)的元素与另一行(列)的对应元素的代数余子式乘积之和等于零，即

$$a_{i1}A_{j1}+a_{i2}A_{j2}+a_{i3}A_{j3}+\cdots+a_{in}A_{jn}=0(i,j=1,2,\cdots,n,i\neq j),$$

或

$$a_{1i}A_{1j}+a_{2i}A_{2j}+a_{3i}A_{3j}+\cdots+a_{ni}A_{nj}=0(i,j=1,2,\cdots,n,i\neq j).$$

5. 拉普拉斯(Laplace)定理　n阶行列式$D=\det(a_{ij})$等于它的任意k行(列)中一切k阶子式与其代数余子式乘积之和，即$D=\sum_{i=1}^{C_n^k}A_iD_i$，其中$D_i(i=1,2,\cdots,C_n^k)$为取定的$k$行(列)所得的$k$阶子式，$A_i$为$D_i$对应的代数余子式.

五　行列式的典型计算方法

1. 上(下)三角法　把一个行列式化为上(下)三角行列式，从而求得行列式的值，其值即为主对角线元素之积.

2. 降阶法　利用性质将行列式化为某一行(或列)仅剩一个非零元素，然后按此行(或列)展开，从而达到降阶的目的.

3. 拆分法　若行列式某行(或列)为两数之和时，可将该行列式拆分为两个行列式的和，然后再利用行列式的性质进行化简计算.

4. 递推法　当行列式除个别的行(列)外，各行(列)所含元素基本相同，且相同的元素呈阶梯状分布时，可以采取递推法求解行列式，即找到相邻阶行列式的递推关系，进而归纳求解.

5. 加边法　在增加行列式阶数的基础上，保持行列式的值不变，通常采用的方法是增加一行和一列.加边法适用于行列式的元素比较规范，除对角线元素外，其他同行(或列)的元素都相等这种情况.

六 几个特殊行列式

1. 对角行列式

$$\begin{vmatrix} \lambda_1 & & & \\ & \lambda_2 & & \\ & & \ddots & \\ & & & \lambda_n \end{vmatrix} = \lambda_1\lambda_2\cdots\lambda_n,$$对角行列式的值等于主对角线上各元素的乘积.

2. 副对角行列式

$$\begin{vmatrix} & & & \lambda_1 \\ & & \lambda_2 & \\ & ⋰ & & \\ \lambda_n & & & \end{vmatrix} = (-1)^{\frac{n(n-1)}{2}}\lambda_1\lambda_2\cdots\lambda_n.$$

3. 上三角形行列式

$$\begin{vmatrix} a_{11} & a_{12} & a_{13} & \cdots & a_{1n} \\ 0 & a_{22} & a_{23} & \cdots & a_{2n} \\ 0 & 0 & a_{33} & \cdots & a_{3n} \\ \vdots & \vdots & \vdots & & \vdots \\ 0 & 0 & 0 & \cdots & a_{nn} \end{vmatrix} = a_{11}a_{22}a_{33}\cdots a_{nn},$$

即上三角形行列式的值等于主对角线上各元素的乘积.

4. 下三角形行列式

$$\begin{vmatrix} a_{11} & 0 & 0 & \cdots & 0 \\ a_{21} & a_{22} & 0 & \cdots & 0 \\ a_{31} & a_{32} & a_{33} & \cdots & 0 \\ \vdots & \vdots & \vdots & & \vdots \\ a_{n1} & a_{n2} & a_{n3} & \cdots & a_{nn} \end{vmatrix} = a_{11}a_{22}a_{33}\cdots a_{nn}.$$

5. n 阶范德蒙德行列式

$$\begin{vmatrix} 1 & 1 & \cdots & 1 \\ x_1 & x_2 & \cdots & x_n \\ x_1^2 & x_2^2 & \cdots & x_n^2 \\ \vdots & \vdots & & \vdots \\ x_1^{n-1} & x_2^{n-1} & \cdots & x_n^{n-1} \end{vmatrix} = \prod_{1\leqslant i<j\leqslant n}(x_j - x_i).$$

七 克拉默法则

如果线性方程组$\begin{cases} a_{11}x_1+a_{12}x_2+\cdots+a_{1n}x_n=b_1, \\ a_{21}x_1+a_{22}x_2+\cdots+a_{2n}x_n=b_2, \\ \cdots\cdots\cdots\cdots \\ a_{n1}x_1+a_{n2}x_2+\cdots+a_{nn}x_n=b_n \end{cases}$ ①

的系数行列式

$$D=\begin{vmatrix} a_{11} & a_{12} & \cdots & a_{1n} \\ a_{21} & a_{22} & \cdots & a_{2n} \\ \vdots & \vdots & & \vdots \\ a_{n1} & a_{n2} & \cdots & a_{nn} \end{vmatrix}\neq 0,$$

则线性方程组有唯一解

$$x_1=\frac{D_1}{D},x_2=\frac{D_2}{D},\cdots,x_n=\frac{D_n}{D},$$

其中 $D_j(1\leqslant j\leqslant n)$ 是将系数行列式 D 的第 j 列换成常数项所得的 n 阶行列式

$$D_j = \begin{vmatrix} a_{11} & \cdots & a_{1,j-1} & b_1 & a_{1,j+1} & \cdots & a_{1n} \\ a_{21} & \cdots & a_{2,j-1} & b_2 & a_{2,j+1} & \cdots & a_{2n} \\ \vdots & & \vdots & \vdots & \vdots & & \vdots \\ a_{n1} & \cdots & a_{n,j-1} & b_n & a_{n,j+1} & \cdots & a_{nn} \end{vmatrix}.$$

定理 若线性方程组①无解或有两个以上不同的解，则它们的系数行列式必为零，即 $D = 0$.

推论 方程组①对应的齐次线性方程组

$$\begin{cases} a_{11}x_1 + a_{12}x_2 + \cdots + a_{1n}x_n = 0, \\ a_{21}x_1 + a_{22}x_2 + \cdots + a_{2n}x_n = 0, \\ \cdots\cdots\cdots\cdots \\ a_{n1}x_1 + a_{n2}x_2 + \cdots + a_{nn}x_n = 0 \end{cases}$$

有非零解的充分必要条件是其系数行列式 $D = 0$.

第二章 矩 阵

本章知识结构

- 矩阵
  - 矩阵的基本概念
    - 矩阵的定义
    - 几种特殊矩阵
  - 矩阵的运算
    - 矩阵的线性运算
      - 矩阵的加法
      - 数乘矩阵
    - 线性变换与矩阵乘法
      - 方阵的幂
      - 方阵 $\boldsymbol{A}$ 的多项式
    - 矩阵的转置
    - 方阵的行列式
    - 伴随矩阵
  - 初等变换与初等矩阵
    - 矩阵的初等变换
    - 初等矩阵

- 矩阵
  - 逆矩阵
    - 逆矩阵的定义
    - 矩阵可逆的充要条件
      - 可逆矩阵的运算性质
      - 可逆矩阵的判定
    - 矩阵之间的等价关系 — 求逆矩阵的简便格式
    - 解矩阵方程
  - 矩阵的秩
    - 矩阵秩的定义
    - 矩阵秩的性质
    - 矩阵秩的相关结论
  - 分块矩阵
    - 分块矩阵的定义
    - 分块矩阵的运算
      - 分块矩阵的加法
      - 分块矩阵的数乘
      - 分块矩阵的乘法
      - 分块矩阵的转置
    - 分块对角矩阵 — 分块对角矩阵的运算性质及求逆

一 矩阵的概念

1. 矩阵的定义 由 $m\times n$ 个数 $a_{ij}\ (i=1,2,\cdots,m,j=1,2,\cdots,n)$ 按一定顺序排成的 m 行 n 列的矩形数表,称为 $m\times n$ 矩阵,简称矩阵. 记作 $\boldsymbol{A}=\begin{pmatrix} a_{11} & a_{12} & \cdots & a_{1n} \\ a_{21} & a_{22} & \cdots & a_{2n} \\ \vdots & \vdots & & \vdots \\ a_{m1} & a_{m2} & \cdots & a_{mn} \end{pmatrix}$,其中数 a_{ij} 为位于矩阵 $\boldsymbol{A}$ 中第 i 行第 j 列的元素,以数 a_{ij} 为元素的矩阵记为 (a_{ij}) 或 $(a_{ij})_{m\times n}$,$m\times n$ 矩阵也记为 $\boldsymbol{A}_{m\times n}$.

2. 特殊矩阵

(1) **n 阶方阵** 行数与列数都等于 n 的矩阵称为 n 阶方阵.

(2) **行矩阵** 只有一行的矩阵 $(a_1,a_2,\cdots,a_n)$,称为行矩阵,又称行向量.

(3) **列矩阵** 只有一列的矩阵 $\begin{pmatrix} b_1 \\ b_2 \\ \vdots \\ b_n \end{pmatrix}$,称为列矩阵,又称列向量.

(4) **零矩阵** 元素均为零的矩阵称为零矩阵,记为 $\boldsymbol{O}_{m\times n}$ 或简记为 $\boldsymbol{O}$(大写字母).

(5) **负矩阵** 设 $\boldsymbol{A}=(a_{ij})_{m\times n}$，则 $(-a_{ij})_{m\times n}$ 称为 $\boldsymbol{A}$ 的负矩阵，记作 $-\boldsymbol{A}$.

(6) **同型矩阵** 两个矩阵的行数、列数对应相等时，称为同型矩阵.

(7) **两个矩阵相等** 矩阵 $\boldsymbol{A}$ 与 $\boldsymbol{B}$ 相等当且仅当 $\boldsymbol{A}$ 与 $\boldsymbol{B}$ 是同型矩阵，且对应元素相等.

(8) **对角矩阵** 主对角线之外的元素均为 0 的方阵称为对角矩阵.

(9) **单位矩阵** 主对角线元素均为 1 的对角矩阵称为单位矩阵，记为 $\boldsymbol{E}$ 或 $\boldsymbol{I}$.

(10) **数量矩阵** 主对角线上元素均为 a 的对角矩阵称为数量矩阵，记为 $a\boldsymbol{E}$ 或 $a\boldsymbol{I}$.

(11) **上三角矩阵** 主对角线下方的元素均为 0 的方阵称为上三角矩阵.

(12) **下三角矩阵** 主对角线上方的元素均为 0 的方阵称为下三角矩阵.

(13) **对称矩阵** 设 $\boldsymbol{A}$ 为 n 阶方阵，如果满足 $\boldsymbol{A}^{\mathrm{T}}=\boldsymbol{A}$，即 $a_{ij}=a_{ji}(i,j=1,2,\cdots,n)$，则称 $\boldsymbol{A}$ 为 n 阶对称矩阵.

(14) **反对称矩阵** 设 $\boldsymbol{A}$ 为 n 阶方阵，如果满足 $\boldsymbol{A}^{\mathrm{T}}=-\boldsymbol{A}$，即 $a_{ij}=-a_{ji}(i,j=1,2,\cdots,n)$，则称 $\boldsymbol{A}$ 为 n 阶反对称矩阵. 反对称矩阵的特点：主对角线元素全为 0，而关于主对角线对称的元素互为相反数.

(15) **奇异矩阵** 当 n 阶方阵 $\boldsymbol{A}$ 满足 $|\boldsymbol{A}|=0$ 时，称 $\boldsymbol{A}$ 为奇异矩阵(或降秩矩阵)；当 $|\boldsymbol{A}|\neq 0$ 时，称 $\boldsymbol{A}$ 为非奇异矩阵(或满秩矩阵).

二 矩阵的运算

1. 矩阵的线性运算

(1) 加法

设矩阵 $\boldsymbol{A}=(a_{ij})_{m\times n}$ 和 $\boldsymbol{B}=(b_{ij})_{m\times n}$ 是同型矩阵，称 $\boldsymbol{C}=(c_{ij})_{m\times n}=(a_{ij}+b_{ij})_{m\times n}$ 为矩阵 $\boldsymbol{A}$ 与 $\boldsymbol{B}$ 的和，记作 $\boldsymbol{C}=\boldsymbol{A}+\boldsymbol{B}$，即

$$\boldsymbol{C}=\boldsymbol{A}+\boldsymbol{B}=\begin{pmatrix} a_{11}+b_{11} & a_{12}+b_{12} & \cdots & a_{1n}+b_{1n} \\ a_{21}+b_{21} & a_{22}+b_{22} & \cdots & a_{2n}+b_{2n} \\ \vdots & \vdots & & \vdots \\ a_{m1}+b_{m1} & a_{m2}+b_{m2} & \cdots & a_{mn}+b_{mn} \end{pmatrix}.$$

注　① 只有两个同型矩阵才能相加；

② $\boldsymbol{A}-\boldsymbol{B}=\boldsymbol{A}+(-\boldsymbol{B})$.

(2) 数与矩阵的乘法

将数 λ 与矩阵 $\boldsymbol{A}=(a_{ij})_{m\times n}$ 的乘积记作 $\lambda\boldsymbol{A}$，规定 $\lambda\boldsymbol{A}=(\lambda a_{ij})_{m\times n}$，即

$$\lambda \boldsymbol{A} = \begin{pmatrix} \lambda a_{11} & \lambda a_{12} & \cdots & \lambda a_{1n} \\ \lambda a_{21} & \lambda a_{22} & \cdots & \lambda a_{2n} \\ \vdots & \vdots & & \vdots \\ \lambda a_{m1} & \lambda a_{m2} & \cdots & \lambda a_{mn} \end{pmatrix}$$

注　数乘矩阵就是用数去乘矩阵中的每个元素.

(3) **线性运算的性质**　矩阵的加法和数乘,称为矩阵的线性运算,且满足

① 交换律:$\boldsymbol{A}+\boldsymbol{B}=\boldsymbol{B}+\boldsymbol{A}$.

② 结合律:$(\boldsymbol{A}+\boldsymbol{B})+\boldsymbol{C}=\boldsymbol{A}+(\boldsymbol{B}+\boldsymbol{C})$.

③ $\lambda\boldsymbol{A}=\boldsymbol{A}\lambda$.

④ $(\lambda\mu)\boldsymbol{A}=\lambda(\mu\boldsymbol{A})$.

⑤ $(\lambda+\mu)\boldsymbol{A}=\lambda\boldsymbol{A}+\mu\boldsymbol{A}$.

⑥ $\lambda(\boldsymbol{A}+\boldsymbol{B})=\lambda\boldsymbol{A}+\lambda\boldsymbol{B}$.

⑦ $\lambda(\mu\boldsymbol{A})=(\lambda\mu)\boldsymbol{A}=\mu(\lambda\boldsymbol{A})$.

以上 $\boldsymbol{A},\boldsymbol{B},\boldsymbol{C}$ 都是矩阵,λ 与 μ 是数,且矩阵的加法都有意义.

2. 矩阵的乘法

设矩阵 $\boldsymbol{A}=(a_{ij})_{m\times s}$,矩阵 $\boldsymbol{B}=(b_{ij})_{s\times n}$,则它们的乘积 $\boldsymbol{AB}$ 等于矩阵 $\boldsymbol{C}=(c_{ij})_{m\times n}$,记作

$\boldsymbol{AB}=\boldsymbol{C}$,其中

$$c_{ij}=(a_{i1},a_{i2},\cdots,a_{is})\begin{pmatrix}b_{1j}\\b_{2j}\\\vdots\\b_{sj}\end{pmatrix}=a_{i1}b_{1j}+a_{i2}b_{2j}+\cdots+a_{is}b_{sj},$$

$(i=1,2,\cdots,m;j=1,2,\cdots,n)$.

矩阵的乘法运算满足下列运算规律.

(1) **结合律** $(\boldsymbol{AB})\boldsymbol{C}=\boldsymbol{A}(\boldsymbol{BC})$.

(2) **分配律** $\boldsymbol{A}(\boldsymbol{B}+\boldsymbol{C})=\boldsymbol{AB}+\boldsymbol{AC},(\boldsymbol{B}+\boldsymbol{C})\boldsymbol{A}=\boldsymbol{BA}+\boldsymbol{CA}$.

(3) $\lambda(\boldsymbol{AB})=(\lambda\boldsymbol{A})\boldsymbol{B}=\boldsymbol{A}(\lambda\boldsymbol{B})$.

3. 矩阵的转置

设 $m\times n$ 矩阵 $\boldsymbol{A}=\begin{pmatrix}a_{11}&a_{12}&\cdots&a_{1n}\\a_{21}&a_{22}&\cdots&a_{2n}\\\vdots&\vdots&&\vdots\\a_{m1}&a_{m2}&\cdots&a_{mn}\end{pmatrix}$,将其对应的行与列互换位置,得到一个 $n\times m$ 的

新矩阵 $\begin{pmatrix} a_{11} & a_{21} & \cdots & a_{m1} \\ a_{12} & a_{22} & \cdots & a_{m2} \\ \vdots & \vdots & & \vdots \\ a_{1n} & a_{2n} & \cdots & a_{mn} \end{pmatrix}$，称为矩阵 $\boldsymbol{A}$ 的转置矩阵，记作 $\boldsymbol{A}^{\mathrm{T}}$ 或 $\boldsymbol{A}'$.

转置运算满足以下规律（以下运算都有意义，k 是常数）：

(1) $(\boldsymbol{A}^{\mathrm{T}})^{\mathrm{T}}=\boldsymbol{A}$； (2) $(\boldsymbol{A}+\boldsymbol{B})^{\mathrm{T}}=\boldsymbol{A}^{\mathrm{T}}+\boldsymbol{B}^{\mathrm{T}}$； (3) $(k\boldsymbol{A})^{\mathrm{T}}=k\boldsymbol{A}^{\mathrm{T}}$； (4) $(\boldsymbol{AB})^{\mathrm{T}}=\boldsymbol{B}^{\mathrm{T}}\boldsymbol{A}^{\mathrm{T}}$.

4. 方阵的幂　设 $\boldsymbol{A}$ 为 n 阶方阵，k 是正整数，规定 $\boldsymbol{A}^k=\overbrace{\boldsymbol{AA}\cdots\boldsymbol{A}}^{k}$. 特别地，当 $\boldsymbol{A}$ 为非零方阵时，规定 $\boldsymbol{A}^0=\boldsymbol{E}$. 方阵的幂满足运算规律：$\boldsymbol{A}^m\boldsymbol{A}^n=\boldsymbol{A}^{m+n}$，$(\boldsymbol{A}^m)^n=\boldsymbol{A}^{mn}$（$m,n$ 是正整数）.

5. 方阵的行列式

用 n 阶方阵 $\boldsymbol{A}$ 的所有元素（保持各元素位置不变）构成的行列式，称为方阵 $\boldsymbol{A}$ 的行列式，记作 $|\boldsymbol{A}|$ 或 $\det\boldsymbol{A}$.

n 阶方阵的行列式具有以下性质：设 $\boldsymbol{A},\boldsymbol{B}$ 都为 n 阶方阵，k 为常数，则

(1) $|\boldsymbol{A}^{\mathrm{T}}|=|\boldsymbol{A}|$.　(2) $|k\boldsymbol{A}|=k^n|\boldsymbol{A}|$.　(3) $|\boldsymbol{AB}|=|\boldsymbol{A}||\boldsymbol{B}|$.

注　一般情况下，$|\boldsymbol{A}+\boldsymbol{B}|\neq|\boldsymbol{A}|+|\boldsymbol{B}|$.

三 逆矩阵

1. 伴随矩阵 设 n 阶方阵 $\boldsymbol{A}=(a_{ij})_{n\times n}$，即 $\boldsymbol{A}=\begin{pmatrix} a_{11} & a_{12} & \cdots & a_{1n} \\ a_{21} & a_{22} & \cdots & a_{2n} \\ \vdots & \vdots & & \vdots \\ a_{n1} & a_{n2} & \cdots & a_{nn} \end{pmatrix}$，由 $|\boldsymbol{A}|$ 中各个元素的代数余子式 $A_{ij}\,(i,j=1,2,\cdots,n)$ 排列成的 n 阶方阵 $\boldsymbol{A}^*=\begin{pmatrix} A_{11} & A_{21} & \cdots & A_{n1} \\ A_{12} & A_{22} & \cdots & A_{n2} \\ \vdots & \vdots & & \vdots \\ A_{1n} & A_{2n} & \cdots & A_{nn} \end{pmatrix}$，称为 $\boldsymbol{A}$ 的伴随矩阵.

伴随矩阵的性质：设 $\boldsymbol{A}$ 为 n 阶方阵，$\boldsymbol{A}^*$ 为 $\boldsymbol{A}$ 的伴随矩阵.

(1) $\boldsymbol{A}\boldsymbol{A}^*=\boldsymbol{A}^*\boldsymbol{A}=|\boldsymbol{A}|\boldsymbol{E}$.

(2) $|\boldsymbol{A}^*|=|\boldsymbol{A}|^{n-1}$.

(3) 若 $\boldsymbol{A}$ 可逆，则 $\boldsymbol{A}^{-1}=\dfrac{1}{|\boldsymbol{A}|}\boldsymbol{A}^*$，$\boldsymbol{A}^*=|\boldsymbol{A}|\boldsymbol{A}^{-1}$.

(4) 若 $\boldsymbol{A}$ 可逆，则 $\boldsymbol{A}^*$ 可逆，且 $(\boldsymbol{A}^*)^{-1}=\dfrac{1}{|\boldsymbol{A}|}\boldsymbol{A}$，$(\boldsymbol{A}^*)^{-1}=(\boldsymbol{A}^{-1})^*$.

(5) $(\boldsymbol{A}^*)^{\mathrm{T}}=(\boldsymbol{A}^{\mathrm{T}})^*$，$(k\boldsymbol{A})^*=k^{n-1}\boldsymbol{A}^*$.

(6) 若 $\boldsymbol{A}$、$\boldsymbol{B}$ 均为 n 阶方阵，则 $(\boldsymbol{AB})^*=\boldsymbol{B}^*\boldsymbol{A}^*$.

(7) $(\boldsymbol{A}^*)^*=|\boldsymbol{A}|^{n-2}\boldsymbol{A}$.

2. 逆矩阵的定义 对于 n 阶方阵 $\boldsymbol{A}$，如果存在 n 阶方阵 $\boldsymbol{B}$，使 $\boldsymbol{AB}=\boldsymbol{BA}=\boldsymbol{E}$，则称矩阵 $\boldsymbol{A}$ 可逆，称矩阵 $\boldsymbol{B}$ 为 $\boldsymbol{A}$ 的逆矩阵，简称逆阵，记为 $\boldsymbol{A}^{-1}=\boldsymbol{B}$.

3. 矩阵可逆的判别定理以及运算性质

矩阵 $\boldsymbol{A}$ 可逆的充要条件是 $|\boldsymbol{A}|\neq 0$，且 $\boldsymbol{A}^{-1}=\dfrac{1}{|\boldsymbol{A}|}\boldsymbol{A}^*$.

当 n 阶方阵 $\boldsymbol{A}$ 可逆时，有下述运算性质.

(1) 若 $\boldsymbol{A}$ 可逆，则 $\boldsymbol{A}^{-1}$ 也可逆，且有 $(\boldsymbol{A}^{-1})^{-1}=\boldsymbol{A}$.

(2) 若 $\boldsymbol{A}$ 可逆，则 $\boldsymbol{A}^{\mathrm{T}}$ 可逆，且有 $(\boldsymbol{A}^{\mathrm{T}})^{-1}=(\boldsymbol{A}^{-1})^{\mathrm{T}}$.

(3) 若 $\boldsymbol{A}$ 可逆，则 $k\boldsymbol{A}$ 可逆，且有 $(k\boldsymbol{A})^{-1}=\dfrac{1}{k}\boldsymbol{A}^{-1}(k\neq 0)$.

(4) 若 $\boldsymbol{A}$ 和 $\boldsymbol{B}$ 均为同阶可逆方阵，则 $\boldsymbol{AB}$ 和 $\boldsymbol{BA}$ 均可逆，且有 $(\boldsymbol{AB})^{-1}=\boldsymbol{B}^{-1}\boldsymbol{A}^{-1}$，$(\boldsymbol{BA})^{-1}=\boldsymbol{A}^{-1}\boldsymbol{B}^{-1}$.

(5) 若方阵 $\boldsymbol{A}$ 可逆，矩阵 $\boldsymbol{B}$ 和 $\boldsymbol{C}$ 满足 $\boldsymbol{AB}=\boldsymbol{AC}$ 或 $\boldsymbol{BA}=\boldsymbol{CA}$，则有 $\boldsymbol{B}=\boldsymbol{C}$（即矩阵乘法满足左消去律和右消去律）.

(6)(逆矩阵的唯一性)若 $\boldsymbol{A}$ 是可逆矩阵,则其逆矩阵唯一.

4. 求逆矩阵的主要方法

(1) 利用公式(或利用伴随矩阵法)

若 $|\boldsymbol{A}| \neq 0$,则 $\boldsymbol{A}$ 可逆,且 $\boldsymbol{A}^{-1} = \frac{1}{|\boldsymbol{A}|}\boldsymbol{A}^*$.

(2) 利用初等变换

$$(\boldsymbol{A} \mid \boldsymbol{E}) \xrightarrow{\text{初等行变换}} (\boldsymbol{E} \mid \boldsymbol{A}^{-1}),\ \begin{pmatrix} \boldsymbol{A} \\ \boldsymbol{E} \end{pmatrix} \xrightarrow{\text{初等列变换}} \begin{pmatrix} \boldsymbol{E} \\ \boldsymbol{A}^{-1} \end{pmatrix}$$

(3) 利用定义

对于 $\boldsymbol{A}$,若存在 $\boldsymbol{B}$,使得 $\boldsymbol{AB} = \boldsymbol{E}$(或 $\boldsymbol{BA} = \boldsymbol{E}$),则 $\boldsymbol{A}$ 可逆,$\boldsymbol{B}$ 即是 $\boldsymbol{A}$ 的逆矩阵,即 $\boldsymbol{B} = \boldsymbol{A}^{-1}$.

(4) 利用可逆矩阵的运算性质

若 n 阶矩阵 $\boldsymbol{A},\boldsymbol{B}$ 都可逆,则其乘积 $\boldsymbol{AB}$ 可逆,且 $(\boldsymbol{AB})^{-1} = \boldsymbol{B}^{-1}\boldsymbol{A}^{-1}$.

5. 逆矩阵的应用

(1) 求解线性方程组

若矩阵 $\boldsymbol{A}$ 可逆,则线性方程组 $\boldsymbol{A}x = \boldsymbol{b}$ 有唯一的解,且 $\boldsymbol{x} = \boldsymbol{A}^{-1}\boldsymbol{b}$.

(2) 解矩阵方程

① 矩阵方程为 $\boldsymbol{AX} = \boldsymbol{C}$,其中矩阵 $\boldsymbol{A}$ 可逆,等式两端左乘 $\boldsymbol{A}^{-1}$,得 $\boldsymbol{X} = \boldsymbol{A}^{-1}\boldsymbol{C}$;

② 矩阵方程为 $\boldsymbol{XB} = \boldsymbol{C}$,其中矩阵 $\boldsymbol{B}$ 可逆,等式两端右乘 $\boldsymbol{B}^{-1}$,得 $\boldsymbol{X} = \boldsymbol{CB}^{-1}$;

③ 矩阵方程为 $\boldsymbol{AXB}=\boldsymbol{C}$，其中 $\boldsymbol{A}$ 和 $\boldsymbol{B}$ 可逆，等式两端左乘 $\boldsymbol{A}^{-1}$、右乘 $\boldsymbol{B}^{-1}$，得 $\boldsymbol{X}=\boldsymbol{A}^{-1}\boldsymbol{C}\boldsymbol{B}^{-1}$.

四 初等变换与初等矩阵

1. 矩阵的初等变换

下面 3 种变换称为矩阵的初等行(列) 变换.

(1) 对调两行(列).

(2) 以数 $k\neq 0$ 乘某一行(列) 中的所有元素.

(3) 把某一行(列) 所有元素的 k 倍加到另一行(列) 对应元素上去.

矩阵的初等行变换与矩阵的初等列变换统称为矩阵的初等变换.

2. 初等矩阵

单位矩阵 $\boldsymbol{E}$ 经过一次初等变换得到的矩阵称为初等矩阵.

关于初等变换与初等矩阵的关系，有以下结论成立.

设 $\boldsymbol{A}$ 是一个 $m\times n$ 矩阵，对 $\boldsymbol{A}$ 施行一次初等行变换，相当于在 $\boldsymbol{A}$ 的左边乘以相应的 m 阶初等矩阵；对 $\boldsymbol{A}$ 施行一次初等列变换，相当于在 $\boldsymbol{A}$ 的右边乘以相应的 n 阶初等矩阵.

注 (1) 初等矩阵的逆矩阵仍为同类型的初等矩阵.

(2) 方阵 $\boldsymbol{A}$ 可逆的充分必要条件是存在有限个初等矩阵 $\boldsymbol{P}_1,\boldsymbol{P}_2,\cdots,\boldsymbol{P}_s$，使 $\boldsymbol{A}=\boldsymbol{P}_1\boldsymbol{P}_2\cdots\boldsymbol{P}_s$.

3. 矩阵的等价

若矩阵 $\boldsymbol{A}$ 经过有限次初等变换变成矩阵 $\boldsymbol{B}$，则称矩阵 $\boldsymbol{A}$ 与 $\boldsymbol{B}$ 等价，记为 $\boldsymbol{A}\cong\boldsymbol{B}$.

矩阵的等价关系具有反身性、对称性和传递性.

设 $\boldsymbol{A}$ 是 $m\times n$ 矩阵，有以下结论成立.

(1) 矩阵 $\boldsymbol{A}$ 总可以经过若干次初等行变换化为行阶梯形矩阵.

(2) 矩阵 $\boldsymbol{A}$ 总可以经过若干次初等行变换化为行最简形矩阵.

(3) 矩阵 $\boldsymbol{A}$ 总可以经过若干次初等变换化为标准形 $\boldsymbol{F}=\begin{pmatrix}\boldsymbol{E}_r & \boldsymbol{O}\\ \boldsymbol{O} & \boldsymbol{O}\end{pmatrix}_{m\times n}$，其中 r 为行阶梯形矩阵中非零行的行数.

(4) 同型矩阵矩阵 $\boldsymbol{A}$ 与 $\boldsymbol{B}$ 等价的充要条件是 $r(\boldsymbol{A})=r(\boldsymbol{B})$.

设 $\boldsymbol{A},\boldsymbol{B}$ 均为 $m\times n$ 矩阵，则 $\boldsymbol{A}\cong\boldsymbol{B}$ 的充分必要条件是存在 m 阶可逆矩阵 $\boldsymbol{P}$ 和 n 阶可逆矩阵 $\boldsymbol{Q}$，使 $\boldsymbol{PAQ}=\boldsymbol{B}$.

五 矩阵的秩

1. 子式 在 $m\times n$ 矩阵 $\boldsymbol{A}$ 中，任取 k 行 k 列 $(k\leqslant m,k\leqslant n)$，位于这些行列交叉处的元素按原来位置构成的 k 阶行列式，称为矩阵 $\boldsymbol{A}$ 的 k 阶子式.

2. 矩阵秩的定义

(1) $m\times n$ 矩阵 $\boldsymbol{A}$ 中非零子式的最高阶数 r，称为矩阵 $\boldsymbol{A}$ 的秩. 记为 $r(\boldsymbol{A})=r$. 若一个矩阵没有不等于零的最高阶子式(即零矩阵)，则规定该矩阵的秩为零.

(2) 对于 $m\times n$ 矩阵 $\boldsymbol{A}$，$r(\boldsymbol{A})=r$ 的充分必要条件是 $\boldsymbol{A}$ 中存在 r 阶子式不为零，而所有的 $r+1$ 阶子式(如果存在) 全为零.

3. 矩阵秩的性质

设 $\boldsymbol{A}$ 是 $m\times n$ 矩阵，矩阵的秩有下列性质.

(1) $0\leqslant r(\boldsymbol{A})\leqslant \min\{m,n\}$.

(2) $r(\boldsymbol{A}^{\mathrm{T}})=r(\boldsymbol{A})$.

(3) $r(\boldsymbol{A})\geqslant r$ 的充要条件是 $\boldsymbol{A}$ 中有 r 阶子式不为 0.

(4) $r(\boldsymbol{A})\leqslant r$ 的充要条件是 $\boldsymbol{A}$ 中所有 $r+1$ 阶子式全为 0.

(5) $r(\boldsymbol{A})=0$ 的充要条件是 $\boldsymbol{A}=0$.

(6) $r(k\boldsymbol{A})=r(\boldsymbol{A})(k\neq 0)$.

(7) 对于 n 阶方阵 $\boldsymbol{A}$, $r(\boldsymbol{A})=n \Leftrightarrow |\boldsymbol{A}| \neq 0 \Leftrightarrow n$ 阶方阵 $\boldsymbol{A}$ 可逆；$r(\boldsymbol{A})<n \Leftrightarrow |\boldsymbol{A}|=0 \Leftrightarrow n$ 阶方阵 $\boldsymbol{A}$ 不可逆.

(8) 设 $\boldsymbol{A}$ 是 $m \times n$ 矩阵，$r(\boldsymbol{A})=r$，则矩阵 $\boldsymbol{A}$ 的标准形为 $\begin{pmatrix} \boldsymbol{E}_r & \boldsymbol{O} \\ \boldsymbol{O} & \boldsymbol{O} \end{pmatrix}_{m \times n}$.

(9) 设 $\boldsymbol{A}$ 为 $m \times n$ 矩阵，$\boldsymbol{P}$ 和 $\boldsymbol{Q}$ 分别为 m 阶、n 阶满秩矩阵，则

$$r(\boldsymbol{A})=r(\boldsymbol{PA})=r(\boldsymbol{AQ})=r(\boldsymbol{PAQ}).$$

(10) 设有矩阵 $\boldsymbol{A}$ 和矩阵 $\boldsymbol{B}$，有以下结论成立.

① 若 $\boldsymbol{A}$ 为 $m \times n$ 矩阵，$\boldsymbol{B}$ 为 $m \times s$ 矩阵，则 $\max\{r(\boldsymbol{A}), r(\boldsymbol{B})\} \leqslant r(\boldsymbol{A}, \boldsymbol{B}) \leqslant r(\boldsymbol{A})+r(\boldsymbol{B})$，特别地，当 $\boldsymbol{B}=\boldsymbol{b}$ 为非零列向量时，有 $r(\boldsymbol{A}) \leqslant r(\boldsymbol{A}, \boldsymbol{b}) \leqslant r(\boldsymbol{A})+1$.

② 若 $\boldsymbol{A}, \boldsymbol{B}$ 均为 $m \times n$ 矩阵，则 $r(\boldsymbol{A} \pm \boldsymbol{B}) \leqslant r(\boldsymbol{A})+r(\boldsymbol{B})$.

③ 若 $\boldsymbol{A}$ 为 $m \times n$ 矩阵，$\boldsymbol{B}$ 为 $n \times s$ 矩阵，则

$$r(\boldsymbol{A})+r(\boldsymbol{B})-n \leqslant r(\boldsymbol{AB}) \leqslant \min\{r(\boldsymbol{A}), r(\boldsymbol{B})\}.$$

④ 设 $\boldsymbol{A}$ 为 $m \times n$ 矩阵，$\boldsymbol{B}$ 为 $n \times s$ 矩阵，若 $\boldsymbol{AB}=\boldsymbol{O}$，则 $r(\boldsymbol{A})+r(\boldsymbol{B}) \leqslant n$.

⑤ 设 $\boldsymbol{A}$ 是 $m \times n$ 矩阵，$r(\boldsymbol{A})=r$，则存在 m 阶可逆矩阵 $\boldsymbol{P}$ 和 n 阶可逆矩阵 $\boldsymbol{Q}$，使

$$\boldsymbol{PAQ}=\begin{pmatrix} \boldsymbol{E}_r & \boldsymbol{O} \\ \boldsymbol{O} & \boldsymbol{O} \end{pmatrix}_{m \times n}.$$

⑥ 设 $\mathbf{A}$ 为 n 阶方阵，$\mathbf{A}^*$ 为 $\mathbf{A}$ 的伴随矩阵，则 $r(\mathbf{A}^*)=\begin{cases}n, r(\mathbf{A})=n,\\1, r(\mathbf{A})=n-1,\\0, r(\mathbf{A})<n-1.\end{cases}$

4. 求矩阵秩的方法

(1) 利用初等行变换将矩阵 $\mathbf{A}$ 化为行阶梯形矩阵 $\mathbf{B}$，则 $\mathbf{A}$ 的秩 $r(\mathbf{A})$ 等于 $\mathbf{B}$ 的非零行的个数.

(2) 利用矩阵秩的定义，求矩阵的非零子式的最高阶数.

六 分块矩阵

1. 分块矩阵的定义

用若干条贯穿矩阵的横线和纵线将矩阵 $\mathbf{A}$ 分成若干个小块，每一小块称为矩阵 $\mathbf{A}$ 的子块(或子阵). 以子块为元素的形式上的矩阵称为分块矩阵.

2. 常用分块法

(1) **普通分块** $\mathbf{A}=\left(\begin{array}{cc:cc}a_{11} & a_{12} & a_{13} & a_{14}\\ \hdashline a_{21} & a_{22} & a_{23} & a_{24}\\ a_{31} & a_{32} & a_{33} & a_{34}\end{array}\right)=\begin{pmatrix}\mathbf{A}_{11} & \mathbf{A}_{12}\\ \mathbf{A}_{21} & \mathbf{A}_{22}\end{pmatrix}.$

(2) **按行分块** $\mathbf{A}=\left(\begin{array}{cccc}a_{11} & a_{12} & a_{13} & a_{14}\\ \hdashline a_{21} & a_{22} & a_{23} & a_{24}\\ \hdashline a_{31} & a_{32} & a_{33} & a_{34}\end{array}\right)=\begin{pmatrix}\boldsymbol{\alpha}_1\\ \boldsymbol{\alpha}_2\\ \boldsymbol{\alpha}_3\end{pmatrix}.$

(3) **按列分块** $A=\left(\begin{array}{c:c:c:c} a_{11} & a_{12} & a_{13} & a_{14} \\ a_{21} & a_{22} & a_{23} & a_{24} \\ a_{31} & a_{32} & a_{33} & a_{34} \end{array}\right)=(\boldsymbol{\beta}_1,\boldsymbol{\beta}_2,\boldsymbol{\beta}_3,\boldsymbol{\beta}_4)$.

3. 分块矩阵的运算

(1) 分块矩阵的和与差

设矩阵 $\boldsymbol{A},\boldsymbol{B}$ 的行数相同,列数也相同,对 $\boldsymbol{A},\boldsymbol{B}$ 采用相同的分块法,有

$$\boldsymbol{A}=\begin{pmatrix} \boldsymbol{A}_{11} & \boldsymbol{A}_{12} & \cdots & \boldsymbol{A}_{1t} \\ \boldsymbol{A}_{21} & \boldsymbol{A}_{22} & \cdots & \boldsymbol{A}_{2t} \\ \vdots & \vdots & & \vdots \\ \boldsymbol{A}_{s1} & \boldsymbol{A}_{s2} & \cdots & \boldsymbol{A}_{st} \end{pmatrix}, B=\begin{pmatrix} \boldsymbol{B}_{11} & \boldsymbol{B}_{12} & \cdots & \boldsymbol{B}_{1t} \\ \boldsymbol{B}_{21} & \boldsymbol{B}_{22} & \cdots & \boldsymbol{B}_{2t} \\ \vdots & \vdots & & \vdots \\ \boldsymbol{B}_{s1} & \boldsymbol{B}_{s2} & \cdots & \boldsymbol{B}_{st} \end{pmatrix},$$

$$\boldsymbol{A}\pm\boldsymbol{B}=\begin{pmatrix} \boldsymbol{A}_{11}\pm\boldsymbol{B}_{11} & \boldsymbol{A}_{12}\pm\boldsymbol{B}_{12} & \cdots & \boldsymbol{A}_{1t}\pm\boldsymbol{B}_{1t} \\ \boldsymbol{A}_{21}\pm\boldsymbol{B}_{21} & \boldsymbol{A}_{22}\pm\boldsymbol{B}_{22} & \cdots & \boldsymbol{A}_{2t}\pm\boldsymbol{B}_{2t} \\ \vdots & \vdots & & \vdots \\ \boldsymbol{A}_{s1}\pm\boldsymbol{B}_{s1} & \boldsymbol{A}_{s2}\pm\boldsymbol{B}_{s2} & \cdots & \boldsymbol{A}_{st}\pm\boldsymbol{B}_{st} \end{pmatrix}.$$

(2) **分块矩阵的数乘**

设 $\boldsymbol{A}=\begin{pmatrix}\boldsymbol{A}_{11} & \boldsymbol{A}_{12} & \cdots & \boldsymbol{A}_{1t}\\ \boldsymbol{A}_{21} & \boldsymbol{A}_{22} & \cdots & \boldsymbol{A}_{2t}\\ \vdots & \vdots & & \vdots\\ \boldsymbol{A}_{s1} & \boldsymbol{A}_{s2} & \cdots & \boldsymbol{A}_{st}\end{pmatrix}$，$\lambda$ 是数，则 $\lambda\boldsymbol{A}=\begin{pmatrix}\lambda\boldsymbol{A}_{11} & \lambda\boldsymbol{A}_{12} & \cdots & \lambda\boldsymbol{A}_{1t}\\ \lambda\boldsymbol{A}_{21} & \lambda\boldsymbol{A}_{22} & \cdots & \lambda\boldsymbol{A}_{2t}\\ \vdots & \vdots & & \vdots\\ \lambda\boldsymbol{A}_{s1} & \lambda\boldsymbol{A}_{s2} & \cdots & \lambda\boldsymbol{A}_{st}\end{pmatrix}$.

(3) **分块矩阵的乘法**

设矩阵 $\boldsymbol{A}=(a_{ij})_{m\times s}$、$\boldsymbol{B}=(b_{ij})_{s\times n}$，且对 $\boldsymbol{A}$ 的列分块方法与对 $\boldsymbol{B}$ 的行分块方法相同，即分块为 $\boldsymbol{A}=\begin{pmatrix}\boldsymbol{A}_{11} & \boldsymbol{A}_{12} & \cdots & \boldsymbol{A}_{1t}\\ \boldsymbol{A}_{21} & \boldsymbol{A}_{22} & \cdots & \boldsymbol{A}_{2t}\\ \vdots & \vdots & & \vdots\\ \boldsymbol{A}_{l1} & \boldsymbol{A}_{l2} & \cdots & \boldsymbol{A}_{lt}\end{pmatrix}$，$\boldsymbol{B}=\begin{pmatrix}\boldsymbol{B}_{11} & \boldsymbol{B}_{12} & \cdots & \boldsymbol{B}_{1r}\\ \boldsymbol{B}_{21} & \boldsymbol{B}_{22} & \cdots & \boldsymbol{B}_{2r}\\ \vdots & \vdots & & \vdots\\ \boldsymbol{B}_{t1} & \boldsymbol{B}_{t2} & \cdots & \boldsymbol{B}_{tr}\end{pmatrix}$，其中矩阵 $\boldsymbol{A}$ 的第 i 行各子块 $\boldsymbol{A}_{i1}$，$\boldsymbol{A}_{i2}$，$\cdots$，$\boldsymbol{A}_{it}$ 的列数分别等于矩阵 $\boldsymbol{B}$ 的第 j 列的各子块 $\boldsymbol{B}_{1j}$，$\boldsymbol{B}_{2j}$，$\cdots$，$\boldsymbol{B}_{tj}$ 的行数，则

$$\boldsymbol{AB}=\begin{pmatrix}\boldsymbol{C}_{11} & \boldsymbol{C}_{12} & \cdots & \boldsymbol{C}_{1r}\\ \boldsymbol{C}_{21} & \boldsymbol{C}_{22} & \cdots & \boldsymbol{C}_{2r}\\ \vdots & \vdots & & \vdots\\ \boldsymbol{C}_{l1} & \boldsymbol{C}_{l2} & \cdots & \boldsymbol{C}_{lr}\end{pmatrix},$$

其中 $\boldsymbol{C}_{ij}=\sum_{k=1}^{t}\boldsymbol{A}_{ik}\boldsymbol{B}_{kj}=\boldsymbol{A}_{i1}\boldsymbol{B}_{1j}+\boldsymbol{A}_{i2}\boldsymbol{B}_{2j}+\cdots+\boldsymbol{A}_{it}\boldsymbol{B}_{tj}\,(i=1,2,\cdots,l;j=1,2,\cdots,r)$.

(4) **分块矩阵的转置**

设 $\boldsymbol{A}=\begin{pmatrix}\boldsymbol{A}_{11} & \boldsymbol{A}_{12} & \cdots & \boldsymbol{A}_{1t}\\ \boldsymbol{A}_{21} & \boldsymbol{A}_{22} & \cdots & \boldsymbol{A}_{2t}\\ \vdots & \vdots & & \vdots\\ \boldsymbol{A}_{s1} & \boldsymbol{A}_{s2} & \cdots & \boldsymbol{A}_{st}\end{pmatrix}$,则 $\boldsymbol{A}^{\mathrm{T}}=\begin{pmatrix}\boldsymbol{A}_{11}^{\mathrm{T}} & \boldsymbol{A}_{21}^{\mathrm{T}} & \cdots & \boldsymbol{A}_{s1}^{\mathrm{T}}\\ \boldsymbol{A}_{12}^{\mathrm{T}} & \boldsymbol{A}_{22}^{\mathrm{T}} & \cdots & \boldsymbol{A}_{s2}^{\mathrm{T}}\\ \vdots & \vdots & & \vdots\\ \boldsymbol{A}_{1t}^{\mathrm{T}} & \boldsymbol{A}_{2t}^{\mathrm{T}} & \cdots & \boldsymbol{A}_{st}^{\mathrm{T}}\end{pmatrix}$.

4. 分块对角矩阵

设 $\boldsymbol{A}$ 是 n 阶方阵,若它的分块矩阵只有在主对角线上有非零子块且都是方阵块,其余子块均为零矩阵块,即 $\boldsymbol{A}=\begin{pmatrix}\boldsymbol{A}_1 & & & \boldsymbol{O}\\ & \boldsymbol{A}_2 & & \\ & & \ddots & \\ \boldsymbol{O} & & & \boldsymbol{A}_r\end{pmatrix}$,其中 $\boldsymbol{A}_i\,(i=1,2,\cdots,r)$ 都是方阵,则称 $\boldsymbol{A}$ 是分块对角矩阵,也称为准对角矩阵.

设 $\boldsymbol{A},\boldsymbol{B}$ 都是分块对角矩阵，即 $\boldsymbol{A}=\begin{pmatrix}\boldsymbol{A}_1 & & & \boldsymbol{O}\\ & \boldsymbol{A}_2 & & \\ & & \ddots & \\ \boldsymbol{O} & & & \boldsymbol{A}_r\end{pmatrix}$，$\boldsymbol{B}=\begin{pmatrix}\boldsymbol{B}_1 & & & \boldsymbol{O}\\ & \boldsymbol{B}_2 & & \\ & & \ddots & \\ \boldsymbol{O} & & & \boldsymbol{B}_r\end{pmatrix}$，其中 $\boldsymbol{A}_i,\boldsymbol{B}_i(i=1,2,\cdots,r)$ 是同型的子块，$\boldsymbol{C}=\begin{pmatrix}\boldsymbol{O} & & & \boldsymbol{C}_1\\ & & \boldsymbol{C}_2 & \\ & \iddots & & \\ \boldsymbol{C}_r & & & \boldsymbol{O}\end{pmatrix}$，则在保证运算有意义的前提下有以下运算性质.

(1) $\lambda\boldsymbol{A}=\begin{pmatrix}\lambda\boldsymbol{A}_1 & & & \boldsymbol{O}\\ & \lambda\boldsymbol{A}_2 & & \\ & & \ddots & \\ \boldsymbol{O} & & & \lambda\boldsymbol{A}_r\end{pmatrix}$.

(2) $\boldsymbol{A}\pm\boldsymbol{B}=\begin{pmatrix}\boldsymbol{A}_1\pm\boldsymbol{B}_1 & & & \boldsymbol{O}\\ & \boldsymbol{A}_2\pm\boldsymbol{B}_2 & & \\ & & \ddots & \\ \boldsymbol{O} & & & \boldsymbol{A}_r\pm\boldsymbol{B}_r\end{pmatrix}$.

(3) $\boldsymbol{AB}=\begin{pmatrix}\boldsymbol{A}_1\boldsymbol{B}_1 & & & \boldsymbol{O}\\ & \boldsymbol{A}_2\boldsymbol{B}_2 & & \\ & & \ddots & \\ \boldsymbol{O} & & & \boldsymbol{A}_r\boldsymbol{B}_r\end{pmatrix}$.

(4) $\boldsymbol{A}^m=\begin{pmatrix}\boldsymbol{A}_1^m & & & \boldsymbol{O}\\ & \boldsymbol{A}_2^m & & \\ & & \ddots & \\ \boldsymbol{O} & & & \boldsymbol{A}_r^m\end{pmatrix}$,其中 $m\in\mathbf{Z}^+$.

(5) $\boldsymbol{A}^{\mathrm{T}}=\begin{pmatrix}\boldsymbol{A}_1^{\mathrm{T}} & & & \boldsymbol{O}\\ & \boldsymbol{A}_2^{\mathrm{T}} & & \\ & & \ddots & \\ \boldsymbol{O} & & & \boldsymbol{A}_r^{\mathrm{T}}\end{pmatrix}$.

(6) $|\boldsymbol{A}|=|\boldsymbol{A}_1||\boldsymbol{A}_2|\cdots|\boldsymbol{A}_r|$.

(7) 若 $|\boldsymbol{A}_i|\neq 0(i=1,2,\cdots,r)$,则 $\boldsymbol{A}$ 可逆,且 $\boldsymbol{A}^{-1}=\begin{pmatrix}\boldsymbol{A}_1^{-1} & & & \boldsymbol{O}\\ & \boldsymbol{A}_2^{-1} & & \\ & & \ddots & \\ \boldsymbol{O} & & & \boldsymbol{A}_r^{-1}\end{pmatrix}$.

(8) $r(\boldsymbol{A}) = r(\boldsymbol{A}_1) + r(\boldsymbol{A}_2) + \cdots + r(\boldsymbol{A}_r)$.

(9) 若 $|\boldsymbol{C}_i| \neq 0 (i = 1, 2, \cdots, r)$，则 $\boldsymbol{C}$ 可逆，且 $\boldsymbol{C}^{-1} = \begin{bmatrix} \boldsymbol{O} & & & \boldsymbol{C}_r^{-1} \\ & & \boldsymbol{C}_{r-1}^{-1} & \\ & \iddots & & \\ \boldsymbol{C}_1^{-1} & & & \boldsymbol{O} \end{bmatrix}$.

5. 两类特殊分块矩阵的逆矩阵

(1) $\begin{pmatrix} \boldsymbol{A} & \boldsymbol{C} \\ \boldsymbol{O} & \boldsymbol{B} \end{pmatrix}^{-1} = \begin{pmatrix} \boldsymbol{A}^{-1} & -\boldsymbol{A}^{-1}\boldsymbol{C}\boldsymbol{B}^{-1} \\ \boldsymbol{O} & \boldsymbol{B}^{-1} \end{pmatrix}$，其中 $\boldsymbol{A}$ 和 $\boldsymbol{B}$ 均为可逆方阵（不必同型）.

(2) $\begin{pmatrix} \boldsymbol{A} & \boldsymbol{O} \\ \boldsymbol{C} & \boldsymbol{B} \end{pmatrix}^{-1} = \begin{pmatrix} \boldsymbol{A}^{-1} & \boldsymbol{O} \\ -\boldsymbol{B}^{-1}\boldsymbol{C}\boldsymbol{A}^{-1} & \boldsymbol{B}^{-1} \end{pmatrix}$，其中 $\boldsymbol{A}$ 和 $\boldsymbol{B}$ 均为可逆方阵（不必同型）.

第三章 向量与向量空间

本章知识结构

- 向量与向量空间
  - n 维向量及其线性运算
    - n 维向量的定义
    - n 维向量的线性运算 — n 维向量线性运算的 8 条性质
  - 向量组的线性关系
    - 向量组的线性组合
    - 向量组的等价
    - 向量组线性相关性的定义
      - 线性相关
      - 线性无关
    - 向量组线性相关性的性质
    - 向量组线性相关性的判定
  - 极大线性无关组和秩
    - 极大线性无关组和向量组的秩
    - 向量组的秩和矩阵的秩的关系
  - 向量空间
    - 向量空间的定义
    - 过渡矩阵与坐标变换
  - 向量的内积
    - 向量的内积的定义
    - 向量组的正交规范化
    - 正交矩阵

一 向量及其线性运算

1. 向量的定义 由 n 个数 $a_1,a_2,\cdots,a_n$ 组成的有序数组称为 n 维向量，称 $(a_1,a_2,\cdots,a_n)$ 为 n 维行向量，称 $\begin{pmatrix} a_1 \\ a_2 \\ \vdots \\ a_n \end{pmatrix}$ 为 n 维列向量，其中 a_i 称为第 i 个分量，n 称为向量的维数.

2. 两个向量相等 向量 $\boldsymbol{\alpha}=(a_1,a_2,\cdots,a_n)$，$\boldsymbol{\beta}=(b_1,b_2,\cdots,b_n)$，若对应分量分别相等，即 $a_i=b_i(i=1,2,\cdots,n)$，则称 $\boldsymbol{\alpha}$ 与 $\boldsymbol{\beta}$ 相等，记作 $\boldsymbol{\alpha}=\boldsymbol{\beta}$.

3. 向量的线性运算

(1) 向量的加法

设两个同维向量 $\boldsymbol{\alpha}=(a_1,a_2,\cdots,a_n)$，$\boldsymbol{\beta}=(b_1,b_2,\cdots,b_n)$，则 $\boldsymbol{\alpha}+\boldsymbol{\beta}=(a_1+b_1,a_2+b_2,\cdots,a_n+b_n)$ 称为两向量 $\boldsymbol{\alpha}$ 与 $\boldsymbol{\beta}$ 之和.

(2) 数与向量的乘法

$k\boldsymbol{\alpha}=(ka_1,ka_2,\cdots,ka_n)$ 称数 k 和向量 $\boldsymbol{\alpha}$ 的乘法.

向量的加法和数与向量的乘法统称为向量的线性运算.

(3) 向量线性运算的性质

向量的线性运算满足下列 8 条性质，对任意的 n 维向量 $\boldsymbol{\alpha}$，$\boldsymbol{\beta}$，$\boldsymbol{\gamma}$ 和数 k，l，有

① $\boldsymbol{\alpha}+\boldsymbol{\beta}=\boldsymbol{\beta}+\boldsymbol{\alpha}$;
② $(\boldsymbol{\alpha}+\boldsymbol{\beta})+\boldsymbol{\gamma}=\boldsymbol{\alpha}+(\boldsymbol{\beta}+\boldsymbol{\gamma})$;
③ $\boldsymbol{\alpha}+\boldsymbol{0}=\boldsymbol{\alpha}$;
④ $\boldsymbol{\alpha}+(-\boldsymbol{\alpha})=\boldsymbol{0}$;
⑤ $1\cdot\boldsymbol{\alpha}=\boldsymbol{\alpha}$;
⑥ $k(l\boldsymbol{\alpha})=(kl)\boldsymbol{\alpha}$;
⑦ $k(\boldsymbol{\alpha}+\boldsymbol{\beta})=k\boldsymbol{\alpha}+k\boldsymbol{\beta}$;
⑧ $(k+l)\boldsymbol{\alpha}=k\boldsymbol{\alpha}+l\boldsymbol{\alpha}$.

二 向量的线性相关性

1. 线性组合与线性表示 给定向量组 $\boldsymbol{\alpha}_1,\boldsymbol{\alpha}_2,\cdots,\boldsymbol{\alpha}_m$ 和向量 $\boldsymbol{\beta}$，如果存在一组数 $k_1,k_2,\cdots,k_m$，使 $\boldsymbol{\beta}=k_1\boldsymbol{\alpha}_1+k_2\boldsymbol{\alpha}_2+\cdots+k_m\boldsymbol{\alpha}_m$，则称 $\boldsymbol{\beta}$ 是 $\boldsymbol{\alpha}_1,\boldsymbol{\alpha}_2,\cdots,\boldsymbol{\alpha}_m$ 的线性组合，或称 $\boldsymbol{\beta}$ 可由 $\boldsymbol{\alpha}_1,\boldsymbol{\alpha}_2,\cdots,\boldsymbol{\alpha}_m$ 线性表示，$k_1,k_2,\cdots,k_m$ 称为 $\boldsymbol{\beta}$ 由 $\boldsymbol{\alpha}_1,\boldsymbol{\alpha}_2,\cdots,\boldsymbol{\alpha}_m$ 线性表示的系数.

2. 线性表示的充分必要条件

(1) 向量 $\boldsymbol{\beta}$ 可以由向量组 $\boldsymbol{\alpha}_1,\boldsymbol{\alpha}_2,\cdots,\boldsymbol{\alpha}_m$ 线性表示的充分必要条件是，以 $\boldsymbol{\alpha}_1,\boldsymbol{\alpha}_2,\cdots,\boldsymbol{\alpha}_m$ 为系数列向量，以 $\boldsymbol{\beta}$ 为常数项向量的线性非齐次方程组 $x_1\boldsymbol{\alpha}_1+x_2\boldsymbol{\alpha}_2+\cdots+x_m\boldsymbol{\alpha}_m=\boldsymbol{\beta}$ 有解，且方程组的任一解就是线性表示系数.

(2) 任一 n 维向量 $\boldsymbol{\alpha}=(a_1,a_2,\cdots,a_n)^{\mathrm{T}}$ 均可由基本向量组 $\boldsymbol{e}_1=(1,0,\cdots,0)^{\mathrm{T}},\boldsymbol{e}_2=(0,1,\cdots,0)^{\mathrm{T}},\cdots,\boldsymbol{e}_n=(0,0,\cdots,1)^{\mathrm{T}}$ 线性表示.

(3) 列向量组 $\boldsymbol{\beta}_1,\boldsymbol{\beta}_2,\cdots,\boldsymbol{\beta}_s$ 可由列向量组 $\boldsymbol{\alpha}_1,\boldsymbol{\alpha}_2,\cdots,\boldsymbol{\alpha}_m$ 线性表示的充要条件是矩阵方程 $\boldsymbol{AX}=\boldsymbol{B}$ 有解.

(4) 若矩阵 $\boldsymbol{A}$ 与矩阵 $\boldsymbol{B}$ 列(行)等价，则矩阵 $\boldsymbol{A}$ 的列(行)向量组与矩阵 $\boldsymbol{B}$ 的列(行)向量组等价.

3. 向量组的线性相关性

（1）**线性相关与线性无关**　给定 n 维向量组 $\boldsymbol{\alpha}_1,\boldsymbol{\alpha}_2,\cdots,\boldsymbol{\alpha}_m$，如果存在不全为零的数 k_1，$k_2,\cdots,k_m$，使 $k_1\boldsymbol{\alpha}_1+k_2\boldsymbol{\alpha}_2+\cdots+k_m\boldsymbol{\alpha}_m=\mathbf{0}$，则称 $\boldsymbol{\alpha}_1,\boldsymbol{\alpha}_2,\cdots,\boldsymbol{\alpha}_m$ 线性相关；若当且仅当 $k_1,k_2,\cdots$，k_m 全为零时，上述等式才成立，则称 $\boldsymbol{\alpha}_1,\boldsymbol{\alpha}_2,\cdots,\boldsymbol{\alpha}_m$ 线性无关.

（2）**关于向量组线性相关性的一些常见性质**

性质 1　一个向量线性相关的充要条件是这个向量为零向量.

推论 1　一个向量线性无关的充要条件是这个向量为非零向量.

性质 2　两个向量线性相关的充要条件是对应分量成比例.

推论 2　两个向量线性无关的充要条件是对应分量不成比例.

性质 3　$m(m\geqslant 2)$ 个向量线性相关的充要条件是至少有一个向量可由其余 $m-1$ 个向量线性表示.

推论 3　$m(m\geqslant 2)$ 个向量线性无关的充要条件是任意向量都不能由其余 $m-1$ 个向量线性表示.

性质 4　若 $\boldsymbol{\alpha}_1,\boldsymbol{\alpha}_2,\cdots,\boldsymbol{\alpha}_m$ 线性无关，而 $\boldsymbol{\alpha}_1,\boldsymbol{\alpha}_2,\cdots,\boldsymbol{\alpha}_m,\boldsymbol{\beta}$ 线性相关，则 $\boldsymbol{\beta}$ 可由 $\boldsymbol{\alpha}_1,\boldsymbol{\alpha}_2,\cdots,\boldsymbol{\alpha}_m$ 线性表示，且表示式唯一.

性质 5　向量组中有一部分向量组线性相关，则整个向量组线性相关.

推论 4　若整个向量组线性无关，则其任一部分向量组都线性无关.

性质 6　设有向量组（Ⅰ）$\boldsymbol{\alpha}_1,\boldsymbol{\alpha}_2,\cdots,\boldsymbol{\alpha}_m$ 与（Ⅱ）$\boldsymbol{\beta}_1,\boldsymbol{\beta}_2,\cdots,\boldsymbol{\beta}_s$，若（Ⅱ）可由（Ⅰ）线性表示，且

$s > m$，则(Ⅱ)$\boldsymbol{\beta}_1,\boldsymbol{\beta}_2,\cdots,\boldsymbol{\beta}_s$ 线性相关.

4. 向量组的线性相关性的判别定理

(1) m 个 n 维向量 $\boldsymbol{\alpha}_i=(a_{1i},a_{2i},\cdots,a_{ni})^{\mathrm{T}}(i=1,2,\cdots,m)$ 线性相关的充要条件是矩阵

$$\boldsymbol{A}=(\boldsymbol{\alpha}_1,\boldsymbol{\alpha}_2,\cdots,\boldsymbol{\alpha}_m)=\begin{pmatrix} a_{11} & a_{12} & \cdots & a_{1m} \\ a_{21} & a_{22} & \cdots & a_{2m} \\ \vdots & \vdots & & \vdots \\ a_{n1} & a_{n2} & \cdots & a_{nm} \end{pmatrix}$$

的秩 $r(\boldsymbol{A}) < m$.

(2) m 个 n 维向量 $\boldsymbol{\alpha}_i=(a_{1i},a_{2i},\cdots,a_{ni})^{\mathrm{T}}(i=1,2,\cdots,m)$ 线性无关的充要条件是矩阵

$$\boldsymbol{A}=(\boldsymbol{\alpha}_1,\boldsymbol{\alpha}_2,\cdots,\boldsymbol{\alpha}_m)=\begin{pmatrix} a_{11} & a_{12} & \cdots & a_{1m} \\ a_{21} & a_{22} & \cdots & a_{2m} \\ \vdots & \vdots & & \vdots \\ a_{n1} & a_{n2} & \cdots & a_{nm} \end{pmatrix}$$

的秩 $r(\boldsymbol{A})=m(m<n)$.

(3) 任意 n 个 n 维向量 $\boldsymbol{\alpha}_i=(a_{1i},a_{2i},\cdots,a_{ni})^{\mathrm{T}}(i=1,2,\cdots,n)$ 线性无关的充要条件是矩阵 $\boldsymbol{A}$ 的行列式不等于零.

(4) 当 $m>n$ 时，m 个 n 维向量线性相关.

(5) 若 m 个 s 维向量 $\boldsymbol{\alpha}_i=(a_{1i},a_{2i},\cdots,a_{si})^{\mathrm{T}}(i=1,2,\cdots,m)$ 线性无关，则对应的 m 个 $s+1$ 维向量 $\boldsymbol{\beta}_i=(a_{1i},a_{2i},\cdots,a_{si},a_{s+1,i})^{\mathrm{T}}(i=1,2,\cdots,m)$ 也线性无关.

(6) m 个 n 维向量 $\boldsymbol{\alpha}_i=(a_{1i},a_{2i},\cdots,a_{ni})^{\mathrm{T}}(i=1,2,\cdots,m)$ 线性相关的充要条件是以 $\boldsymbol{\alpha}_1,\boldsymbol{\alpha}_2,\cdots,\boldsymbol{\alpha}_m$ 为系数列向量的齐次线性方程组

$$\boldsymbol{\alpha}_1x_1+\boldsymbol{\alpha}_2x_2+\cdots+\boldsymbol{\alpha}_mx_m=\boldsymbol{0},$$

即

$$\begin{cases}a_{11}x_1+a_{12}x_2+\cdots+a_{1m}x_m=0,\\a_{21}x_1+a_{22}x_2+\cdots+a_{2m}x_m=0,\\\cdots\cdots\cdots\cdots\\a_{n1}x_1+a_{n2}x_2+\cdots+a_{nm}x_m=0\end{cases}$$

有非零解，且每一个非零解 $(x_1,x_2,\cdots,x_m)$ 即是

$$k_1\boldsymbol{\alpha}_1+k_2\boldsymbol{\alpha}_2+\cdots+k_m\boldsymbol{\alpha}_m=\boldsymbol{0}$$

的线性组合系数 $(k_1,k_2,\cdots,k_m)$.

(7) m 个 n 维向量 $\boldsymbol{\alpha}_i=(a_{1i},a_{2i},\cdots,a_{ni})^{\mathrm{T}}(i=1,2,\cdots,m)$ 线性无关的充要条件是以 $\boldsymbol{\alpha}_1,\boldsymbol{\alpha}_2,\cdots,\boldsymbol{\alpha}_m$ 为系数列向量的齐次线性方程组

$$\boldsymbol{\alpha}_1x_1+\boldsymbol{\alpha}_2x_2+\cdots+\boldsymbol{\alpha}_mx_m=\boldsymbol{0},$$

即

$$\begin{cases} a_{11}x_1 + a_{12}x_2 + \cdots + a_{1m}x_m = 0, \\ a_{21}x_1 + a_{22}x_2 + \cdots + a_{2m}x_m = 0, \\ \cdots\cdots\cdots\cdots \\ a_{n1}x_1 + a_{n2}x_2 + \cdots + a_{nm}x_m = 0 \end{cases}$$

只有零解.

(8) n 个 n 维向量 $\boldsymbol{\alpha}_1,\boldsymbol{\alpha}_2,\cdots,\boldsymbol{\alpha}_n$ 线性相关 $\Leftrightarrow \boldsymbol{\alpha}_1x_1+\boldsymbol{\alpha}_2x_2+\cdots+\boldsymbol{\alpha}_nx_n=\mathbf{0}$ 有非零解 $\Leftrightarrow |\boldsymbol{A}|=|\boldsymbol{\alpha}_1,\boldsymbol{\alpha}_2,\cdots,\boldsymbol{\alpha}_n|=0 \Leftrightarrow \boldsymbol{A}$ 不可逆.

(9) n 个 n 维向量 $\boldsymbol{\alpha}_1,\boldsymbol{\alpha}_2,\cdots,\boldsymbol{\alpha}_n$ 线性无关 $\Leftrightarrow \boldsymbol{\alpha}_1x_1+\boldsymbol{\alpha}_2x_2+\cdots+\boldsymbol{\alpha}_nx_n=\mathbf{0}$ 只有零解 $\Leftrightarrow |\boldsymbol{A}|=|\boldsymbol{\alpha}_1,\boldsymbol{\alpha}_2,\cdots,\boldsymbol{\alpha}_n|\neq 0 \Leftrightarrow \boldsymbol{A}$ 可逆.

(10) $\boldsymbol{\beta}$ 可由 $\boldsymbol{\alpha}_1,\boldsymbol{\alpha}_2,\cdots,\boldsymbol{\alpha}_m$ 线性表示,则向量组 $\boldsymbol{\alpha}_1,\boldsymbol{\alpha}_2,\cdots,\boldsymbol{\alpha}_m,\boldsymbol{\beta}$ 线性相关,若表示法唯一,则 $\boldsymbol{\alpha}_1,\boldsymbol{\alpha}_2,\cdots,\boldsymbol{\alpha}_m$ 线性无关.

(11) 若向量组 $\boldsymbol{\beta}_1,\boldsymbol{\beta}_2,\cdots,\boldsymbol{\beta}_t$ 可由向量组 $\boldsymbol{\alpha}_1,\boldsymbol{\alpha}_2,\cdots,\boldsymbol{\alpha}_m$ 线性表示,且 $t>m$,则 $\boldsymbol{\beta}_1,\boldsymbol{\beta}_2,\cdots,\boldsymbol{\beta}_t$ 线性相关;若向量组 $\boldsymbol{\beta}_1,\boldsymbol{\beta}_2,\cdots,\boldsymbol{\beta}_t$ 可由向量组 $\boldsymbol{\alpha}_1,\boldsymbol{\alpha}_2,\cdots,\boldsymbol{\alpha}_m$ 线性表示,且 $\boldsymbol{\beta}_1,\boldsymbol{\beta}_2,\cdots,\boldsymbol{\beta}_t$ 线性无关,则 $t\leqslant m$.

(12) 三个向量 $\boldsymbol{\alpha}_1,\boldsymbol{\alpha}_2,\boldsymbol{\alpha}_3$ 线性相关 $\Leftrightarrow \boldsymbol{\alpha}_1=k_1\boldsymbol{\alpha}_2+l_1\boldsymbol{\alpha}_3$ 或 $\boldsymbol{\alpha}_2=k_2\boldsymbol{\alpha}_1+l_2\boldsymbol{\alpha}_3$ 或 $\boldsymbol{\alpha}_3=k_3\boldsymbol{\alpha}_1+l_3\boldsymbol{\alpha}_2 \Leftrightarrow \boldsymbol{\alpha}_1,\boldsymbol{\alpha}_2,\boldsymbol{\alpha}_3$ 共面.

(13) 三个向量 $\boldsymbol{\alpha}_1,\boldsymbol{\alpha}_2,\boldsymbol{\alpha}_3$ 线性无关 $\Leftrightarrow \boldsymbol{\alpha}_1,\boldsymbol{\alpha}_2,\boldsymbol{\alpha}_3$ 不共面.

(14) 若向量组 $\boldsymbol{\alpha}_1,\boldsymbol{\alpha}_2,\cdots,\boldsymbol{\alpha}_m$ 线性相关,则增加向量 $\boldsymbol{\alpha}_{m+1}$,即向量组 $\boldsymbol{\alpha}_1,\boldsymbol{\alpha}_2,\cdots,\boldsymbol{\alpha}_m,\boldsymbol{\alpha}_{m+1}$ 线

性相关(反之不成立). 若向量组 $\boldsymbol{\alpha}_1,\boldsymbol{\alpha}_2,\cdots,\boldsymbol{\alpha}_m$ 线性无关,则减少向量 $\boldsymbol{\alpha}_m$ 之后,向量组 $\boldsymbol{\alpha}_1,\boldsymbol{\alpha}_2,\cdots,\boldsymbol{\alpha}_{m-1}$ 线性无关(反之不成立).

(15) 设 $\boldsymbol{A}_{m\times n}(m<n)$,则 $\boldsymbol{A}$ 的列向量组线性相关.

(16) n 个 n 维向量 $\boldsymbol{\alpha}_1,\boldsymbol{\alpha}_2,\cdots,\boldsymbol{\alpha}_n$ 线性无关,则任意一个 n 维向量均可由 $\boldsymbol{\alpha}_1,\boldsymbol{\alpha}_2,\cdots,\boldsymbol{\alpha}_n$ 线性表示,且表示法唯一.

三 极大线性无关组、向量组的秩

1. 极大线性无关组

(1) 在向量组 $\boldsymbol{\alpha}_1,\boldsymbol{\alpha}_2,\cdots,\boldsymbol{\alpha}_m$ 中,选取 r 个向量 $\boldsymbol{\alpha}_{i_1},\boldsymbol{\alpha}_{i_2},\cdots,\boldsymbol{\alpha}_{i_r}$,如果满足:① $\boldsymbol{\alpha}_{i_1},\boldsymbol{\alpha}_{i_2},\cdots,\boldsymbol{\alpha}_{i_r}$ 线性无关;② $\boldsymbol{\alpha}_1,\boldsymbol{\alpha}_2,\cdots,\boldsymbol{\alpha}_m$ 中任意一个向量都可由 $\boldsymbol{\alpha}_{i_1},\boldsymbol{\alpha}_{i_2},\cdots,\boldsymbol{\alpha}_{i_r}$ 线性表示,则称 $\boldsymbol{\alpha}_{i_1},\boldsymbol{\alpha}_{i_2},\cdots,\boldsymbol{\alpha}_{i_r}$ 是向量组 $\boldsymbol{\alpha}_1,\boldsymbol{\alpha}_2,\cdots,\boldsymbol{\alpha}_m$ 的一个最大线性无关组,简称为最大无关组.

(2) 在向量组 $\boldsymbol{\alpha}_1,\boldsymbol{\alpha}_2,\cdots,\boldsymbol{\alpha}_m$ 中,选取 r 个向量 $\boldsymbol{\alpha}_{i_1},\boldsymbol{\alpha}_{i_2},\cdots,\boldsymbol{\alpha}_{i_r}$,如果满足:① $\boldsymbol{\alpha}_{i_1},\boldsymbol{\alpha}_{i_2},\cdots,\boldsymbol{\alpha}_{i_r}$ 线性无关;② $\boldsymbol{\alpha}_1,\boldsymbol{\alpha}_2,\cdots,\boldsymbol{\alpha}_m$ 中任意 $r+1$ 个向量都线性相关,则称 $\boldsymbol{\alpha}_{i_1},\boldsymbol{\alpha}_{i_2},\cdots,\boldsymbol{\alpha}_{i_r}$ 是向量组 $\boldsymbol{\alpha}_1,\boldsymbol{\alpha}_2,\cdots,\boldsymbol{\alpha}_m$ 的一个最大线性无关组.

注　一般情况下,一个向量组的最大线性无关组是不唯一的.
特例:一个线性无关向量组的最大线性无关组就是向量组本身.

2. 向量组的秩

向量组 $\boldsymbol{\alpha}_1,\boldsymbol{\alpha}_2,\cdots,\boldsymbol{\alpha}_m$ 的最大无关组所含向量的个数称为向量组的秩，记为 $r(\boldsymbol{\alpha}_1,\boldsymbol{\alpha}_2,\cdots,\boldsymbol{\alpha}_m)$. 只含零向量的向量组没有最大无关组，规定秩为零. 等价的向量组有相同的秩.

3. 向量组的极大线性无关组及向量组秩的求法

(1) **将列向量组 $\boldsymbol{\alpha}_1,\boldsymbol{\alpha}_2,\cdots,\boldsymbol{\alpha}_m$ 构成的矩阵进行初等行变换化为行阶梯形矩阵，即**

$$\boldsymbol{A}=(\boldsymbol{\alpha}_1,\boldsymbol{\alpha}_2,\cdots,\boldsymbol{\alpha}_m)\xrightarrow{\text{初等行变换}}\boldsymbol{B}\quad(\text{行阶梯形矩阵}),$$

则 $r(\boldsymbol{\alpha}_1,\boldsymbol{\alpha}_2,\cdots,\boldsymbol{\alpha}_m)=r(\boldsymbol{B})$(即向量组的秩等于矩阵 $\boldsymbol{B}$ 的非零行的个数). 而与 $\boldsymbol{B}$ 的每一行首非零元所在列相对应的向量组即是 $\boldsymbol{\alpha}_1,\boldsymbol{\alpha}_2,\cdots,\boldsymbol{\alpha}_m$ 的一个最大线性无关组(可以不唯一).

(2) **利用定义** 在向量组 $\boldsymbol{\alpha}_1,\boldsymbol{\alpha}_2,\cdots,\boldsymbol{\alpha}_m$ 中找 r 个线性无关的向量 $\boldsymbol{\alpha}_{i_1},\boldsymbol{\alpha}_{i_2},\cdots,\boldsymbol{\alpha}_{i_r}$，并验证 $\boldsymbol{\alpha}_1,\boldsymbol{\alpha}_2,\cdots,\boldsymbol{\alpha}_m$ 中任意 $r+1$ 个向量全都线性相关，则 $\boldsymbol{\alpha}_{i_1},\boldsymbol{\alpha}_{i_2},\cdots,\boldsymbol{\alpha}_{i_r}$ 是向量组 $\boldsymbol{\alpha}_1,\boldsymbol{\alpha}_2,\cdots,\boldsymbol{\alpha}_m$ 的一个最大线性无关组，且 $r(\boldsymbol{\alpha}_1,\boldsymbol{\alpha}_2,\cdots,\boldsymbol{\alpha}_m)=r$.

(3) **利用矩阵的子式** 用向量组 $\boldsymbol{\alpha}_1,\boldsymbol{\alpha}_2,\cdots,\boldsymbol{\alpha}_m$ 作矩阵 $\boldsymbol{A}$，如果 $\boldsymbol{A}$ 的 r 阶子式 $\boldsymbol{D}_r$ 是 $\boldsymbol{A}$ 的最高阶非零子式，则 $\boldsymbol{D}_r$ 所在的 r 个行(列) 向量就是 $\boldsymbol{A}$ 的行(列) 向量组成的一个最大线性无关组，且 $r(\boldsymbol{\alpha}_1,\boldsymbol{\alpha}_2,\cdots,\boldsymbol{\alpha}_m)=r$.

4. 等价向量组

若向量组(Ⅰ)$\boldsymbol{\alpha}_1,\boldsymbol{\alpha}_2,\cdots,\boldsymbol{\alpha}_s$ 中任一向量都可由向量组(Ⅱ)$\boldsymbol{\beta}_1,\boldsymbol{\beta}_2,\cdots,\boldsymbol{\beta}_t$ 线性表示，则称向量组(Ⅰ)可由向量组(Ⅱ)线性表示. 若向量组(Ⅰ)与(Ⅱ)可以相互表示，则称这两个向量组

等价，记作(Ⅰ)$\cong$(Ⅱ).

5. 有关等价向量组的一些重要结论

(1) 向量组的等价关系具有反身性，对称性和传递性

设向量组(Ⅰ)：$\boldsymbol{\alpha}_1,\boldsymbol{\alpha}_2,\cdots,\boldsymbol{\alpha}_s$，(Ⅱ)：$\boldsymbol{\beta}_1,\boldsymbol{\beta}_2,\cdots,\boldsymbol{\beta}_t$，(Ⅲ)：$\boldsymbol{\gamma}_1,\boldsymbol{\gamma}_2,\cdots,\boldsymbol{\gamma}_p$，则

① (Ⅰ)$\cong$(Ⅰ)；

② 若(Ⅰ)$\cong$(Ⅱ)，则(Ⅱ)$\cong$(Ⅰ)；

③ 若(Ⅰ)$\cong$(Ⅱ)，(Ⅱ)$\cong$(Ⅲ)，则(Ⅰ)$\cong$(Ⅲ).

(2) 任一向量组与其最大线性无关组等价.

(3) 同一个向量组的两个最大无关组等价，且所含向量个数相同.

(4) 若两个线性无关向量组等价，则它们的向量个数相同.

(5) 等价向量组秩相等，即对于(Ⅰ)：$\boldsymbol{\alpha}_1,\boldsymbol{\alpha}_2,\cdots,\boldsymbol{\alpha}_s$，(Ⅱ)：$\boldsymbol{\beta}_1,\boldsymbol{\beta}_2,\cdots,\boldsymbol{\beta}_t$，若(Ⅰ)$\cong$(Ⅱ)，则$r$(Ⅰ)$=r$(Ⅱ)，反之不成立.

6. 向量组的秩和矩阵秩的关系

(1) 矩阵的行秩与列秩

① 设$\boldsymbol{A}$为$m\times n$矩阵，按列分块，$\boldsymbol{A}=(\boldsymbol{\alpha}_1,\boldsymbol{\alpha}_2,\cdots,\boldsymbol{\alpha}_n)$，则$r(\boldsymbol{\alpha}_1,\boldsymbol{\alpha}_2,\cdots,\boldsymbol{\alpha}_n)$称为$\boldsymbol{A}$的列(向量组的)秩；

② 矩阵 $\boldsymbol{A}$ 按行分块,$\boldsymbol{A}=\begin{pmatrix}\boldsymbol{\beta}_1\\ \boldsymbol{\beta}_2\\ \vdots\\ \boldsymbol{\beta}_m\end{pmatrix}$,则 $r(\boldsymbol{\beta}_1,\boldsymbol{\beta}_2,\cdots,\boldsymbol{\beta}_m)$ 称为 $\boldsymbol{A}$ 的行秩.

③ 矩阵的秩:设 $\boldsymbol{A}$ 为 $m\times n$ 矩阵,则 $\boldsymbol{A}$ 的秩等于 $\boldsymbol{A}$ 的行秩,也等于 $\boldsymbol{A}$ 的列秩.

(2) 若向量组(Ⅰ):$\boldsymbol{\alpha}_1,\boldsymbol{\alpha}_2,\cdots,\boldsymbol{\alpha}_s$ 可由向量组(Ⅱ):$\boldsymbol{\beta}_1,\boldsymbol{\beta}_2,\cdots,\boldsymbol{\beta}_t$ 线性表示,则

$$r(\boldsymbol{\alpha}_1,\boldsymbol{\alpha}_2,\cdots,\boldsymbol{\alpha}_s)\leqslant r(\boldsymbol{\beta}_1,\boldsymbol{\beta}_2,\cdots,\boldsymbol{\beta}_t).$$

(3) 初等变换不改变矩阵的秩.

(4) 设 $\boldsymbol{A},\boldsymbol{B}$ 是同型矩阵,则 $\boldsymbol{A}\cong\boldsymbol{B}\Leftrightarrow r(\boldsymbol{A})=r(\boldsymbol{B})$.

7. 矩阵秩的重要公式

(1) 设 $\boldsymbol{A}$ 为 $m\times n$ 矩阵,则 $0\leqslant r(\boldsymbol{A})\leqslant\min\{m,n\}$.

(2) $r(\boldsymbol{A})=r(\boldsymbol{A}^{\mathrm{T}})$.

(3) $r(\boldsymbol{A}+\boldsymbol{B})\leqslant r(\boldsymbol{A})+r(\boldsymbol{B})$.

(4) $r(k\boldsymbol{A})=\begin{cases}r(\boldsymbol{A}), & k\neq 0,\\ 0, & k=0.\end{cases}$

(5) $r(\boldsymbol{AB})\leqslant\min\{r(\boldsymbol{A}),r(\boldsymbol{B})\}$.

(6) 当 $\boldsymbol{B}$ 可逆或 $\boldsymbol{B}$ 的行向量组线性无关时,$r(\boldsymbol{AB})=r(\boldsymbol{A})$;当 $\boldsymbol{A}$ 可逆或 $\boldsymbol{A}$ 的列向量组线性无关时,$r(\boldsymbol{AB})=r(\boldsymbol{B})$.

(7) 设 $A_{m\times n}, B_{n\times s}$，则 $r(AB) \geqslant r(A)+r(B)-n$.

(8) 设 $A_{m\times n}, B_{n\times s}$，且 $AB=O$，则 $r(A)+r(B)\leqslant n$.

8. 向量组的线性表示与向量组的秩的关系

(1) 向量组 $\boldsymbol{\beta}_1,\boldsymbol{\beta}_2,\cdots,\boldsymbol{\beta}_t$ 能由向量组 $\boldsymbol{\alpha}_1,\boldsymbol{\alpha}_2,\cdots,\boldsymbol{\alpha}_m$ 线性表示的充分必要条件是

$$r(\boldsymbol{\alpha}_1,\boldsymbol{\alpha}_2,\cdots,\boldsymbol{\alpha}_m)=r(\boldsymbol{\alpha}_1,\boldsymbol{\alpha}_2,\cdots,\boldsymbol{\alpha}_m,\boldsymbol{\beta}_1,\boldsymbol{\beta}_2,\cdots,\boldsymbol{\beta}_t).$$

(2) 向量组 $\boldsymbol{\beta}_1,\boldsymbol{\beta}_2,\cdots,\boldsymbol{\beta}_t$ 与向量组 $\boldsymbol{\alpha}_1,\boldsymbol{\alpha}_2,\cdots,\boldsymbol{\alpha}_m$ 等价的充分必要条件是

$$r(\boldsymbol{\alpha}_1,\boldsymbol{\alpha}_2,\cdots,\boldsymbol{\alpha}_m,\boldsymbol{\beta}_1,\boldsymbol{\beta}_2,\cdots,\boldsymbol{\beta}_t)=r(\boldsymbol{\alpha}_1,\boldsymbol{\alpha}_2,\cdots,\boldsymbol{\alpha}_m)=r(\boldsymbol{\beta}_1,\boldsymbol{\beta}_2,\cdots,\boldsymbol{\beta}_t).$$

(3) 若向量组 $\boldsymbol{\beta}_1,\boldsymbol{\beta}_2,\cdots,\boldsymbol{\beta}_t$ 能由向量组 $\boldsymbol{\alpha}_1,\boldsymbol{\alpha}_2,\cdots,\boldsymbol{\alpha}_m$ 线性表示，则

$$r(\boldsymbol{\beta}_1,\boldsymbol{\beta}_2,\cdots,\boldsymbol{\beta}_t)\leqslant r(\boldsymbol{\alpha}_1,\boldsymbol{\alpha}_2,\cdots,\boldsymbol{\alpha}_m).$$

四 向量空间(数学一)

1. 向量空间的定义

设 $\boldsymbol{V}$ 是 n 维向量的非空集合，如果 $\boldsymbol{V}$ 对加法和数乘两种运算都封闭，即

(1) 若 $\boldsymbol{\alpha}\in V,\boldsymbol{\beta}\in V$，则 $\boldsymbol{\alpha}+\boldsymbol{\beta}\in V$；

(2) 若 $\boldsymbol{\alpha}\in V, k\in\mathbf{R}$，则 $k\boldsymbol{\alpha}\in V$，则称 V 是 $\mathbf{R}$ 上的向量空间.

2. 向量空间的基与维数

设 V 是向量空间，若 V 中有 n 个向量 $\boldsymbol{\alpha}_1,\boldsymbol{\alpha}_2,\cdots,\boldsymbol{\alpha}_n$ 满足

(1) $\boldsymbol{\alpha}_1,\boldsymbol{\alpha}_2,\cdots,\boldsymbol{\alpha}_n$ 线性无关；(2) V 中任意一个向量都能由 $\boldsymbol{\alpha}_1,\boldsymbol{\alpha}_2,\cdots,\boldsymbol{\alpha}_n$ 线性表示，则称

$\boldsymbol{\alpha}_1,\boldsymbol{\alpha}_2,\cdots,\boldsymbol{\alpha}_n$ 为向量空间 V 的一组基，向量空间 V 的基中所含向量的个数称为向量空间 V 的维数，并称 V 为 n 维向量空间.

3. 子空间 设 V_1,V_2 为向量空间，若 $V_1\subseteq V_2$，则称 V_1 是 V_2 的子空间.

4. 向量在某组基下的坐标

设 $\boldsymbol{\alpha}_1,\boldsymbol{\alpha}_2,\cdots,\boldsymbol{\alpha}_n$ 是 n 维向量空间 V 的一组基，则对 V 中任意向量 $\boldsymbol{\beta}$，存在唯一的一组实数 $x_1,x_2,\cdots,x_n$，使 $\boldsymbol{\beta}=x_1\boldsymbol{\alpha}_1+x_2\boldsymbol{\alpha}_2+\cdots+x_n\boldsymbol{\alpha}_n$，称有序实数组 $(x_1,x_2,\cdots,x_n)^{\mathrm{T}}$ 为向量 $\boldsymbol{\beta}$ 在基 $\boldsymbol{\alpha}_1,\boldsymbol{\alpha}_2,\cdots,\boldsymbol{\alpha}_n$ 下的坐标.

5. 基变换公式与过渡矩阵

若 $\boldsymbol{\alpha}_1,\boldsymbol{\alpha}_2,\cdots,\boldsymbol{\alpha}_n$ 和 $\boldsymbol{\beta}_1,\boldsymbol{\beta}_2,\cdots,\boldsymbol{\beta}_n$ 是 n 维向量空间 V 的两组基，则它们可以相互线性表示，且存在矩阵 $\boldsymbol{C}$，使 $(\boldsymbol{\beta}_1,\boldsymbol{\beta}_2,\cdots,\boldsymbol{\beta}_n)=(\boldsymbol{\alpha}_1,\boldsymbol{\alpha}_2,\cdots,\boldsymbol{\alpha}_n)\boldsymbol{C}$，称这个表达式为基变换公式，矩阵 $\boldsymbol{C}$ 称为从基 $\boldsymbol{\alpha}_1,\boldsymbol{\alpha}_2,\cdots,\boldsymbol{\alpha}_n$ 到基 $\boldsymbol{\beta}_1,\boldsymbol{\beta}_2,\cdots,\boldsymbol{\beta}_n$ 的过渡矩阵.

6. 坐标变换公式 设 $\boldsymbol{\alpha}\in\mathbf{R}^n$，$\boldsymbol{\alpha}$ 在基 $\xi_1,\xi_2,\cdots,\xi_n$ 下的坐标为 $x=(x_1,x_2,\cdots,x_n)^{\mathrm{T}}$，在基 $\eta_1,\eta_2,\cdots,\eta_n$ 下的坐标为 $\boldsymbol{y}=(y_1,y_2,\cdots,y_n)^{\mathrm{T}}$，由 $\xi_1,\xi_2,\cdots,\xi_n$ 到 $\eta_1,\eta_2,\cdots,\eta_n$ 的过渡矩阵是 $\boldsymbol{C}$，即

$$\boldsymbol{\alpha}=(\xi_1,\xi_2,\cdots,\xi_n)\boldsymbol{x}=(\eta_1,\eta_2,\cdots,\eta_n)\boldsymbol{y}=(\xi_1,\xi_2,\cdots,\xi_n)\boldsymbol{C}\boldsymbol{y},$$

得 $\boldsymbol{x}=\boldsymbol{C}\boldsymbol{y}$ 或 $\boldsymbol{y}=\boldsymbol{C}^{-1}\boldsymbol{x}$，称为坐标变换公式.

五 欧氏空间

1. 向量的内积

设 n 维向量空间 $\mathbf{R}^n$ 中的两个向量 $\boldsymbol{\alpha}=(a_1,a_2,\cdots,a_n)^{\mathrm{T}}$，$\boldsymbol{\beta}=(b_1,b_2,\cdots,b_n)^{\mathrm{T}}$，称 $(\boldsymbol{\alpha},\boldsymbol{\beta})=a_1b_1+a_2b_2+\cdots+a_nb_n$ 为向量 $\boldsymbol{\alpha}$ 与 $\boldsymbol{\beta}$ 的内积.

2. 内积的性质

(1) $(\boldsymbol{\alpha},\boldsymbol{\beta})=(\boldsymbol{\beta},\boldsymbol{\alpha})$；

(2) $(k\boldsymbol{\alpha}+l\boldsymbol{\beta},\boldsymbol{\gamma})=k(\boldsymbol{\alpha},\boldsymbol{\gamma})+l(\boldsymbol{\beta},\boldsymbol{\gamma})$；

(3) $(\boldsymbol{\alpha},\boldsymbol{\alpha})\geqslant 0$，当且仅当 $\boldsymbol{\alpha}=\mathbf{0}$ 时，有 $(\boldsymbol{\alpha},\boldsymbol{\alpha})=0$.

3. 向量的长度

设有 n 维向量 $\boldsymbol{\alpha}=(a_1,a_2,\cdots,a_n)^{\mathrm{T}}$，称 $\|\boldsymbol{\alpha}\|=\sqrt{(\boldsymbol{\alpha},\boldsymbol{\alpha})}=\sqrt{a_1^2+a_2^2+\cdots+a_n^2}$ 为向量 $\boldsymbol{\alpha}$ 的长度.

4. 两向量间的夹角

设 n 维向量 $\boldsymbol{\alpha}\neq\mathbf{0}$，$\boldsymbol{\beta}\neq\mathbf{0}$，称 $\theta=\arccos\dfrac{(\boldsymbol{\alpha},\boldsymbol{\beta})}{\|\boldsymbol{\alpha}\|\,\|\boldsymbol{\beta}\|}$，为向量 $\boldsymbol{\alpha}$ 和 $\boldsymbol{\beta}$ 的夹角.

显然 $\cos(\boldsymbol{\alpha},\boldsymbol{\beta})=0\Leftrightarrow(\boldsymbol{\alpha},\boldsymbol{\beta})=\dfrac{\pi}{2}$（称为向量 $\boldsymbol{\alpha},\boldsymbol{\beta}$ 正交）$\Leftrightarrow(\boldsymbol{\alpha},\boldsymbol{\beta})=0$.

5. 柯西—施瓦茨(Cauchy-Schwarz)不等式

$(\boldsymbol{\alpha},\boldsymbol{\beta})^2\leqslant(\boldsymbol{\alpha},\boldsymbol{\alpha})(\boldsymbol{\beta},\boldsymbol{\beta})$.

三角不等式：$\|\boldsymbol{\alpha}+\boldsymbol{\beta}\| \leqslant \|\boldsymbol{\alpha}\| + \|\boldsymbol{\beta}\|$.

六 标准正交基、正交矩阵

1. 标准正交基　向量空间 V 的一个基 $\boldsymbol{\alpha}_1,\boldsymbol{\alpha}_2,\cdots,\boldsymbol{\alpha}_m$ 是标准正交基的充分必要条件是

$$(\boldsymbol{\alpha}_i,\boldsymbol{\alpha}_j)=\begin{cases}1, & i=j,\\ 0, & i\neq j,\end{cases}\quad i,j=1,2,\cdots,m.$$

2. 施密特(Schmidt)正交化方法

(1) 设 $\boldsymbol{\alpha}_1,\boldsymbol{\alpha}_2,\cdots,\boldsymbol{\alpha}_n$ 线性无关，令

$$\boldsymbol{\beta}_1=\boldsymbol{\alpha}_1,\boldsymbol{\beta}_2=\boldsymbol{\alpha}_2-\frac{(\boldsymbol{\alpha}_2,\boldsymbol{\beta}_1)}{(\boldsymbol{\beta}_1,\boldsymbol{\beta}_1)}\boldsymbol{\beta}_1,\cdots,$$

$$\boldsymbol{\beta}_n=\boldsymbol{\alpha}_n-\frac{(\boldsymbol{\alpha}_n,\boldsymbol{\beta}_1)}{(\boldsymbol{\beta}_1,\boldsymbol{\beta}_1)}\boldsymbol{\beta}_1-\frac{(\boldsymbol{\alpha}_n,\boldsymbol{\beta}_2)}{(\boldsymbol{\beta}_2,\boldsymbol{\beta}_2)}\boldsymbol{\beta}_2-\cdots-\frac{(\boldsymbol{\alpha}_n,\boldsymbol{\beta}_{n-1})}{(\boldsymbol{\beta}_{n-1},\boldsymbol{\beta}_{n-1})}\boldsymbol{\beta}_{n-1},$$

则 $\boldsymbol{\beta}_1,\boldsymbol{\beta}_2,\cdots,\boldsymbol{\beta}_n$ 是与 $\boldsymbol{\alpha}_1,\boldsymbol{\alpha}_2,\cdots,\boldsymbol{\alpha}_n$ 等价的正交向量组. 再令

$$\boldsymbol{\eta}_1=\frac{\boldsymbol{\beta}_1}{\|\boldsymbol{\beta}_1\|},\boldsymbol{\eta}_2=\frac{\boldsymbol{\beta}_2}{\|\boldsymbol{\beta}_2\|},\cdots,\boldsymbol{\eta}_n=\frac{\boldsymbol{\beta}_n}{\|\boldsymbol{\beta}_n\|},$$

则 $\boldsymbol{\eta}_1,\boldsymbol{\eta}_2,\cdots,\boldsymbol{\eta}_n$ 是与 $\boldsymbol{\alpha}_1,\boldsymbol{\alpha}_2,\cdots,\boldsymbol{\alpha}_n$ 等价的标准正交向量组.

上述过程称为向量组 $\boldsymbol{\alpha}_1,\boldsymbol{\alpha}_2,\cdots,\boldsymbol{\alpha}_n$ 的正交规范化过程.

(2) 若 $\boldsymbol{\alpha}_1,\boldsymbol{\alpha}_2,\cdots,\boldsymbol{\alpha}_n$ 是 $\mathbf{R}^n$ 的一组基，按施密特正交化方法得到的两两正交的单位向量组

$\{\boldsymbol{\eta}_1,\boldsymbol{\eta}_2,\cdots,\boldsymbol{\eta}_n\}$，即是 $\mathbf{R}^n$ 的一组标准正交基.

3. 正交矩阵 如果 n 阶方阵 $\boldsymbol{A}$ 满足 $\boldsymbol{A}^{\mathrm{T}}\boldsymbol{A}=\boldsymbol{E}$，则称 $\boldsymbol{A}$ 为正交矩阵.（数学一）

4. $\boldsymbol{A}$ 是正交矩阵的充要条件（数学一）

$\boldsymbol{A}$ 是正交矩阵（$\boldsymbol{A}^{\mathrm{T}}\boldsymbol{A}=\boldsymbol{E}$）$\Leftrightarrow\boldsymbol{A}^{\mathrm{T}}=\boldsymbol{A}^{-1}\Leftrightarrow\boldsymbol{A}$ 的列（行）向量组为 $\mathbf{R}^n$ 的一组标准正交基，即设 $\boldsymbol{A}=(\boldsymbol{\alpha}_1,\boldsymbol{\alpha}_2,\cdots,\boldsymbol{\alpha}_n)$，则有

$$(\boldsymbol{\alpha}_i,\boldsymbol{\alpha}_j)=\begin{cases}1, & i=j,\\0, & i\neq j,\end{cases}\quad i,j=1,2,\cdots,n.$$

5. 正交矩阵的性质（数学一）

(1) $\boldsymbol{E}$ 是正交矩阵.

(2) $\boldsymbol{A},\boldsymbol{B}$ 都是正交矩阵，则 $\boldsymbol{AB}$ 也是正交矩阵.

(3) $\boldsymbol{A}$ 是正交矩阵，则 $\boldsymbol{A}^{-1}$（即 $\boldsymbol{A}^{\mathrm{T}}$）也是正交矩阵.

(4) $\boldsymbol{A}$ 是正交矩阵，则 $|\boldsymbol{A}|=1$ 或 -1.

(5) $\boldsymbol{A}$ 是正交矩阵，则有 $(\boldsymbol{\alpha},\boldsymbol{\beta})=(\boldsymbol{A\alpha},\boldsymbol{A\beta})$，即在正交变换下，向量的内积保持不变，从而保持向量的长度及向量间的夹角不变.

第四章　线性方程组

本章知识结构

- 线性方程组
  - 齐次线性方程组
    - 定义
    - 齐次线性方程组解的性质
    - 齐次线性方程组的基础解系
  - 非齐次线性方程组
    - 基本概念
      - 定义
      - 导出组
      - 方程组相容与不相容
    - 非齐次线性方程组解的性质
    - 非齐次线性方程组的求解
  - 线性方程组的应用
    - 线性方程组的向量形式及性质
    - 矩阵方程
    - 方程组的同解与公共解

一 齐次线性方程组

1. 齐次线性方程组的表示形式

(1) 一般形式

方程组

$$\begin{cases} a_{11}x_1+a_{12}x_2+\cdots+a_{1n}x_n=0, \\ a_{21}x_1+a_{22}x_2+\cdots+a_{2n}x_n=0, \\ \cdots\cdots\cdots\cdots \\ a_{m1}x_1+a_{m2}x_2+\cdots+a_{mn}x_n=0 \end{cases} \quad ①$$

称为齐次线性方程组，称

$$\boldsymbol{A}=\begin{pmatrix} a_{11} & a_{12} & \cdots & a_{1n} \\ a_{21} & a_{22} & \cdots & a_{2n} \\ \vdots & \vdots & & \vdots \\ a_{m1} & a_{m2} & \cdots & a_{mn} \end{pmatrix}$$

为方程组 ① 的系数矩阵，它是判定解与求解的重要工具.

(2) 向量形式

$$x_1\boldsymbol{\alpha}_1+x_2\boldsymbol{\alpha}_2+\cdots+x_n\boldsymbol{\alpha}_n=\boldsymbol{0},$$

其中 $\boldsymbol{\alpha}_j=(a_{1j},a_{2j},\cdots,a_{mj})^{\mathrm{T}},j=1,2,\cdots,n.$

(3) 矩阵形式：$\boldsymbol{A}_{m\times n}\boldsymbol{x}=\boldsymbol{0}$，其中 $\boldsymbol{A}=\begin{pmatrix} a_{11} & a_{12} & \cdots & a_{1n} \\ a_{21} & a_{22} & \cdots & a_{2n} \\ \vdots & \vdots & & \vdots \\ a_{m1} & a_{m2} & \cdots & a_{mn} \end{pmatrix}$，$\boldsymbol{x}=\begin{pmatrix} x_1 \\ x_2 \\ \vdots \\ x_n \end{pmatrix}$.

2. 有解条件

设齐次线性方程组 $\boldsymbol{Ax}=\boldsymbol{0}$，则有

(1) $\boldsymbol{A}_{m\times n}\boldsymbol{x}=\boldsymbol{0}$ 必有解，至少有零解；

(2) $\boldsymbol{A}_{m\times n}\boldsymbol{x}=\boldsymbol{0}$，当 $m>n$ 时，有非零解；

(3) $\boldsymbol{A}_{n\times n}\boldsymbol{x}=\boldsymbol{0}$ 有非零解（只有零解）的充分必要条件是 $|\boldsymbol{A}|=0$（$|\boldsymbol{A}|\neq 0$）；

(4) $\boldsymbol{A}_{m\times n}$，$r(\boldsymbol{A})=n \Leftrightarrow \boldsymbol{A}$ 的列向量组线性无关 $\Leftrightarrow \boldsymbol{Ax}=\boldsymbol{0}$ 只有零解；

(5) $\boldsymbol{A}_{m\times n}$，$r(\boldsymbol{A})=r<n \Leftrightarrow \boldsymbol{A}$ 的列向量组线性相关 $\Leftrightarrow \boldsymbol{Ax}=\boldsymbol{0}$ 有非零解，且有无穷多解，其中线性无关解向量个数为 $n-r$ 个.

3. 解的性质

(1) 若 ξ_1,ξ_2 是齐次线性方程组 $\boldsymbol{Ax}=\boldsymbol{0}$ 的解，则 $\xi_1+\xi_2$ 也是 $\boldsymbol{Ax}=\boldsymbol{0}$ 的解.

(2) 若 ξ 是齐次线性方程组 $\boldsymbol{Ax}=\boldsymbol{0}$ 的解，k 为实数，则 $k\xi$ 也是 $\boldsymbol{Ax}=\boldsymbol{0}$ 的解.

4. 解空间（数学一）　设 V 是方程组 $\boldsymbol{Ax}=\boldsymbol{0}$ 的全体解向量的集合，若 $\xi_1\in V$，$\xi_2\in V$，$\xi\in V$，k 为实数，则 $\xi_1+\xi_2\in V$，$k\xi\in V$，从而 V 是一个向量空间，并称 V 是 $\boldsymbol{Ax}=\boldsymbol{0}$ 的解空间. 若矩阵 $\boldsymbol{A}$ 的秩 $r(\boldsymbol{A})=r$，则解空间 V 的维数是 $n-r$.

5. 基础解系

若 $\xi_1,\xi_2,\cdots,\xi_{n-r}$ 是 $\boldsymbol{A}_{m\times n}\boldsymbol{x}=\boldsymbol{0}$ 的解，且满足(1) $\xi_1,\xi_2,\cdots,\xi_{n-r}$ 线性无关，(2) $\boldsymbol{Ax}=\boldsymbol{0}$ 任何的解向量 ξ 均可由 $\xi_1,\xi_2,\cdots,\xi_{n-r}$ 线性表示，则称向量组 $\xi_1,\xi_2,\cdots,\xi_{n-r}$ 是 $\boldsymbol{Ax}=\boldsymbol{0}$ 的基础解系.

$\xi_1,\xi_2,\cdots,\xi_{n-r}$ 是 $\boldsymbol{Ax}=\boldsymbol{0}$ 的基础解系的充要条件是 $\xi_1,\xi_2,\cdots,\xi_{n-r}$ 是 $\boldsymbol{Ax}=\boldsymbol{0}$ 的线性无关解，其中 $r(\boldsymbol{A})=r$，n 是 $\boldsymbol{Ax}=\boldsymbol{0}$ 的未知量的个数.

6. 求解步骤

(1) 将齐次线性方程组 $\boldsymbol{Ax}=\boldsymbol{0}$ 的系数矩阵 $\boldsymbol{A}_{m\times n}$ 化为行最简形矩阵 $\boldsymbol{B}$，由 $r(\boldsymbol{A})=r(\boldsymbol{B})=$ $\boldsymbol{B}$ 的非零行数，可判定方程是否有非零解.

(2) 当 $r(\boldsymbol{B})=n$ 时，方程组只有零解；当 $r(\boldsymbol{B})<n$ 时，方程组有无穷多解，此时，写出 $\boldsymbol{B}$ 所对应的方程组，并找出 $n-r$ 个自由未知量.

(3) 对上述 $n-r$ 个自由未知量（设为 $x_1,x_2,\cdots,x_{n-r}$）分别赋值为

$$\begin{pmatrix} x_1 \\ x_2 \\ \vdots \\ x_{n-r-1} \\ x_{n-r} \end{pmatrix}=\begin{pmatrix} 1 \\ 0 \\ \vdots \\ 0 \\ 0 \end{pmatrix},\begin{pmatrix} 0 \\ 1 \\ \vdots \\ 0 \\ 0 \end{pmatrix},\cdots,\begin{pmatrix} 0 \\ 0 \\ \vdots \\ 0 \\ 1 \end{pmatrix},$$

依次求出其所对应的解 $\xi_1,\xi_2,\cdots,\xi_{n-r}$ 就是 $\boldsymbol{Ax}=\boldsymbol{0}$ 的基础解系.

(4) 通解为 $\xi=k_1\xi_1+k_2\xi_2+\cdots+k_{n-r}\xi_{n-r}$，其中 $k_1,k_2,\cdots,k_{n-r}$ 为任意常数.

7. 同解方程组 如果两个方程组有相同的解集合,则称这两个方程组是同解方程组.

二 非齐次线性方程组

1. 非齐次线性方程组的表示形式

(1) **一般形式**

$$\begin{cases} a_{11}x_1+a_{12}x_2+\cdots+a_{1n}x_n=b_1, \\ a_{21}x_1+a_{22}x_2+\cdots+a_{2n}x_n=b_2, \\ \cdots\cdots\cdots\cdots \\ a_{m1}x_1+a_{m2}x_2+\cdots+a_{mn}x_n=b_m. \end{cases}$$

(2) **向量形式**

$$x_1\boldsymbol{\alpha}_1+x_2\boldsymbol{\alpha}_2+\cdots+x_n\boldsymbol{\alpha}_n=\boldsymbol{b},$$

其中 $\boldsymbol{\alpha}_j=(a_{1j},a_{2j},\cdots,a_{mj})^{\mathrm{T}},j=1,2,\cdots,n,\boldsymbol{b}=(b_1,b_2,\cdots,b_m)^{\mathrm{T}}$.

(3) **矩阵形式**

$$\boldsymbol{A}_{m\times n}\boldsymbol{x}=\boldsymbol{b},$$

其中 $\boldsymbol{A}=\begin{pmatrix} a_{11} & a_{12} & \cdots & a_{1n} \\ a_{21} & a_{22} & \cdots & a_{2n} \\ \vdots & \vdots & & \vdots \\ a_{m1} & a_{m2} & \cdots & a_{mn} \end{pmatrix},x=\begin{pmatrix} x_1 \\ x_2 \\ \vdots \\ x_n \end{pmatrix},\boldsymbol{b}=\begin{pmatrix} b_1 \\ b_2 \\ \vdots \\ b_m \end{pmatrix}$,

$\boldsymbol{A}$ 称为方程组的系数矩阵,且矩阵

$$\bar{\boldsymbol{A}}=\begin{pmatrix} a_{11} & a_{12} & \cdots & a_{1n} & b_1 \\ a_{21} & a_{22} & \cdots & a_{2n} & b_2 \\ \vdots & \vdots & & \vdots & \vdots \\ a_{m1} & a_{m2} & \cdots & a_{mn} & b_m \end{pmatrix}$$

称为非齐次线性方程组的增广矩阵，非齐次线性方程组 $\boldsymbol{Ax}=\boldsymbol{b}$ 对应的齐次线性方程组 $\boldsymbol{Ax}=\boldsymbol{0}$ 称为 $\boldsymbol{Ax}=\boldsymbol{b}$ 的导出组.

2. 有解条件

对于非齐次线性方程组 $\boldsymbol{Ax}=\boldsymbol{b}$，设其系数矩阵为 $\boldsymbol{A}$，增广矩阵为 $\bar{\boldsymbol{A}}=(\boldsymbol{A},\boldsymbol{b})$.

(1) 若 $r(\boldsymbol{A})\neq r(\bar{\boldsymbol{A}})$，则方程组 $\boldsymbol{Ax}=\boldsymbol{b}$ 无解，$\boldsymbol{b}$ 不能由 $\boldsymbol{A}$ 的列向量组线性表示.

(2) 若 $r(\boldsymbol{A})=r(\bar{\boldsymbol{A}})=n$，则方程组 $\boldsymbol{Ax}=\boldsymbol{b}$ 有唯一解，$\boldsymbol{b}$ 可由 $\boldsymbol{A}$ 的列向量组线性表示，且表示法唯一.

(3) 若 $r(\boldsymbol{A})=r(\bar{\boldsymbol{A}})=r<n$，则方程组 $\boldsymbol{Ax}=\boldsymbol{b}$ 有无穷多解，$\boldsymbol{b}$ 可由 $\boldsymbol{A}$ 的列向量组线性表示，且有无穷多种表示方法.

3. 解的性质

(1) 若 $\boldsymbol{\eta}_1,\boldsymbol{\eta}_2$ 是非齐次线性方程组 $\boldsymbol{Ax}=\boldsymbol{b}$ 的解，则 $\boldsymbol{\eta}_1-\boldsymbol{\eta}_2$ 为导出组 $\boldsymbol{Ax}=\boldsymbol{0}$ 的解.

(2) 若 $\boldsymbol{\eta}$ 是非齐次线性方程组 $\boldsymbol{Ax}=\boldsymbol{b}$ 的解，$\boldsymbol{\xi}$ 是导出组 $\boldsymbol{A}x=\boldsymbol{0}$ 的解，则 $\boldsymbol{\eta}+\boldsymbol{\xi}$ 是 $\boldsymbol{Ax}=\boldsymbol{b}$

的解.

4. 解的结构 设 $\boldsymbol{\eta}^*$ 是非齐次线性方程组 $\boldsymbol{Ax}=\boldsymbol{b}$ 的一个特解，$\boldsymbol{\xi}_1,\boldsymbol{\xi}_2,\cdots,\boldsymbol{\xi}_{n-r}$ 是导出组 $\boldsymbol{Ax}=\boldsymbol{0}$ 的一个基础解系，$r=r(\boldsymbol{A})$，则非齐次线性方程组 $\boldsymbol{Ax}=\boldsymbol{b}$ 的通解为

$$\boldsymbol{\eta}^*+c_1\boldsymbol{\xi}_1+c_2\boldsymbol{\xi}_2+\cdots+c_{n-r}\boldsymbol{\xi}_{n-r},$$

其中 $c_1,c_2,\cdots,c_{n-r}$ 为任意常数.

5. 求解方法

(1) 将非齐次线性方程组 $\boldsymbol{Ax}=\boldsymbol{b}$ 的增广矩阵 $\overline{\boldsymbol{A}}=(\boldsymbol{A},\boldsymbol{b})$ 通过初等行变换化为行最简形矩阵 $\overline{\boldsymbol{B}}=(\boldsymbol{B},\boldsymbol{b}')$，其中 $\boldsymbol{B}$ 为 $\boldsymbol{A}$ 的行最简形矩阵.

(2) 利用 $\overline{\boldsymbol{B}}=(\boldsymbol{B},\boldsymbol{b}')$ 来判定方程解的情形：当 $r(\boldsymbol{B})<r(\overline{\boldsymbol{B}})$ 时，方程组无解；当 $r(\boldsymbol{B})=r(\overline{\boldsymbol{B}})=n$ 时，方程组有唯一解；当 $r(\boldsymbol{B})=r(\overline{\boldsymbol{B}})<n$ 时，方程组有无穷多解.

(3) 有无穷多解时，写出以 $\overline{\boldsymbol{B}}=(\boldsymbol{B},\boldsymbol{b}')$ 为增广矩阵的非齐次线性方程组，求出对应的齐次线性方程组的基础解系及通解 Y，再求出非齐次线性方程组的一个特解 $\boldsymbol{\eta}^*$（可对自由未知量赋予任意的特定值，一般是赋予 0 值），根据解的结构得到非齐次线性方程组 $\boldsymbol{Ax}=\boldsymbol{b}$ 的通解为 $\boldsymbol{\eta}^*+c_1\boldsymbol{\xi}_1+c_2\boldsymbol{\xi}_2+\cdots+c_{n-r}\boldsymbol{\xi}_{n-r}$，其中 $c_1,c_2,\cdots,c_{n-r}$ 为任意常数，其中 $r=r(\boldsymbol{A})$，$\boldsymbol{\xi}_1,\boldsymbol{\xi}_2,\cdots,\boldsymbol{\xi}_{n-r}$ 是齐次线性方程组 $\boldsymbol{Ax}=\boldsymbol{0}$ 的一个基础解系，n 是未知量的个数.

第五章　相似矩阵

本章知识结构

- 相似矩阵
  - 特征值与特征向量
    - 定义
    - 性质
    - 特征值的求法
      - 定义法
      - 特征方程法
    - 特征向量的求法 — 齐次线性方程组的非零解
  - 相似矩阵
    - 定义法
    - 基本性质（必要条件）
    - 相似对角化
      - 相似对角化的条件
        - 充要条件
        - 充分条件
      - 相似对角化的方法
  - 合同矩阵
    - 定义
    - 性质
  - 实对称矩阵
    - 特征值与特征向量的性质
    - 正交相似对角化

一 方阵的特征值与特征向量及其性质与求法

1. 特征值与特征向量

设 $\boldsymbol{A}$ 是 n 阶方阵，如果存在数 λ 和 n 维非零列向量 $\boldsymbol{x}$，使关系式 $\boldsymbol{Ax}=\lambda\boldsymbol{x}$ 成立，则称 λ 为方阵 $\boldsymbol{A}$ 的特征值，非零列向量 $\boldsymbol{x}$ 称为 $\boldsymbol{A}$ 的对应于特征值 λ 的特征向量.

2. 特征多项式、特征方程

设 $\boldsymbol{A}$ 是 n 阶方阵，则称

$$f(\lambda)=|\lambda\boldsymbol{E}-\boldsymbol{A}|=\begin{vmatrix}\lambda-a_{11} & -a_{12} & \cdots & -a_{1n}\\ -a_{21} & \lambda-a_{22} & \cdots & -a_{2n}\\ \vdots & \vdots & & \vdots\\ -a_{n1} & -a_{n2} & \cdots & \lambda-a_{nn}\end{vmatrix}$$

$$=\lambda^n-(a_{11}+a_{22}+\cdots+a_{nn})\lambda^{n-1}+\cdots+(-1)^n|\boldsymbol{A}|$$

为 $\boldsymbol{A}$ 的特征多项式，$|\lambda\boldsymbol{E}-\boldsymbol{A}|=0$ 为 $\boldsymbol{A}$ 的特征方程. 其左端 $|\lambda\boldsymbol{E}-\boldsymbol{A}|$ 是关于 λ 的 n 次多项式，称为方阵 $\boldsymbol{A}$ 的特征多项式，记作 $f_{\boldsymbol{A}}(\lambda)$.

3. 特征值与特征向量的求法

(1) 求出方程 $|\lambda\boldsymbol{E}-\boldsymbol{A}|=0$ 的所有根 $\lambda_1,\lambda_2,\cdots,\lambda_n$（包括重根），它们就是 $\boldsymbol{A}$ 的全部特

征值.

(2) 对于$\boldsymbol{A}$的每一个特征值λ_i，解齐次线性方程组$(\lambda_i\boldsymbol{E}-\boldsymbol{A})\boldsymbol{x}=\boldsymbol{0}$，得基础解系$\xi_1,\xi_2,\cdots,\xi_t$，其中$t=n-r(\lambda_i\boldsymbol{E}-\boldsymbol{A})$，则线性组合$k_1\xi_1+k_2\xi_2+\cdots+k_t\xi_t$($k_1,k_2,\cdots,k_t$不全为零)就是$\boldsymbol{A}$的属于$\lambda_i$的全部特征向量.

注 同一个特征值可以对应无穷多个特征向量；反之，一个特征向量对应的特征值是唯一的.

4. 重要性质

(1) 设$\lambda_1,\lambda_2,\cdots,\lambda_n$是$n$阶方阵$\boldsymbol{A}=(a_{ij})_{n\times n}$的$n$个特征值，则

$$\lambda_1+\lambda_2+\cdots+\lambda_n=a_{11}+a_{22}+\cdots+a_{nn}\overset{\Delta}{=}\mathrm{tr}\boldsymbol{A}(\text{称为 }\boldsymbol{A}\text{ 的迹});\lambda_1\lambda_2\cdots\lambda_n=|\boldsymbol{A}|.$$

(2) 方阵$\boldsymbol{A}$是可逆的$\Leftrightarrow\boldsymbol{A}$的特征值均不为零.

(3) 设$\boldsymbol{x}_1,\boldsymbol{x}_2$是$\boldsymbol{A}$的属于同一特征值$\lambda$的特征向量，则非零线性组合$k_1\boldsymbol{x}_1+k_2\boldsymbol{x}_2$也是$\boldsymbol{A}$的属于$\lambda$的特征向量.

(4) 设λ是$\boldsymbol{A}$的特征值，$\boldsymbol{\alpha}$是$\boldsymbol{A}$的属于特征值λ的特征向量，则

① λ也是$\boldsymbol{A}^{\mathrm{T}}$的特征值；

② $k\lambda$是$k\boldsymbol{A}$的特征值，且$\boldsymbol{\alpha}$是$k\boldsymbol{A}$的属于$k\lambda$的特征向量；

③ λ^m是$\boldsymbol{A}^m$的特征值，且$\boldsymbol{\alpha}$是$\boldsymbol{A}^m$的属于λ^m的特征向量；

④ 设 $f(x)$ 是多项式，则 $f(\lambda)$ 是 $f(\boldsymbol{A})$ 的特征值；

⑤ 若 $\boldsymbol{A}$ 可逆，则 $\boldsymbol{A}$ 的任一特征值 λ 都不为零，且 $\frac{1}{\lambda}$ 是 $\boldsymbol{A}^{-1}$ 的特征值，$\frac{|\boldsymbol{A}|}{\lambda}$ 是 $\boldsymbol{A}^*$ 的特征值，而特征向量不变；

⑥ 属于同一矩阵的不同特征值的特征向量线性无关；

⑦ 实对称矩阵 $\boldsymbol{A}$ 的特征值都是实数；

⑧ 实对称矩阵属于不同特征值的特征向量相互正交.

二 方阵的相似、合同与对角化

1. 定义

设 $\boldsymbol{A},\boldsymbol{B}$ 都是 n 阶方阵，若存在 n 阶可逆矩阵 $\boldsymbol{P}$，使得 $\boldsymbol{P}^{-1}\boldsymbol{AP}=\boldsymbol{B}$，则称矩阵 $\boldsymbol{A}$ 与 $\boldsymbol{B}$ 相似，记为 $\boldsymbol{A}\sim\boldsymbol{B}$，称 $\boldsymbol{P}$ 为相似变换矩阵. 若 $\boldsymbol{A}$ 与对角矩阵 $\boldsymbol{\Lambda}$ 相似，则称 $\boldsymbol{A}$ 可对角化.

若存在 n 阶可逆矩阵 $\boldsymbol{P}$，使得 $\boldsymbol{P}^{\mathrm{T}}\boldsymbol{AP}=\boldsymbol{B}$，则称 $\boldsymbol{A}$ 与 $\boldsymbol{B}$ 合同；

注　相似变换矩阵 $\boldsymbol{P}=(\boldsymbol{p}_1,\boldsymbol{p}_2,\cdots,\boldsymbol{p}_n)$，其中 $\boldsymbol{p}_1,\boldsymbol{p}_2,\cdots,\boldsymbol{p}_n$ 是 $\boldsymbol{A}$ 的 n 个线性无关的特征向量.

矩阵的相似及合同关系也是一种等价关系，满足

(1) **反身性**　$\boldsymbol{A}\sim\boldsymbol{A}$.

(2) **对称性**　若 $\boldsymbol{A} \sim \boldsymbol{B}$,则 $\boldsymbol{B} \sim \boldsymbol{A}$.

(3) **传递性**　若 $\boldsymbol{A} \sim \boldsymbol{B}, \boldsymbol{B} \sim \boldsymbol{C}$,则 $\boldsymbol{A} \sim \boldsymbol{C}$.

2. 相似矩阵的性质

(1) 若 $\boldsymbol{A} \sim \boldsymbol{B}$,则有 $|\boldsymbol{A}| = |\boldsymbol{B}|, r(\boldsymbol{A}) = r(\boldsymbol{B})$.

(2) 若 $\boldsymbol{A} \sim \boldsymbol{B}$,则 $\boldsymbol{A},\boldsymbol{B}$ 有相同的特征方程,有相同的特征值.反之不成立.

(3) 若 $\boldsymbol{A} \sim \boldsymbol{B}$,则 $\boldsymbol{A}^m \sim \boldsymbol{B}^m$($m$ 是正整数).

(4) 若 $\boldsymbol{A} \sim \boldsymbol{B}$,则 $f(\boldsymbol{A}) \sim f(\boldsymbol{B})$(其中 $f(x)$ 是多项式).

(5) 若 $\boldsymbol{P}^{-1}\boldsymbol{A}_1\boldsymbol{P} = \boldsymbol{B}_1, \boldsymbol{P}^{-1}\boldsymbol{A}_2\boldsymbol{P} = \boldsymbol{B}_2$,则$(\boldsymbol{P}^{-1}\boldsymbol{A}_1\boldsymbol{P})(\boldsymbol{P}^{-1}\boldsymbol{A}_2\boldsymbol{P}) = \boldsymbol{P}^{-1}\boldsymbol{A}_1\boldsymbol{A}_2\boldsymbol{P} = \boldsymbol{B}_1\boldsymbol{B}_2$.

(6) $\boldsymbol{P}^{-1}(k_1\boldsymbol{A}_1 + k_2\boldsymbol{A}_2)\boldsymbol{P} = k_1\boldsymbol{P}^{-1}\boldsymbol{A}_1\boldsymbol{P} + k_2\boldsymbol{P}^{-1}\boldsymbol{A}_2\boldsymbol{P}$.

(7) 若 $\boldsymbol{A} \sim \boldsymbol{B}$,则 $\boldsymbol{A}^{\mathrm{T}} \sim \boldsymbol{B}^{\mathrm{T}}, k\boldsymbol{A} \sim k\boldsymbol{B}$($k$ 为常数).

(8) 若 $\boldsymbol{A} \sim \boldsymbol{B}$,且 $\boldsymbol{A}$ 可逆,则 $\boldsymbol{A}^{-1} \sim \boldsymbol{B}^{-1}$.

3. 方阵可对角化的条件

(1) $\boldsymbol{A}$ 可对角化,即 $\boldsymbol{A} \sim \mathrm{diag}(\lambda_1, \lambda_2, \cdots, \lambda_n)$(其中 $\lambda_1, \lambda_2, \cdots, \lambda_n$ 是 $\boldsymbol{A}$ 的特征值)

$\Leftrightarrow \boldsymbol{A}$ 有 n 个线性无关的特征向量

$\Leftrightarrow \boldsymbol{A}$ 的每个 n_i 重特征值对应 n_i 个线性无关的特征向量.

注　① 若 $\boldsymbol{A}$ 有 n 个互异的特征值 $\lambda_1, \lambda_2, \cdots, \lambda_n$,则 $\boldsymbol{A}$ 可对角化.

② 若 $\boldsymbol{A}$ 有 n 个线性无关的特征向量,不一定有 n 个不同的特征值.

(2) n 阶实对称矩阵必有 n 个线性无关的特征向量，所以可以对角化，并且存在正交矩阵 $\boldsymbol{Q}$，使得

$$Q^{-1}AQ = Q^{\mathrm{T}}AQ = \begin{pmatrix} \lambda_1 & & & \\ & \lambda_2 & & \\ & & \ddots & \\ & & & \lambda_n \end{pmatrix},$$

即 $\boldsymbol{A}$ 既相似又合同于对角矩阵 $\boldsymbol{\Lambda}$，其中 $\lambda_1,\lambda_2,\cdots,\lambda_n$ 是 $\boldsymbol{A}$ 的特征值.

4. 方阵对角化的方法

(1) 求出 $\boldsymbol{A}$ 的全部特征值 $\lambda_1,\lambda_2,\cdots,\lambda_s$(不含重根数).

(2) 对于 $\boldsymbol{A}$ 的每一个特征值 λ_i，其重数为 n_i，则对应齐次线性方程组 $(\lambda_i\boldsymbol{E}-\boldsymbol{A})\boldsymbol{x}=\boldsymbol{0}$ 的基础解系由 n_i 个向量 $\xi_{i1},\xi_{i2},\cdots,\xi_{in_i}$ 构成，即 $\xi_{i1},\xi_{i2},\cdots,\xi_{in_i}$ 为 λ_i 对应的极大线性无关的特征向量组，以上求出的 n 个特征向量 $\xi_{11},\xi_{12},\cdots,\xi_{1n_1},\xi_{21},\xi_{22},\cdots,\xi_{2n_2},\cdots,\xi_{s1},\xi_{s2},\cdots,\xi_{sn_s}$ $(n_1+n_2+\cdots+n_s=n)$ 就是矩阵 $\boldsymbol{A}$ 的 n 个线性无关的特征向量.

(3) 令 n 阶可逆方阵

$$\boldsymbol{P}=(\xi_{11},\xi_{12},\cdots,\xi_{1n_1},\xi_{21},\xi_{22},\cdots,\xi_{2n_2},\cdots,\xi_{s1},\xi_{s2},\cdots,\xi_{sn_s}),$$

则

$$P^{-1}AP=\Lambda=\begin{pmatrix}\lambda_1 & & & & & & & & \\ & \ddots & & & & & & & \\ & & \lambda_1 & & & & & & \\ & & & \lambda_2 & & & & & \\ & & & & \ddots & & & & \\ & & & & & \lambda_2 & & & \\ & & & & & & \ddots & & \\ & & & & & & & \lambda_s & \\ & & & & & & & & \ddots \\ & & & & & & & & & \lambda_s\end{pmatrix}$$

5. 实对称矩阵对角化的方法

方法 1 与一般 n 阶矩阵对角化的方法相同；

方法 2 正交矩阵法

(1) 求出 $\boldsymbol{A}$ 的全部特征值 $\lambda_1,\lambda_2,\cdots,\lambda_n$（含重根数）及对应的 $\boldsymbol{A}$ 个线性无关的特征向量 $\boldsymbol{p}_1$，$\boldsymbol{p}_2,\cdots,\boldsymbol{p}_n$；

(2) 用施密特正交化方法将 $\boldsymbol{p}_1,\boldsymbol{p}_2,\cdots,\boldsymbol{p}_n$ 变成规范正交向量组 $\boldsymbol{q}_1,\boldsymbol{q}_2,\cdots,\boldsymbol{q}_n$；

(3) 令正交矩阵 $\boldsymbol{Q}=(\boldsymbol{q}_1,\boldsymbol{q}_2,\cdots,\boldsymbol{q}_n)$，则

$$Q^{\mathrm{T}}AQ=\begin{pmatrix}\lambda_1&&&\\&\lambda_2&&\\&&\ddots&\\&&&\lambda_n\end{pmatrix}.$$

6. 矩阵高次幂的求法

将 $\boldsymbol{A}$ 对角化，设 $\boldsymbol{P}^{-1}\boldsymbol{A}\boldsymbol{P}=\boldsymbol{\Lambda}\Leftrightarrow\boldsymbol{A}=\boldsymbol{P}\boldsymbol{\Lambda}\boldsymbol{P}^{-1}$，其中($\boldsymbol{\Lambda}=\begin{pmatrix}\lambda_1&&&\\&\lambda_2&&\\&&\ddots&\\&&&\lambda_n\end{pmatrix}$，则有 $\boldsymbol{A}^k=\boldsymbol{P}(\boldsymbol{\Lambda}^k)\boldsymbol{P}^{-1}$.

第六章　二次型

本章知识结构

- 二次型
  - 二次型及其矩阵
    - 二次型的定义
    - 二次型的矩阵表示
    - 可逆线性替换
  - 二次型的标准形
    - 正交变换法
    - 配方法
  - 正定二次型
    - 正定二次型的定义
      - 正定矩阵
      - 正惯性指数、负惯性指数、赫尔维茨定理
    - 正定二次型的判定

一　基本概念及主要结论

1. 二次型

含有 n 个变量 $x_1, x_2, \cdots, x_n$ 的二次齐次多项式

$$f(x_1,x_2,\cdots,x_n)=a_{11}x_1^2+a_{22}x_2^2+\cdots+a_{nn}x_n^2+2a_{12}x_1x_2+2a_{13}x_1x_3+\cdots+2a_{n-1,n}x_{n-1}x_n,$$

称为 n 元二次型,实数域上的二次型称为实二次型,简称二次型.

2. 二次型的矩阵表示

如果规定 $a_{ij}=a_{ji}$,则当 $i\neq j$ 时,有 $2a_{ij}x_ix_j=a_{ij}x_ix_j+a_{ji}x_jx_i$,从而有

$$\begin{aligned}f(x_1,x_2,\cdots,x_n)&=a_{11}x_1^2+a_{12}x_1x_2+a_{13}x_1x_3+\cdots+a_{1n}x_1x_n\\&\quad+a_{21}x_2x_1+a_{22}x_2^2+\cdots+a_{2n}x_2x_n+\cdots\\&\quad+a_{n1}x_nx_1+a_{n2}x_nx_2+\cdots+a_{nn}x_n^2\\&=\sum_{i=1}^{n}\sum_{j=1}^{n}a_{ij}x_ix_j.\end{aligned}$$

利用矩阵的运算,上式还可表示为

$$f(x_1,x_2,\cdots,x_n)=(x_1,x_2,\cdots,x_n)\begin{pmatrix}a_{11}&a_{12}&\cdots&a_{1n}\\a_{21}&a_{22}&\cdots&a_{2n}\\\vdots&\vdots&&\vdots\\a_{n1}&a_{n2}&\cdots&a_{nn}\end{pmatrix}\begin{pmatrix}x_1\\x_2\\\vdots\\x_n\end{pmatrix},$$

称上式为二次型的矩阵表示,记

$$\mathbf{A}=\begin{pmatrix} a_{11} & a_{12} & \cdots & a_{1n} \\ a_{21} & a_{22} & \cdots & a_{2n} \\ \vdots & \vdots & & \vdots \\ a_{n1} & a_{n2} & \cdots & a_{nn} \end{pmatrix},\boldsymbol{x}=\begin{pmatrix} x_1 \\ x_2 \\ \vdots \\ x_n \end{pmatrix},$$

二次型又可表示为 $f=\boldsymbol{x}^{\mathrm{T}}\mathbf{A}\boldsymbol{x}$，其中 $\mathbf{A}$ 为实对称矩阵，称为二次型 f 的矩阵，且 f 与 $\mathbf{A}$ 一一对应，矩阵 A 的秩称为二次型 f 的秩.

3. 线性变换　设两组变量 $x_1,x_2,\cdots,x_n$ 与 $y_1,y_2,\cdots,y_n$ 有关系

$$\begin{cases} x_1=c_{11}y_1+c_{12}y_2+\cdots+c_{1n}y_n, \\ x_2=c_{21}y_1+c_{22}y_2+\cdots+c_{2n}y_n, \\ \cdots\cdots\cdots\cdots \\ x_n=c_{n1}y_1+c_{n2}y_2+\cdots+c_{nn}y_n, \end{cases}$$

即 $\boldsymbol{x}=\mathbf{C}\boldsymbol{y}$，称为由 $x_1,x_2,\cdots,x_n$ 到 $y_1,y_2,\cdots,y_n$ 的一个线性变换，若其系数矩阵的行列式

$$|\mathbf{C}|=\begin{vmatrix} c_{11} & c_{12} & \cdots & c_{1n} \\ c_{21} & c_{22} & \cdots & c_{2n} \\ \vdots & \vdots & & \vdots \\ c_{n1} & c_{n2} & \cdots & c_{nn} \end{vmatrix}\neq 0,$$

则称线性变换是可逆线性替换(非退化线性替换).

二次型的矩阵 $\boldsymbol{A}$，经可逆线性变换 $\boldsymbol{x}=\boldsymbol{C}\boldsymbol{y}$ 得 $\boldsymbol{C}^{\mathrm{T}}\boldsymbol{A}\boldsymbol{C}$（记为 $\boldsymbol{B}=\boldsymbol{C}^{\mathrm{T}}\boldsymbol{A}\boldsymbol{C}$），则 $\boldsymbol{B}\simeq\boldsymbol{A}$.

4. 二次型的标准形、规范形

二次型 $f(x_1,x_2,\cdots,x_n)=\boldsymbol{x}^{\mathrm{T}}\boldsymbol{A}\boldsymbol{x}$ 经可逆线性替换 $\boldsymbol{x}=\boldsymbol{C}\boldsymbol{y}$，化成

$$f(x_1,x_2,\cdots,x_n)=d_1y_1^2+d_2y_2^2+\cdots+d_ny_n^2,$$

称为二次型 f 的标准形，$d_i=1,0,-1$ 的标准形，称为二次型 f 的规范形.

注 二次型的标准形不唯一，但二次型的规范形是唯一的.

5. 主要结论

(1) 任何一个 n 元二次型都可以通过可逆线性替换 $\boldsymbol{x}=\boldsymbol{C}\boldsymbol{y}$ 化成标准形，即

$$f(x_1,x_2,\cdots,x_n)=\boldsymbol{x}^{\mathrm{T}}\boldsymbol{A}\boldsymbol{x}=\boldsymbol{y}^{\mathrm{T}}(\boldsymbol{C}^{\mathrm{T}}\boldsymbol{A}\boldsymbol{C})\boldsymbol{y}=d_1y_1^2+d_2y_2^2+\cdots+d_ny_n^2.$$

即对任一个实对称矩阵 $\boldsymbol{A}$，都存在可逆矩阵 $\boldsymbol{C}$，使得

$$\boldsymbol{C}^{\mathrm{T}}\boldsymbol{A}\boldsymbol{C}=\begin{pmatrix} d_1 & & & \\ & d_2 & & \\ & & \ddots & \\ & & & d_n \end{pmatrix}.$$

注 $d_1,d_2,\cdots,d_n$ 一般不是 $\boldsymbol{A}$ 的特征值.

(2) 对任一个 n 元实二次型 $f(x_1,x_2,\cdots,x_n)=\boldsymbol{x}^{\mathrm{T}}\boldsymbol{A}\boldsymbol{x}$ 必存在正交变换 $\boldsymbol{x}=\boldsymbol{Q}\boldsymbol{y}$（其中 $\boldsymbol{Q}$ 是 n 阶正交矩阵），使得

$$f(x_1,x_2,\cdots,x_n)=\boldsymbol{x}^{\mathrm{T}}\boldsymbol{A}\boldsymbol{x}\xlongequal{\boldsymbol{x}=\boldsymbol{Q}\boldsymbol{y}}\boldsymbol{y}^{\mathrm{T}}(\boldsymbol{C}^{\mathrm{T}}\boldsymbol{A}\boldsymbol{C})\boldsymbol{y}=\lambda_1 y_1^2+\lambda_2 y_2^2+\cdots+\lambda_n y_n^2,$$

其中 $\lambda_i(i=1,2,\cdots,n)$ 是 $\boldsymbol{A}$ 的特征值，$\boldsymbol{Q}$ 的列向量是 $\boldsymbol{A}$ 的对应于 λ_i 的标准正交特征向量.

二 化二次型为标准形的方法

1. 正交变换法化二次型为标准型的步骤

(1) 写出二次型 f 的对应矩阵 $\boldsymbol{A}$；

(2) 求 $\boldsymbol{A}$ 的特征值 λ_i；

(3) 求 $\boldsymbol{A}$ 的特征向量 ξ_i；

(4) 将重根的特征向量正交化；

(5) 将所有特征向量单位化，记为 $\xi_1^0,\xi_2^0,\cdots,\xi_n^0$；

(6) 取 $\boldsymbol{Q}=(\xi_1^0,\xi_2^0,\cdots,\xi_n^0)$，并令 $\boldsymbol{x}=\boldsymbol{Q}\boldsymbol{y}$ 可得

$$f=\boldsymbol{x}^{\mathrm{T}}\boldsymbol{A}\boldsymbol{x}=\boldsymbol{y}^{\mathrm{T}}\boldsymbol{\Lambda}\boldsymbol{y}=\lambda_1 y_1^2+\lambda_2 y_2^2+\cdots+\lambda_n y_n^2.$$

注 (1) 用正交变换法化二次型为标准形，其平方项的系数恰好是矩阵 $\boldsymbol{A}$ 的特征值，且平方项的系数 $\lambda_1,\lambda_2,\cdots,\lambda_n$ 除了排列次序外是唯一确定的. 当 $r(\boldsymbol{A})=r$ 时，标准形中只有 r 项.

(2) 将向量 $\boldsymbol{y}$ 用正交变换 $\boldsymbol{x}=\boldsymbol{Q}\boldsymbol{y}$ 化为 $\boldsymbol{x}$，其长度保持不变，即

$$\|\boldsymbol{x}\|=\sqrt{\boldsymbol{x}^{\mathrm{T}}\boldsymbol{x}}=\sqrt{(\boldsymbol{Q}\boldsymbol{y})^{\mathrm{T}}\boldsymbol{Q}\boldsymbol{y}}=\sqrt{\boldsymbol{y}^{\mathrm{T}}\boldsymbol{y}}=\|\boldsymbol{y}\|,$$

因而用正交变换化二次型为标准形具有保持几何形状不变的特点.

(3) 正交变换法一般只能化二次型为标准形，不能化成规范形，进一步作可逆线性替换可将标准形化成规范形.

2. 配方法

若 f 中有平方项，则将该平方项及与其有关的混合项一起配成完全平方，使配成完全平方后，减少一个变量，总的完全平方的项数少于等于变量的个数. 若 f 中没有平方项，则令

$$\begin{cases} x_1=y_1+y_2, \\ x_2=y_1-y_2, \\ x_3=y_3, \\ \quad\vdots \\ x_n=y_n. \end{cases}$$

使 f 经变换后出现平方项，之后再配完全平方. 配完完全平方后，令每个平方项的一次式分别为 $z_1, z_2, \cdots, z_n$ （若完全平方项个数少于变量个数时，应补足成 n 个），则必可将二次型化成标准形，所做的可逆线性变换矩阵，可由所做的变换得到.

注 用配方法化二次型为标准形的可逆线性替换 $\boldsymbol{x}=\boldsymbol{C}\boldsymbol{y}$ 不一定是正交变换，故标准形中平方项的系数不唯一且不一定是特征值.

3. 初等变换法

将二次型的对应矩阵 $\boldsymbol{A}$，通过一系列的相同类型的初等行、列变换可以化成合同标准形（对角矩阵），所谓相同类型的初等行、列变换是指：

$\boldsymbol{A}$ 的第 i 行乘 k 倍（$k \neq 0$），则第 i 列也乘 k 倍；

$\boldsymbol{A}$ 的第 i, j 行对换，则第 i, j 列也对换；

$\boldsymbol{A}$ 的第 i 行的 c 倍加到第 j 行，则第 i 列的 c 倍也加到 j 列.

若将 $\boldsymbol{A}, \boldsymbol{E}$ 写成 $\begin{pmatrix} \boldsymbol{A} \\ \cdots \\ \boldsymbol{E} \end{pmatrix}$，对 $\begin{pmatrix} \boldsymbol{A} \\ \cdots \\ \boldsymbol{E} \end{pmatrix}$ 实施列变换，并对 $\boldsymbol{A}$ 作相同类型的行变换，将 $\boldsymbol{A}$ 化成对角阵时，$\boldsymbol{E}$ 就变成了可逆线性替换矩阵 $\boldsymbol{C}$，即

$$\begin{pmatrix} A \\ \cdots \\ E \end{pmatrix} \xrightarrow[\text{对}A\text{作同类型行变换}]{\binom{A}{E}\text{作列变换}} \begin{pmatrix} \Lambda \\ \cdots \\ C \end{pmatrix},$$

则 $f(x_1,x_2,\cdots,x_n)=\boldsymbol{x}^{\mathrm{T}}\boldsymbol{A}\boldsymbol{x} \overset{\boldsymbol{x}=\boldsymbol{C}\boldsymbol{y}}{=\!=\!=} \boldsymbol{y}^{\mathrm{T}}(\boldsymbol{C}^{\mathrm{T}}\boldsymbol{A}\boldsymbol{C})\boldsymbol{y}=\boldsymbol{y}^{\mathrm{T}}\boldsymbol{\Lambda}\boldsymbol{y}=\lambda_1 y_1^2+\lambda_2 y_2^2+\cdots+\lambda_n y_n^2$.

类似地

$$(\boldsymbol{A},\boldsymbol{E}) \xrightarrow[\text{对}E\text{只作相应的初等行变换}]{\text{对}A\text{作同类型的初等行、列变换}} (\boldsymbol{\Lambda},\boldsymbol{C}^{\mathrm{T}})$$

则 $f(x_1,x_2,\cdots,x_n)=\boldsymbol{x}^{\mathrm{T}}\boldsymbol{A}\boldsymbol{x} \overset{\boldsymbol{x}=\boldsymbol{C}\boldsymbol{y}}{=\!=\!=} \boldsymbol{y}^{\mathrm{T}}(\boldsymbol{C}^{\mathrm{T}}\boldsymbol{A}\boldsymbol{C})\boldsymbol{y}=\boldsymbol{y}^{\mathrm{T}}\boldsymbol{\Lambda}\boldsymbol{y}=\lambda_1 y_1^2+\lambda_2 y_2^2+\cdots+\lambda_n y_n^2$.

注 用初等变换法化二次型为标准形的可逆线性替换 $\boldsymbol{x}=\boldsymbol{C}\boldsymbol{y}$ 是不唯一的，因此，二次型的标准形也不唯一.

三 正定二次型

1. 惯性定理

设有二次型 $f=\sum_{i=1}^{n}\sum_{j=1}^{n}a_{ij}x_i x_j=\boldsymbol{x}^{\mathrm{T}}\boldsymbol{A}\boldsymbol{x}(\boldsymbol{A}^{\mathrm{T}}=\boldsymbol{A})$，且它的秩为 r，若有两个实的可逆线性

替换 $\boldsymbol{x}=\boldsymbol{P}\boldsymbol{y}$，$\boldsymbol{x}=\boldsymbol{Q}\boldsymbol{z}$，使二次型化为 $f=\lambda_1 y_1^2+\lambda_2 y_2^2+\cdots+\lambda_r y_r^2(\lambda_i\neq 0, i=1,2,\cdots,r)$，$f=p_1 z_1^2+p_2 z_2^2+\cdots+p_r z_r^2(p_i\neq 0, i=1,2,\cdots,r)$，则 $\lambda_1,\lambda_2,\cdots,\lambda_r$ 和 $p_1,p_2,\cdots,p_r$ 中正数的个数相等，负数的个数也相等.

2. 正惯性指数，负惯性指数，负号差

二次型化为标准形，标准形中正项项数 p 称为正惯性指数，负项项数 $r-p$ 称为负惯性指数，正、负惯性指数的差 $2p-r$ 称为符号差.

实对称矩阵合同于对角矩阵 $\boldsymbol{\Lambda}$ 若 $\boldsymbol{A}$ 是 n 阶实对称矩阵，有正、负惯性指数分别为 p,q，则

$$\boldsymbol{A}\simeq\boldsymbol{\Lambda}=\begin{pmatrix}1&&&&&&&&\\&\ddots&&&&&&&\\&&1&&&&&&\\&&&-1&&&&&\\&&&&\ddots&&&&\\&&&&&-1&&&\\&&&&&&0&&\\&&&&&&&\ddots&\\&&&&&&&&0\end{pmatrix},$$

其中有 p 个 1，有 q 个 -1，有 $n-(p+q)$ 个 0，$r=p+q$ 是 $\boldsymbol{A}$ 的秩 $r(\boldsymbol{A})$.

3. 正定二次型

设有二次型 $f=\boldsymbol{x}^{\mathrm{T}}\boldsymbol{A}\boldsymbol{x}$，若对于任意的非零列向量 $\boldsymbol{x}$，都有 $f(\boldsymbol{x})>0$，则称二次型为正定二次型，并称矩阵 $\boldsymbol{A}$ 为正定矩阵；若对于任意的非零列向量 $\boldsymbol{x}$，都有 $f(\boldsymbol{x})<0$，则称二次型为负定二次型，并称矩阵 $\boldsymbol{A}$ 为负定矩阵.

4. 关于正定二次型的几个结论

(1) 判别正定二次型(或正定矩阵) 的充要条件

$f=\boldsymbol{x}^{\mathrm{T}}\boldsymbol{A}\boldsymbol{x}$ 是正定二次型($\boldsymbol{A}$ 是正定矩阵)

$\Leftrightarrow \boldsymbol{A}$ 的正惯性指数 $p=n$($\boldsymbol{A}$ 的阶数) $=\boldsymbol{A}$ 的秩 $r(\boldsymbol{A})$

$\Leftrightarrow \boldsymbol{A}\simeq \boldsymbol{E}$

$\Leftrightarrow$ 存在可逆矩阵 $\boldsymbol{C}$，使得 $\boldsymbol{A}=\boldsymbol{C}^{\mathrm{T}}\boldsymbol{C}$

$\Leftrightarrow \boldsymbol{A}$ 的全部特征值 $\lambda_i>0(i=1,2,\cdots,n)$

$\Leftrightarrow \boldsymbol{A}$ 的各阶顺序主子式都大于零，即，

$$a_{11}>0,\begin{vmatrix} a_{11} & a_{12} \\ a_{21} & a_{22} \end{vmatrix}>0,\cdots,\begin{vmatrix} a_{11} & a_{12} & \cdots & a_{1n} \\ a_{21} & a_{22} & \cdots & a_{2n} \\ \vdots & \vdots & & \vdots \\ a_{n1} & a_{n2} & \cdots & a_{nn} \end{vmatrix}>0.$$

(2) $\boldsymbol{A}$ 是正定矩阵的必要条件

$\boldsymbol{A}$ 是 n 阶正定矩阵，则 $a_{ii} > 0$，且 $|\boldsymbol{A}| > 0$（显然 $\boldsymbol{A}$ 是实对称矩阵，且 $\boldsymbol{A}$ 是可逆矩阵）.

(3) $\boldsymbol{A}$ 是负定矩阵的充要条件

$\boldsymbol{x}^{\mathrm{T}}\boldsymbol{A}\boldsymbol{x}$ 是负定二次型（$\boldsymbol{A}$ 是负定矩阵）$\Leftrightarrow -\boldsymbol{x}^{\mathrm{T}}\boldsymbol{A}\boldsymbol{x}$ 是正定二次型（$-\boldsymbol{A}$ 是正定矩阵）

$\Leftrightarrow \boldsymbol{A}$ 的负惯性指数 $q = n = r$

$\Leftrightarrow \boldsymbol{A} \simeq -\boldsymbol{E}$

$\Leftrightarrow$ 存在可逆矩阵 $\boldsymbol{C}$，使得 $\boldsymbol{A} = -\boldsymbol{C}^{\mathrm{T}}\boldsymbol{C}$

$\Leftrightarrow \boldsymbol{A}$ 的全部特征值小于零，即 $\lambda_i < 0 (i = 1, 2, \cdots, n)$

$\Leftrightarrow \boldsymbol{A}$ 的奇数阶顺序主子式小于零，偶数阶顺序主子式大于零.

第三篇 概率论与数理统计

第一章 概率论的基本概念

本章知识结构

- 随机事件与概率
  - 随机事件
    - 事件的关系
      - 包含
      - 互不相容
      - 对立
    - 事件的运算
      - 和事件
      - 差事件
      - 积事件
      - 逆事件
    - 事件的运算律

- 随机事件与概率
  - 概率
    - 频率
    - 等可能概率
      - 古典概率
      - 几何概率
    - 公理化定义
    - 概率的运算性质
      - 加法公式
      - 减法公式
  - 条件概率
    - 条件概率
    - 乘法公式
    - 全概率公式
    - 贝叶斯公式
  - 事件的独立性
    - 定义
    - 应用
    - 独立重复试验

一 随机事件和样本空间

1. 随机现象

在一定条件下具有多个可能的结果，个别几次观察中结果呈现出随机性（不确定性），在大量重复观察中结果又呈现出固有的客观规律性的自然现象称为随机现象．随机现象有三大特点：

(1) 在一定条件下具有多个可能的结果，所有可能的结果已知；

(2) 在一次观察中，结果呈现出随机性，不能确定哪一个结果将会出现；

(3) 在大量的重复观察(相同条件下的观察)中，结果的出现又呈现出固有的客观规律性.

2. 随机试验

具有以下几个特点的试验称为随机试验，常用 E 来表示：

(1) 可以在相同的条件下重复进行；

(2) 试验的结果不止一个，并且能事先明确试验所有可能的结果；

(3) 进行一次试验之前不能确定哪一个结果会出现.

注 随机试验即可在相同条件下重复进行的针对随机现象的试验.

3. 样本空间

随机试验 E 的所有可能结果组成的集合称为 E 的样本空间，记为 S. 样本空间的元素，即 E 的每个结果，称为样本点.

样本空间依据样本点数可分为以下三类：

(1) 有限样本空间：样本空间中样本点数是有限的；

(2) 无限可列样本空间：样本空间中具有可列无穷多个样本点；

(3) 无限不可列样本空间：样本空间中具有不可列无穷多个样本点.

4. 随机事件

一般地，称随机试验E的样本空间S的任何一个子集为E的随机事件，简称为事件. 在一次试验中，当且仅当这一子集中的一个样本点出现时，称这一事件发生.

注 (1) 随机事件在一次试验中可能发生，也可能不发生；

(2) 由一个样本点构成的单点集，称为基本事件；

(3) 样本空间S是必然事件，空集$\varnothing$是不可能事件，它们两个发生与否不具有随机性，为了方便将它们两个也称为随机事件.

5. 事件之间的关系与运算

(1) **包含关系**

若$A \subset B$，则称事件A是事件B的子事件，表示事件A发生必然导致事件B发生.

例：设A表示“产品为一等品”，B表示“产品为合格品”，显然有$A \subset B$.

若$A \subset B$，且$B \subset A$，则称事件A与事件B相等.

(2) **和事件**

事件$A \cup B$称为事件A与事件B的和事件，表示事件A与事件B至少一个发生.

例：甲乙两人破译一份密码，A表示“甲破译成功”，B表示“乙破译成功”，则“密码被破译”可表示为$A \cup B$.

推广：称 $\bigcup_{k=1}^{n} A_k$ 为 n 个事件 $A_1,A_2,\cdots,A_n$ 的和事件，称 $\bigcup_{k=1}^{\infty} A_k$ 为可列个事件 $A_1,A_2,\cdots$ 的和事件.

(3) **积事件**

事件 $A\cap B$ 称为事件 A 与事件 B 的积事件，表示 A 与 B 同时发生，$A\cap B$ 一般简写为 AB.

例：某零件有长度和直径两个指标，A 表示"长度合格"，B 表示"直径合格"，则"零件合格"可表示为 AB.

类似地，称 $\bigcap_{k=1}^{n} A_k$ 为 n 个事件 $A_1,A_2,\cdots,A_n$ 的积事件，称 $\bigcap_{k=1}^{\infty} A_k$ 为可列个事件 $A_1,A_2,\cdots$ 的积事件.

(4) **差事件**

事件 $A-B$ 称为事件 A 与事件 B 的差事件，表示 A 发生且 B 不发生.

例：甲乙两人破译一份密码，A 表示"甲破译成功"，B 表示"乙破译成功"，则"甲破译出密码而乙没有破译成功"可表示为 $A-B$.

(5) **互斥事件**

若 $A\cap B=\varnothing$，称事件 A 与事件 B 是互不相容或互斥的，表示事件 A 与事件 B 不能同时发生.

注　基本事件是两两互不相容的.

（6）对立事件

若 $A\cup B=S$ 且 $A\cap B=\varnothing$，称事件 A 与事件 B 互为逆事件，或称事件 A 与事件 B 互为对立事件，即事件 A,B 中必有一个发生，且仅有一个发生. A 的对立事件记作 $\overline{A}$，即 $\overline{A}=S-A$.

由以上定义显然有：$A-B=A-AB=A\overline{B}$，$A\cup B=A\cup\overline{A}B$.

上述 6 种关系可用文氏图来描述，如图 1-1 所示.

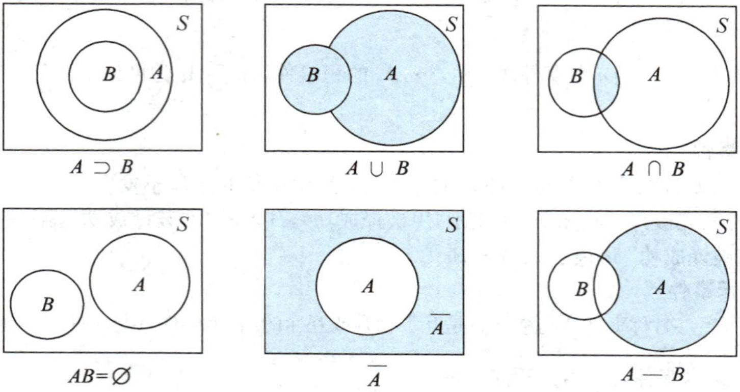

图 1-1

6. 事件的运算律

设 A,B,C 为事件,则有

(1) **交换律** $A\cup B=B\cup A, A\cap B=B\cap A.$

(2) **结合律** $A\cup(B\cup C)=(A\cup B)\cup C, A\cap(B\cap C)=(A\cap B)\cap C.$

(3) **分配律** $A\cup(B\cap C)=(A\cup B)\cap(A\cup C); A\cap(B\cup C)=(A\cap B)\cup(A\cap C).$

(4) **德·摩根律** $\overline{A\cap B}=\overline{A}\cup\overline{B}, \overline{A\cup B}=\overline{A}\cap\overline{B}.$

二 随机事件的概率

1. 随机事件的概率的定义

对一个随机事件 A,若用一个数能表示事件 A 发生的可能性的大小,则称这个数为事件 A 的概率,记为 $P(A)$.

> **注** 事件 A 的概率 $P(A)$ 就是事件 A 发生的可能性大小的数量描述.

2. 古典概型的特点

(1) 样本空间由有限个样本点构成

$$S=\{e_1,e_2,\cdots,e_n\}.$$

(2) 每个样本点出现的可能性相等

$$P(e_1)=P(e_2)=\cdots=P(e_n)=\frac{1}{n}.$$

3. 古典概型中事件的概率计算公式

$P(A)=\frac{m}{n}$，其中 n 为样本空间中样本点的个数，m 为事件 A 中样本点的个数.

4. 频率

在相同的条件下，重复进行 n 次试验，在这 n 次试验中，事件 A 发生的次数 n_A 称为事件 A 发生的频数，比值 $\frac{n_A}{n}$ 称为事件 A 发生的频率，记作 $f_n(A)$.

频率满足以下基本性质：

(1) $0\leqslant f_n(A)\leqslant 1$；

(2) $f_n(S)=1$；

(3) 若 $A_1,A_2,\cdots,A_k$ 是两两互不相容的事件，则

$$f_n(A_1\cup A_2\cup\cdots\cup A_k)=f_n(A_1)+f_n(A_2)+\cdots+f_n(A_k).$$

5. 概率的统计定义

对于随机试验 E，当试验次数逐渐增大时，频率 $f_n(A)$ 将逐渐稳定于唯一确定的实数，$f_n(A)$ 的稳定值被定义为随机事件 A 的概率，记为 $P(A)$. 它反映了随机事件 A 在一次试验中发生的可能性大小.

6. 概率的公理化定义

设 E 是随机试验，S 是它的样本空间，对于 E 的每一事件 A 赋予一个实数，记为 $P(A)$，如果 $P(A)$ 满足以下条件：

(1) **非负性** 对任意事件 A，有 $P(A) \geqslant 0$；

(2) **规范性** 对于必然事件 S，有 $P(S) = 1$；

(3) **可列可加性** 设 $A_1, A_2, \cdots$ 是一列两两互不相容的随机事件，即对 $A_iA_j = \varnothing, i \neq j, i, j = 1, 2, \cdots$，则有

$$P\left(\bigcup_{i=1}^{\infty} A_i\right) = \sum_{i=1}^{\infty} P(A_i),$$

则称 $P(A)$ 为事件 A 的概率.

7. 概率的性质

(1) $0 \leqslant P(A) \leqslant 1, P(S) = 1, P(\varnothing) = 0$.

(2) **有限可加性** 若 $A_1, A_2, \cdots, A_n$ 是两两互不相容事件，则有

$$P(A_1 \cup A_2 \cup \cdots \cup A_n) = P(A_1) + P(A_2) + \cdots + P(A_n).$$

(3) 对于任意两个事件 A, B，有 $P(A - B) = P(A) - P(AB)$，特别地，若 $A \supset B$，则有 $P(A - B) = P(A) - P(B)$.

推论 若 $A \supset B$，则 $P(A) \geqslant P(B)$.

(4) 对于任意两个事件 A, B，有 $P(A \cup B) = P(A) + P(B) - P(AB)$.

注 设 A,B,C 为任意三个事件，则有

$$P(A\cup B\cup C)=P(A)+P(B)+P(C)-P(AB)-P(AC)-P(BC)+P(ABC).$$

(5) **逆事件的概率** 对于任意事件 A，有 $P(\overline{A})=1-P(A)$.

三 条件概率

1. 条件概率的定义

(1) 设 A,B 是两个事件，且 $P(A)>0$，称 $P(B\mid A)=\dfrac{P(AB)}{P(A)}$ 为事件 A 发生的条件下事件 B 发生的条件概率.

同理 $P(A\mid B)=\dfrac{P(AB)}{P(B)}[P(B)>0]$ 为事件 B 发生的条件下事件 A 发生的条件概率.

(2) 条件概率 $P(B\mid A)$ 的性质：

① 非负性：对于每一事件 B，有 $P(B\mid A)\geqslant 0$；

② 规范性：对于必然事件 S，有 $P(S\mid A)=1$；

③ 可列可加性：设 $B_1,B_2,\cdots$ 是两两互不相容事件，则有 $P(\bigcup\limits_{i=1}^{\infty}B_i\mid A)=\sum\limits_{i=1}^{\infty}P(B_i\mid A)$；

④ $P[(B_1-B_2)\mid A]=P(B_1\mid A)-P(B_1B_2\mid A)$；

$P(B_1 \cup B_2 \mid A) = P(B_1 \mid A) + P(B_2 \mid A) - P(B_1B_2 \mid A)$;

$P(\overline{B} \mid A) = 1 - P(B \mid A)$.

注 条件概率也满足概率的上述三条基本性质，所以条件概率也是概率，是样本空间缩小为事件 A 的概率，因而它满足概率的所有性质.

2. 乘法公式

设 A,B 是两个事件，且 $P(A) > 0$，则有 $P(AB) = P(B \mid A)P(A)$；

或
$$P(AB) = P(A \mid B)P(B)[P(B) > 0].$$

一般地，设 $A_1, A_2, \cdots, A_n$ 为 $n(n \geqslant 2)$ 个事件，且 $P(A_1A_2\cdots A_{n-1}) > 0$，则有

$$P(A_1A_2\cdots A_n) = P(A_n \mid A_1A_2\cdots A_{n-1})P(A_{n-1} \mid A_1A_2\cdots A_{n-2})\cdots P(A_2 \mid A_1)P(A_1).$$

注 乘法公式是计算积事件概率的基本公式.

3. 全概率公式与贝叶斯公式

(1) 样本空间的划分

设 S 为试验 E 的样本空间，$B_1, B_2, \cdots, B_n$ 为 E 的一组事件，若

① $B_iB_j = \varnothing, i \neq j, i,j = 1,2,\cdots,n$;

② $B_1 \cup B_2 \cup \cdots \cup B_n = S$,

则称 $B_1, B_2, \cdots, B_n$ 为样本空间 S 的一个划分，或完备事件组.

(2) **全概率公式**

设试验 E 的样本空间为 S，A 为 E 的事件，$B_1, B_2, \cdots, B_n$ 为样本空间 S 的一个划分，且 $P(B_i) > 0(i = 1, 2, \cdots, n)$，则

$$P(A) = P(A \mid B_1)P(B_1) + P(A \mid B_2)P(B_2) + \cdots + P(A \mid B_n)P(B_n).$$

(3) **贝叶斯公式**

设试验 E 的样本空间为 S，A 为 E 的事件，$B_1, B_2, \cdots, B_n$ 为样本空间 S 的一个划分，且 $P(A) > 0, P(B_i) > 0(i = 1, 2, \cdots, n)$，则

$$P(B_i \mid A) = \frac{P(A \mid B_i)P(B_i)}{\sum_{j=1}^{n} P(A \mid B_j)P(B_j)}, i = 1, 2, \cdots, n.$$

注 (1) 一个复杂的随机事件往往由若干个互不相容的原因导致发生，求这一类随机事件的概率时就要用到全概率公式；而已知事件已经发生，求由某一个原因导致发生的概率时，用贝叶斯公式.

(2) 用全概率公式和贝叶斯公式求事件概率时，样本空间划分的选取是关键. 一般划分由导致事件发生的互不相容的所有原因组成，即由题设中给出的或隐含的所有条件概率的条件组成.

四 事件的独立性

1. 两个事件的独立性

设 A,B 是两事件，如果 $P(AB)=P(A)P(B)$，则称事件 A,B 相互独立，简称 A,B 独立.

(1) 设 A 与 B 是两事件，且 $P(A)>0$，A 与 B 相互独立，则 $P(B\mid A)=P(B)$，

(2) 若事件 A 与事件 B 相互独立，则 A 与$\overline{B}$，$\overline{A}$ 与 B，$\overline{A}$ 与$\overline{B}$ 也相互独立.

2. 多个事件的独立性

(1) **两两独立**

设 A,B,C 是三个事件，如果满足

$$P(AB)=P(A)P(B),$$
$$P(BC)=P(B)P(C),$$
$$P(AC)=P(A)P(C),$$

则称事件 A,B,C 两两独立.

一般地，设 $A_1,A_2,\cdots,A_n$ 是 n 个事件，若对任意的 $i\neq j,i,j=1,2,\cdots,n$，总有

$$P(A_iA_j)=P(A_i)P(A_j),$$

则称 $A_1,A_2,\cdots,A_n$ 两两独立.

(2) **相互独立**

设 A,B,C 是三个事件，如果满足

$$P(AB)=P(A)P(B),$$
$$P(BC)=P(B)P(C),$$
$$P(AC)=P(A)P(C),$$
$$P(ABC)=P(A)P(B)P(C),$$

则称事件 A,B,C 相互独立.

一般地，设 $A_1,A_2,\cdots,A_n$ 是 n 个事件，从中任取 $k\ (2\leqslant k\leqslant n)$ 个事件 $A_{i_1},A_{i_2},\cdots,A_{i_k}$，总有 $P(A_{i_1}A_{i_2}\cdots A_{i_k})=P(A_{i_1})P(A_{i_2})\cdots P(A_{i_k})$ 成立，则称 $A_1,A_2,\cdots,A_n$ 相互独立.

注 (1) 相互独立一定两两独立，两两独立不能保证相互独立；

(2) 若事件 $A_1,A_2,\cdots,A_n$ 相互独立，则其中任意 $k\ (2\leqslant k\leqslant n)$ 个事件 $A_{i_1},A_{i_2},\cdots,A_{i_k}$ 也相互独立；

(3) 若事件 $A_1,A_2,\cdots,A_n$ 相互独立，从中任取 $k\ (1\leqslant k\leqslant n)$ 个事件换成它们的对立事件，所得的 n 个事件仍然相互独立；

(4) 利用定义验证 n 个事件相互独立，要验证 2^n-n-1 个等式成立，非常麻烦(n 较大时). 一般地，在实际中经常根据实际意义来判断多个事件之间的独立性.

第二章 随机变量及其分布

本章知识结构

- 随机变量及其分布
  - 随机变量与分布函数
    - 随机变量
    - 分布函数
  - 离散型随机变量
    - 离散型随机变量及其概率分布
    - 常用的离散型随机变量
      - (0－1) 分布
      - 二项分布
      - 泊松分布
      - 几何分布
      - 超几何分布
  - 连续型随机变量
    - 连续型随机变量及其概率密度
    - 常用的连续型随机变量
      - 均匀分布
      - 指数分布
      - 正态分布
    - 随机变量函数的分布
      - 离散型随机变量函数的分布
      - 连续型随机变量函数的分布
        - 分布函数法
        - 公式法

一 随机变量

设 E 是随机试验，样本空间为 S，如果对随机试验的每一个结果 ω，都有一个实数 $X(\omega)$ 与之对应，那么把这个定义在 S 上的单值实值函数 $X = X(\omega)$ 称为随机变量. 随机变量一般用大写字母 $X,Y,Z,\cdots$ 表示.

就取值情况而言，随机变量分为两类：离散型随机变量和连续型随机变量.

随机变量的取值由随机试验的结果来确定，而且每个试验结果（即随机事件）的出现都有一定的概率，因而随机变量的取值有相应的概率，这种概率规律叫作随机变量的概率分布. 在概率分布的描述上，离散型随机变量和连续型随机变量所采用的方法是不同的，前者主要采用列举法，后者主要采用积分法.

二 离散型随机变量及其分布律

1. 离散型随机变量及其分布律的概念

(1) 离散型随机变量

若随机变量 X 所有可能的取值为有限个或者可列个，则称这样的随机变量为离散型随机变量.

离散型随机变量 X 的所有取值可以按某种顺序列出. 要掌握离散型随机变量 X 取值的统

计规律,必须且只需知道 X 所有可能的取值以及取每一个可能值的概率.

(2) **离散型随机变量的分布律**

设 X 为离散型随机变量,X 所有可能的取值为 $x_i,i=1,2,\cdots$,称

$$P\{X=x_i\}=p_i,i=1,2,\cdots,$$

为随机变量 X 的概率分布,也称为分布律或分布列.

分布律也可以用列表法给出.分布律列举出了离散型随机变量的所有可能取值并给出了取每一个可能取值的概率,所以说它完整地描述了离散型随机变量的统计规律.

(3) **分布律满足下述性质**

① 非负性:$p_i \geqslant 0,i=1,2,\cdots$;

② 正则性:$\sum\limits_{i=1}^{\infty}p_i=1$.

2. 几个重要的离散型随机变量及其分布律

(1) $(0-1)$ **分布**

若随机变量 X 只有两个可能的取值 0 和 1,其分布律为

$$P\{X=k\}=p^k(1-p)^{1-k},k=0,1,$$

则称 X 服从以 p 为参数的 $(0-1)$ 分布或两点分布.

对于一个随机实验,如果它的样本空间只包含两个元素,就可以用一个服从 $(0-1)$ 分布的随机变量来描述这个随机试验的结果.

(2) **二项分布**

① 伯努利试验：设试验E只有两个可能的结果：A及$\overline{A}$，则称E为伯努利试验. 设$P(A)=p(0<p<1)$，此时，$P(\overline{A})=1-p$. 将E独立重复地进行n次，则这一串重复的独立试验为n重伯努利试验.

② 二项分布：若随机变量X表示n重伯努利试验中事件A出现的次数，则有

$$P\{X=k\}=C_n^k p^k(1-p)^{n-k},k=0,1,2,\cdots,n,$$

则称随机变量X服从二项分布，记为$X\sim B(n,p)$，其中n和$p(0<p<1)$是二项分布的参数，上式就是二项分布的分布律.

③ 二项分布与$(0-1)$分布的关系

首先，$(0-1)$分布是二项分布$n=1$的特例；其次，在n重伯努利试验中，记$X_i(i=1,2,\cdots,n)$为第i次试验中事件A发生的次数，则$X_1,X_2,\cdots,X_n$均服从参数为p的$(0-1)$分布且相互独立，事件A发生的次数为$X=\sum\limits_{i=1}^{n}X_i$，即服从参数为$n,p$的二项分布的随机变量可以分解为相互独立同服从参数为p的$(0,1)$分布的n个随机变量的和.

(3) **泊松分布**

① 泊松分布：若随机变量X的分布律为

$$P\{X=k\}=\frac{\lambda^k}{k!}e^{-\lambda},k=0,1,2,\cdots,$$

其中 $\lambda>0$ 是常数，则称随机变量 X 服从参数为 λ 的泊松分布，记为 $X\sim P(\lambda)$.

② 泊松定理：设离散型随机变量 $X\sim B(n,p_n)$，如果当 $n\to\infty$ 时，$np_n\to\lambda(\lambda>0$ 常数)，则有

$$\lim_{n\to\infty}C_n^k p_n^k(1-p_n)^{n-k}=\frac{\lambda^k}{k!}e^{-\lambda},k=0,1,2,\cdots.$$

泊松定理表明，泊松分布为二项分布的极限分布，即在试验次数 n 很大，而 np_n 不太大时，二项分布可以用参数为 $\lambda=np_n$ 的泊松分布来近似. 同时给出了当 n 比较大时，二项分布的一个近似计算方法.

(4) **超几何分布**

设有 N 件产品，其中有 M 件次品，今从中任取 n 件，以 X 记其中的次品件数，则随机变量 X 的分布律为

$$P\{X=k\}=\frac{C_M^kC_{N-M}^{n-k}}{C_N^n},k=0,1,2,\cdots,r,$$

其中 $r=\min\{M,n\}$，且 $M\leqslant N,n\leqslant N,n,N,M$ 均为正整数，则称随机变量 X 服从超几何分布，记为 $X\sim H(n,N,M)$.

(5) **几何分布**

若随机变量 X 的分布律为

$$P\{X=k\}=pq^{k-1},k=1,2,\cdots,q=1-p,$$

其中 $p(0<p<1)$ 为参数，则称 X 服从几何分布，记为 $X \sim G(p)$.

三 随机变量的分布函数

1. 随机变量的分布函数

(1) **分布函数**　设 X 是一个随机变量，x 是任意实数，称函数

$$F(x)=P\{X\leqslant x\},-\infty<x<\infty,$$

为随机变量 X 的分布函数.

(2) **分布函数的性质**

① 单调性：分布函数是单调不减的，即若 $x_1<x_2$，则 $F(x_1)\leqslant F(x_2)$；

② 有界性：$0\leqslant F(x)\leqslant 1$，且 $F(-\infty)=\lim\limits_{x\to-\infty}F(x)=0$，$F(+\infty)=\lim\limits_{x\to+\infty}F(x)=1$；

③ 右连续性：$F(x+0)=F(x)$.

函数 $F(x)$ 如果满足上述三条性质，则 $F(x)$ 一定是某一个随机变量的分布函数，即上述三条性质是 $F(x)$ 为随机变量分布函数的充分必要条件.

2. 用分布函数表示概率

(1) $P\{X<b\}=F(b-0)$.

(2) $P\{X=a\}=P\{X\leqslant a\}-P\{X<a\}=F(a)-F(a-0)$.

(3) $P\{X>a\}=1-P\{X\leqslant a\}=1-F(a)$.

(4) $P\{a<X\leqslant b\}=P\{X\leqslant b\}-P\{X\leqslant a\}=F(b)-F(a)$.

(5) $P\{a<X<b\}=P\{X<b\}-P\{X\leqslant a\}=F(b-0)-F(a)$.

(6) $P\{a\leqslant X\leqslant b\}=P\{X\leqslant b\}-P\{X<a\}=F(b)-F(a-0)$.

(7) $P\{a\leqslant X<b\}=P\{X<b\}-P\{X<a\}=F(b-0)-F(a-0)$.

3. 离散型随机变量的分布函数

离散型随机变量的分布函数为

$$F(x)=P\{X\leqslant x\}=\sum_{x_i\leqslant x}P\{X=x_i\},i=1,2,\cdots,$$

即分布函数 $F(x)$ 在点 x 的函数值等于随机变量 X 取点 x 左边(包含点 x)的所有可能取值的概率的和. 由此可见离散型随机变量的分布函数是阶梯函数,在每一个可能取值 x_i 处,函数有一个跃度为 p_i 的跳跃,而 p_i 就是随机变量 X 取该值的概率. 因此,由 x 的分布函数的图形可以求出 x 的分布律.

四 连续型随机变量

1. 连续型随机变量及其概率密度

(1) **连续型随机变量及其概率密度** 设 $F(x)$ 是随机变量 X 的分布函数,如果存在非负函数 $f(x)$,对于任意实数 x 有

$$F(x)=\int_{-\infty}^{x} f(t)\mathrm{d}t,$$

则称 X 为连续型随机变量，其中 $f(x)$ 称为 X 的概率密度函数，简称概率密度.

由高等数学知识可知，若非负函数 $f(x)$ 是随机变量 X 的密度函数，任意改变 $f(x)$ 在有限个点的函数值后所得的函数仍然是 X 的密度函数，所以连续型随机变量的密度函数不唯一，在计算连续型随机变量的密度函数时，个别点处的值可以任意给定.

(2) **概率密度函数的性质**

① $f(x)\geqslant 0$.

② $\int_{-\infty}^{+\infty} f(x)\mathrm{d}x=1$.

③ 对于任意 $x_1,x_2(x_1\leqslant x_2)$ 有

$$P\{x_1<X\leqslant x_2\}=F(x_2)-F(x_1)=\int_{x_1}^{x_2} f(t)\mathrm{d}t.$$

④ 若 $f(x)$ 在 x 点连续，则有 $F'(x)=f(x)$.

性质(1) 和(2) 是密度函数的基本性质，一个函数如果满足前两条性质，该函数一定是某一个连续型随机变量的密度函数，即性质(1) 和(2) 是一个函数为连续型随机变量的密度函数的充分必要条件.

注 (1) 连续型随机变量的分布函数是积分上限函数，所以是连续函数；

(2) 设 X 是连续型随机变量，a 是任意一点，$P\{X=a\}=F(a)-F(a-0)=0$. 由此可见，概率为零的事件不一定是不可能事件，当计算连续型随机变量的取值落在一个区间内的概率时，不必考虑区间的开闭.

2. 几种重要的连续型随机变量

(1) 均匀分布

设 X 为连续型随机变量，若概率密度为

$$f(x)=\begin{cases}\dfrac{1}{b-a}, a<x<b,\\ 0, \text{其它},\end{cases}$$

其中 a,b 为任意实数，则称随机变量 X 服从区间 (a,b) 上的均匀分布，记为 $X\sim U(a,b)$.

(2) 指数分布

① 指数分布：设 X 为连续型随机变量，若概率密度为

$$f(x)=\begin{cases}\lambda e^{-\lambda x}, x>0,\\ 0, \text{其它},\end{cases}$$

其中参数 $\lambda>0$，则称随机变量 X 服从参数为 λ 的指数分布，记为 $X\sim E(\lambda)$.

② 指数分布的无记忆性：设随机变量 $X\sim E(\lambda)$，则对于任意的正数 s 和 t 有

$$P\{X > s+t \mid X > t\} = P\{X > s\}.$$

(3) **正态分布**

① 正态分布：设 X 为连续型随机变量，若概率密度为

$$f(x) = \frac{1}{\sqrt{2\pi}\sigma} e^{-\frac{(x-\mu)^2}{2\sigma^2}}, -\infty < x < \infty,$$

其中 $\mu,\sigma(\sigma > 0)$ 为参数，则称随机变量 X 服从参数为 μ 和 σ^2 的正态分布或高斯分布，记为 $X \sim N(\mu,\sigma^2)$.

② 正态分布的分布函数为

$$F(x) = P\{X \leqslant x\} = \frac{1}{\sqrt{2\pi}\sigma}\int_{-\infty}^{x} e^{-\frac{(t-\mu)^2}{2\sigma^2}} dt, -\infty < x < \infty.$$

③ 参数 μ,σ 的含义：$x = \mu$ 是正态分布的密度函数的对称中心，μ 的取值决定了密度函数曲线的位置；

σ 的大小决定了密度函数的形状，σ 越大，密度函数曲线越平坦，σ 越小，密度函数曲线越陡峭. 密度函数在 $x = \mu$ 时取最大值 $\frac{1}{\sqrt{2\pi}\sigma}$.

④ 标准正态分布：$\mu = 0,\sigma = 1$ 的正态分布称为标准正态分布，密度函数为

$$f(x) = \frac{1}{\sqrt{2\pi}} e^{-\frac{x^2}{2}}, -\infty < x < \infty,$$

X 服从标准正态分布记作 $X \sim N(0,1)$. 标准正态分布的分布函数记为 $\Phi(x)$,即

$$\Phi(x)=\frac{1}{\sqrt{2\pi}}\int_{-\infty}^{x} \mathrm{e}^{-\frac{t^2}{2}}\,\mathrm{d}t,\ -\infty<x<+\infty.$$

⑤ 正态分布随机变量的标准化:若 $X \sim N(\mu,\sigma^2)$,则 $Z=\frac{X-\mu}{\sigma} \sim N(0,1)$.

⑥ 正态分布的分布函数值的计算:由高等数学知识可知,正态分布的分布函数值不能用牛顿 — 莱布尼茨公式计算. 为此,首先利用标准化方法将正态分布的分布函数在某点的值转化为标准正态分布的分布函数在相应点的函数值,标准正态分布的分布函数值可查表得到.

例如,设 $X \sim N(\mu,\sigma^2)$,则有

$$P\{a<X\leqslant b\}=P\left\{\frac{a-\mu}{\sigma}<\frac{X-\mu}{\sigma}\leqslant\frac{b-\mu}{\sigma}\right\}=\Phi\left(\frac{b-\mu}{\sigma}\right)-\Phi\left(\frac{a-\mu}{\sigma}\right).$$

五 随机变量函数的分布

1. 离散型随机变量函数的分布

已知 X 的分布律为 $P\{X=x_k\}=p_k(k=1,2,\cdots)$,$Y=g(X)$,则 Y 也是一个离散型随机变量. 根据离散型随机变量求解概率分布的方法,首先确定 Y 的取值,再分别求出相应取值的概率,这样就得到了 Y 的概率分布.

2. 连续型随机变量函数的分布

一般地，设 X 是连续型随机变量，分布函数为 $F_X(x)$，即 $F_X(x)=P\{X\leqslant x\}$，密度函数为 $f_X(x)$，$Y=g(X)$，若 $g(x)$ 是连续函数，则 Y 也是一个连续型随机变量.

Y 的分布可以用下面两种方法求得.

(1) **分布函数法**

首先，求出随机变量 Y 的分布函数

$$F_Y(y)=P\{Y\leqslant y\}=P\{g(X)\leqslant y\},$$

由不等式"$g(X)\leqslant y$"解得关于 X 的不等式，则 $F_Y(y)$ 就可以利用已知的分布函数 $F_X(x)$ 来表示.

其次，分布函数 $F_Y(y)$ 关于 y 求导，就得到了 Y 的概率密度 $f_Y(y)=F'_Y(y)$.

(2) **公式法**

设 X 是连续型随机变量，其概率密度为 $f_X(x)$，又设函数 $g(x)$ 严格单调，其反函数 $h(y)$ 有连续导数，则 $Y=g(X)$ 是连续型随机变量，且其概率密度为

$$f_Y(y)=\begin{cases} f_X[h(y)]\,|h'(y)|, & \alpha<y<\beta, \\ 0, & \text{其它}, \end{cases}$$

其中 $\alpha=\min\{g(-\infty),g(+\infty)\}$，$\beta=\max\{g(-\infty),g(+\infty)\}$.

第三章 多维随机变量及其分布

本章知识结构

- 多维随机变量及其分布
  - 二维随机变量
  - 二维随机变量的联合分布
    - 联合分布函数
    - 联合分布律
    - 联合概率密度
    - 两种常用的二维连续型随机变量
      - 二维均匀分布
      - 二维正态分布
  - 二维随机变量的边缘分布
    - 边缘分布函数
    - 边缘分布律
    - 边缘概率密度
  - 二维随机变量的条件分布
    - 条件分布率
    - 条件概率密度

- 多维随机变量及其分布
  - 二维随机变量函数的分布
    - 二维离散型随机变量函数的分布
    - 二维连续型随机变量函数的分布
      - 和的分布
      - 积的分布
      - 商的分布
      - 最大值与最小值的分布
  - n 维随机变量的独立性

一 二维随机变量

1. 二维随机变量及其分布函数

(1) 二维随机变量

设 E 是随机试验，$X=X(\omega)$ 和 $Y=Y(\omega)$ 是定义在同一个样本空间 $S=\{\omega\}$ 上的随机变量，则称 (X,Y) 为二维随机变量或二维随机向量.

(2) 二维随机变量的分布函数

设 (X,Y) 为二维随机变量，对于任意实数 x,y，称

$$F(x,y)=P\{X\leqslant x,Y\leqslant y\}$$

为二维随机变量 (X,Y) 的联合分布函数，简称为分布函数.

(3) **分布函数的性质**

① $F(x,y)$ 是变量 x 和 y 的单调不减函数，即对任意的 y，当 $x_1<x_2$ 时，$F(x_1,y)\leqslant F(x_2,y)$；对于任意的 x，当 $y_1<y_2$ 时，$F(x,y_1)\leqslant F(x,y_2)$；

② 对任意的 x 和 y，有 $0\leqslant F(x,y)\leqslant 1$，并且：

$$F(-\infty,y)=\lim_{x\to-\infty}F(x,y)=0,$$

$$F(x,-\infty)=\lim_{y\to-\infty}F(x,y)=0,$$

$$F(+\infty,+\infty)=\lim_{\substack{x\to+\infty\\ y\to+\infty}}F(x,y)=1;$$

③ 对 x 或 y 都是右连续的，即

$$F(x+0,y)=F(x,y),F(x,y+0)=F(x,y);$$

④ 对任意的 (x_1,y_1) 和 (x_2,y_2)，其中 $x_1<x_2,y_1<y_2$，有

$$F(x_2,y_2)-F(x_1,y_2)-F(x_2,y_1)+F(x_1,y_1)\geqslant 0.$$

注 一个二元函数如果满足上述四条性质，则一定是某一个二维随机变量的分布函数，即上述四条性质是二元函数作为分布函数的充分必要条件.

2. 二维离散型随机变量及其分布律

(1) **二维离散型随机变量**

若二维随机变量 (X,Y) 只取有限个或可列个数对 (x_i,y_j)，则称 (X,Y) 为二维离散型随

机变量.

（2）**分布律**

若二维离散型随机变量的所有可能取值为(x_i,y_j)，$i,j=1,2,\cdots$，则称

$$p_{ij}=P\{X=x_i,Y=y_j\},i,j=1,2,\cdots,$$

为(X,Y)的联合分布律或者联合概率分布，简称为分布律或者概率分布.

联合分布律的性质：

① $p_{ij}\geqslant 0,i,j=1,2,\cdots$；

② $\sum\limits_i\sum\limits_j p_{ij}=1$.

3. 二维连续型随机变量及其分布密度

（1）**二维连续型随机变量**

设二维随机变量(X,Y)的分布函数为$F(x,y)$，如果存在非负函数$f(x,y)$，对任意x,y有$F(x,y)=\int_{-\infty}^{x}\int_{-\infty}^{y}f(u,v)\mathrm{d}v\mathrm{d}u$，

则称(X,Y)是二维连续型随机变量，$f(x,y)$称为二维连续型随机变量(X,Y)的联合概率密度函数，简称为概率密度.

（2）**联合概率密度函数的性质**

① $f(x,y)\geqslant 0$；

② $\int_{-\infty}^{+\infty}\int_{-\infty}^{+\infty} f(x,y)\mathrm{d}x\mathrm{d}y = 1$；

③ 若 G 是 xOy 面上的区域，随机点 (X,Y) 落在区域 G 内的概率为

$$P\{(X,Y) \in G\} = \iint_G f(x,y)\mathrm{d}x\mathrm{d}y;$$

④ 若 $f(x,y)$ 在点 (x,y) 处连续，则有 $\dfrac{\partial^2 F(x,y)}{\partial x \partial y} = f(x,y)$.

(3) 两个重要的二维连续型分布

① 设 G 是平面上的一个有界区域，其面积为 S_G，若随机变量 (X,Y) 的概率密度为

$$f(x,y) = \begin{cases} \dfrac{1}{S_G}, (x,y) \in G, \\ 0, \text{其它}, \end{cases}$$

则称随机变量 (X,Y) 服从区域 G 上的二维均匀分布.

② 二维正态分布：如果二维随机变量 (X,Y) 的联合概率密度为

$$f(x,y) = \frac{1}{2\pi\sigma_1\sigma_2\sqrt{1-\rho^2}} \mathrm{e}^{-\frac{1}{2(1-\rho^2)}\left[\frac{(x-\mu_1)^2}{\sigma_1^2} - 2\rho\frac{(x-\mu_1)(y-\mu_2)}{\sigma_1\sigma_2} + \frac{(y-\mu_2)^2}{\sigma_2^2}\right]}, -\infty < x, y < +\infty,$$

其中五个参数 $\mu_1, \mu_2, \sigma_1^2, \sigma_2^2, \rho$ 均为常数，且 $-\infty < \mu_1, \mu_2 < +\infty, \sigma_1, \sigma_2 > 0, -1 \leqslant \rho \leqslant 1$，则称 (X,Y) 服从二维正态分布，记为

$$(X,Y) \sim N(\mu_1, \mu_2; \sigma_1^2, \sigma_2^2; \rho).$$

(4) n 维随机变量及其分布

① n维随机变量：一般地，设E是随机试验，它的样本空间为S，$X_1, X_2, \cdots, X_n$是定义在S上的n个随机变量，由它们构成的n维向量$(X_1, X_2, \cdots, X_n)$称为n维随机变量或n维随机向量.

② 分布函数：对于任意的实数$x_1, x_2, \cdots, x_n$，n元函数

$$F(x_1, x_2, \cdots, x_n) = P\{X_1 \leqslant x_1, X_2 \leqslant x_2, \cdots, X_n \leqslant x_n\}$$

称为n维随机变量$(X_1, X_2, \cdots, X_n)$的联合分布函数，或简称为分布函数，它具有与二维随机变量分布函数类似的性质.

二 边缘分布

1. 二维随机变量的边缘分布函数

设二维随机变量(X,Y)的联合分布函数为$F(x,y)$，则

(1) 随机变量 X 的边缘分布函数

$$F_X(x) = P\{X \leqslant x\} = P\{X \leqslant x, Y < +\infty\} = F(x, +\infty), -\infty < x < +\infty.$$

(2) 随机变量 Y 的边缘分布函数

$$F_Y(y) = P\{Y \leqslant y\} = P\{X < +\infty, Y \leqslant y\} = F(+\infty, y), -\infty < y < +\infty.$$

2. 二维离散型随机变量的边缘分布律

设二维离散型随机变量(X,Y)的联合分布律为

$$p_{ij}=P\{X=x_i,Y=y_j\},i,j=1,2,\cdots.$$

(1) **随机变量 X 的边缘分布律**

$$P\{X=x_i\}=\sum_{j=1}^{\infty}P\{X=x_i,Y=y_j\}=\sum_{j=1}^{\infty}p_{ij}=p_{i\cdot},i=1,2,\cdots;$$

(2) **随机变量 Y 的边缘分布律**

$$P\{Y=y_j\}=\sum_{i=1}^{\infty}P\{X=x_i,Y=y_j\}=\sum_{i=1}^{\infty}p_{ij}=p_{\cdot j},j=1,2,\cdots.$$

3. 二维连续型随机变量的边缘概率密度

若(X,Y)是二维连续型随机变量，则X,Y分别是一维连续型随机变量，X,Y的概率密度分别称为(X,Y)关于X和Y的边缘概率密度，分别记为$f_X(x)$和$f_Y(y)$.

设二维连续型随机变量(X,Y)的联合概率密度为$f(x,y)$，则

(1) **随机变量 X 的边缘概率密度函数以及边缘分布函数**

$$f_X(x)=\int_{-\infty}^{+\infty}f(x,y)\mathrm{d}y,-\infty<x<+\infty,$$

$$F_X(x)=\int_{-\infty}^{x}f_X(u)\mathrm{d}u=\int_{-\infty}^{x}\int_{-\infty}^{+\infty}f(u,v)\mathrm{d}u\mathrm{d}v.$$

(2) **随机变量 Y 的边缘概率密度函数以及边缘分布函数**

$$f_Y(y)=\int_{-\infty}^{+\infty}f(x,y)\mathrm{d}x,\ -\infty<y<+\infty.$$

$$F_Y(y)=\int_{-\infty}^{y}f_Y(v)\mathrm{d}v=\int_{-\infty}^{y}\int_{-\infty}^{+\infty}f(u,v)\mathrm{d}u\mathrm{d}v.$$

若$(X,Y)\sim N(\mu_1,\mu_2;\sigma_1^2,\sigma_2^2;\rho)$，则 $X\sim N(\mu_1,\sigma_1^2)$，$Y\sim N(\mu_2,\sigma_2^2)$，联合分布中含有参数 ρ，而两个边缘分布中均没有出现参数 ρ. 因此，边缘分布不能唯一确定联合分布.

三 随机变量的独立性

1. 二维随机变量的独立性

(1) 设二维随机变量(X,Y)的联合分布函数为 $F(x,y)$，且 X 与 Y 的边缘分布函数为 $F_X(x)$、$F_Y(y)$，若对任意的一组取值(x,y)，有 $F(x,y)=F_X(x)F_Y(y)$ 成立，则称随机变量 X 与 Y 相互独立.

(2) **随机变量的独立性定理**

① 设(X,Y)为二维离散型随机变量，对任意的(x_i,y_j)，则离散型随机变量 X 与 Y 相互独立的充要条件为 $P\{X=x_i,Y=y_j\}=P\{X=x_i\}P\{Y=y_j\}$，即 $P_{ij}=P_{i\cdot}P_{\cdot j}$.

② 设(X,Y)为二维连续型随机变量，对任意的(x,y)，则连续型随机变量 X 与 Y 相互独立的充要条件为 $f(x,y)=f_X(x)f_Y(y)$.

注 对于二维正态随机变量(X,Y)来说，X 与 Y 相互独立的充要条件是 $\rho=0$.

2. 多维随机变量的独立性

设 $F(x_1,x_2,\cdots,x_n)$ 是 n 维随机变量$(X_1,X_2,\cdots,X_n)$的分布函数，$(X_1,X_2,\cdots,X_n)$关于$(X_{i_1},X_{i_2},\cdots,X_{i_k})(1\leqslant k\leqslant n)$的边缘分布函数定义为

$$\begin{aligned}&F_{X_{i_1},X_{i_2},\cdots,X_{i_k}}(x_{i_1},x_{i_2},\cdots,x_{i_k})\\&=F(+\infty,\cdots,+\infty,x_{i_1},+\infty,\cdots,+\infty,x_{i_2},\cdots,+\infty,\cdots,+\infty,x_{i_k}).\end{aligned}$$

设 $F(x_1,x_2,\cdots,x_n)$，$F_{X_1}(x_1)$，$F_{X_2}(x_2)$，$\cdots$，$F_{X_n}(x_n)$ 分别是随机变量$(X_1,X_2,\cdots,X_n)$的分布函数和关于 $X_1,X_2,\cdots,X_n$ 的边缘分布函数，如果对任意 $x_1,x_2,\cdots,x_n$，都有

$$F(x_1,x_2,\cdots,x_n)=F_{X_1}(x_1)F_{X_2}(x_2)\cdots F_{X_n}(x_n)$$

则称 $X_1,X_2,\cdots,X_n$ 相互独立.

如果对所有 $x_1,x_2,\cdots,x_n;y_1,y_2,\cdots,y_m$ 都有

$$F(x_1,x_2,\cdots,x_n;y_1,y_2,\cdots,y_m)=F_1(x_1,x_2,\cdots,x_n)F_2(y_1,y_2,\cdots,y_m),$$

其中 $F(\cdot)$，$F_1(\cdot)$，$F_2(\cdot)$ 分别是$(X_1,X_2,\cdots,X_n;Y_1,Y_2,\cdots,Y_m)$，$(X_1,X_2,\cdots,X_n)$，$(Y_1,Y_2,\cdots,Y_m)$的分布函数，则称随机变量$(X_1,X_2,\cdots,X_n)$和$(Y_1,Y_2,\cdots,Y_m)$相互独立.

定理 设随机变量$(X_1,X_2,\cdots,X_n)$和$(Y_1,Y_2,\cdots,Y_m)$相互独立，则$X_i(i=1,2,\cdots,n)$和$Y_j(j=1,2,\cdots,m)$相互独立；又若h,g是连续函数，则$h(X_1,X_2,\cdots,X_n)$和$g(Y_1,Y_2,\cdots,Y_m)$相互独立.

四 条件分布

1. 二维离散型随机变量的条件分布律

设二维离散型随机变量(X,Y)，其联合分布律为

$$p_{ij}=P\{X=x_i,Y=y_j\},i,j=1,2,\cdots,$$

(1) 关于Y的边缘分布律为$P\{Y=y_j\}=\sum_{i=1}^{\infty}p_{ij}=p_{\cdot j},j=1,2,\cdots$，若$p_{\cdot j}>0$，则称

$$p_{i|j}=P\{X=x_i\mid Y=y_j\}=\frac{P\{X=x_i,Y=y_j\}}{P\{Y=y_j\}}=\frac{p_{ij}}{p_{\cdot j}},i=1,2,\cdots$$

为在$Y=y_j$的条件下随机变量X的条件分布律.

(2) 关于X的边缘分布律为$P\{X=x_i\}=\sum_{j=1}^{\infty}p_{ij}=p_{i\cdot},i=1,2,\cdots$，若$p_{i\cdot}>0$，则称

$$p_{j|i}=P\{Y=y_j\mid X=x_i\}=\frac{P\{X=x_i,Y=y_j\}}{P\{X=x_i\}}=\frac{p_{ij}}{p_{i\cdot}},j=1,2,\cdots$$

为在$X=x_i$的条件下随机变量Y的条件分布律.

2. 二维连续型随机变量的条件概率密度和条件分布函数

设二维连续型随机变量(X,Y)的联合概率密度为$f(x,y)$，随机变量X,Y的边缘概率密度分别为$f_X(x)$和$f_Y(y)$，则

(1) $f_{X|Y}(x \mid y)=\dfrac{f(x,y)}{f_Y(y)}$与$F_{X|Y}(x \mid y)=\displaystyle\int_{-\infty}^{x}\dfrac{f(u,y)}{f_Y(y)}\mathrm{d}u$

分别称为在$Y=y$条件下，X的条件概率密度和条件分布函数.

(2) $f_{Y|X}(y \mid x)=\dfrac{f(x,y)}{f_X(x)}$与$F_{Y|X}(y \mid x)=\displaystyle\int_{-\infty}^{y}\dfrac{f(x,v)}{f_X(x)}\mathrm{d}v$分别称为在$X=x$条件下，$Y$的条件概率密度和条件分布函数.

五 随机变量函数的分布

1. 二维离散型随机变量函数的分布

(1) 求分布律的方法

首先确定所有可能的取值，其次分别求出所有取值的概率，再进行整理便得到了随机变量函数的分布律.

(2) 离散卷积公式

设X,Y是相互独立的随机变量，分布律为

$$P(X=k)=p_k, k=1,2,\cdots,$$

$$P(Y=k)=q_k, k=1,2,\cdots,$$

$Z=X+Y$，则 Z 的分布律为

$$P(Z=k)=\sum_{i=1}^{k}p_i q_{k-i}, k=1,2,\cdots.$$

2. 二维连续型随机变量函数的分布

(1) **和的分布**

设二维连续型随机变量 (X,Y) 的联合概率密度为 $f(x,y)$，则 $Z=X+Y$ 的概率密度为

$$f_Z(z)=\int_{-\infty}^{+\infty}f(x,z-x)\mathrm{d}x=\int_{-\infty}^{+\infty}f(z-y,y)\mathrm{d}y.$$

特别地，如果 X 与 Y 相互独立，其边缘概率密度分别为 $f_X(x)$ 和 $f_Y(y)$，则 $Z=X+Y$ 的概率密度为

$$f_Z(z)=\int_{-\infty}^{+\infty}f_X(x)f_Y(z-x)\mathrm{d}x \text{ 或 } f_Z(z)=\int_{-\infty}^{+\infty}f_X(z-y)f_Y(y)\mathrm{d}y,$$

称这两个公式为卷积公式，记为 $f_Z=f_X*f_Y$.

(2) **商的分布**

设二维连续型随机变量 (X,Y) 的联合概率密度为 $f(x,y)$，则 $Z=\dfrac{X}{Y}$ 的概率密度为

$$f_Z(z)=\int_{-\infty}^{+\infty}|y|f(yz,y)\mathrm{d}y.$$

特别地，如果 X 与 Y 相互独立，其边缘概率密度分别为 $f_X(x)$ 和 $f_Y(y)$，则

$$f_Z(z)=\int_{-\infty}^{+\infty}|y|f_X(yz)f_Y(y)\mathrm{d}y.$$

(3) **最大值最小值分布**

设随机变量 X 与 Y 相互独立，其分布函数分别为 $F_X(x)$ 和 $F_Y(y)$，则 $M=\max\{X,Y\}$ 和 $N=\min\{X,Y\}$ 的分布函数分别为

$$F_M(z)=F_X(z)F_Y(z) \text{ 和 } F_N(z)=1-[1-F_X(z)][1-F_Y(z)].$$

设 $X_1,X_2,\cdots,X_n$ 是 n 个相互独立的随机变量，它们的分布函数分别为 $F_{X_1}(x_1),F_{X_2}(x_2),\cdots,F_{X_n}(x_n)$，则 $M=\max\{X_1,X_2,\cdots,X_n\}$，$N=\min\{X_1,X_2,\cdots,X_n\}$ 的分布函数分别为

$$F_M(z)=F_{X_1}(z)F_{X_2}(z)\cdots F_{X_n}(z)$$

和 $F_N(z)=1-[1-F_{X_1}(z)][1-F_{X_2}(z)]\cdots[1-F_{X_n}(z)]$.

特别地，如果 $X_1,X_2,\cdots,X_n$ 相互独立同分布，它们共同的分布函数为 $F(x)$，则

$$F_M(z)=[F(z)]^n \text{ 和 } F_N(z)=1-[1-F(z)]^n.$$

(4) **函数 $Z=g(X,Y)$ 的分布**

设二维连续型随机变量 (X,Y) 的联合概率密度为 $f(x,y)$，$Z=g(X,Y)$，则

$$F_Z(z)=P\{Z\leqslant z\}=P\{g(X,Y)\leqslant z\}=\iint\limits_{g(x,y)\leqslant z}f(x,y)\mathrm{d}x\mathrm{d}y.$$

注　积分域 $g(x,y)\leqslant z$ 表示平面点集 $\{(x,y)\mid g(x,y)\leqslant z\}$，可能由几个平面区域构成，计算时可能用到二重积分的分区域性质.

（5）**几个常见随机变量函数的分布**

① 设随机变量 $X_i\sim P(\lambda_i)(i=1,2,\cdots,n)$，且 $X_1,X_2,\cdots,X_n$ 相互独立，$Z=\sum\limits_{i=1}^{n}X_i$，则 $Z\sim P(\sum\limits_{i=1}^{n}\lambda_i)$.

② 设随机变量 $X_i\sim B(k_i,p)(i=1,2,\cdots,n)$，且 $X_1,X_2,\cdots,X_n$ 相互独立，$Z=\sum\limits_{i=1}^{n}X_i$，则 $Z\sim B(\sum\limits_{i=1}^{n}k_i,p)$.

③ 设随机变量 $X_i\sim E(\lambda_i)(i=1,2,\cdots,n)$，且 $X_1,X_2,\cdots,X_n$ 相互独立，$Z=\min\{X_1,X_2,\cdots,X_n\}$，则 $Z\sim E(\sum\limits_{i=1}^{n}\lambda_i)$.

第四章 随机变量的数字特征与极限定理

本章知识结构

- 数字特征与极限定理
  - 一维随机变量的数字特征
    - 数学期望
    - 方差及标准差
  - 二维随机变量的数字特征
    - 协方差
    - 相关系数 — 不相关与独立
  - 重要分布的数字特征
  - 矩
    - 原点矩
    - 中心矩
  - 数字特征的应用
    - 切比雪夫不等式
    - 大数定律
    - 中心极限定理

一 随机变量的数学期望

1. 数学期望

(1) **离散型随机变量的数学期望**　设离散型随机变量 X 的分布律为

$$P\{X=x_k\}=p_k, k=1,2,\cdots,$$

若级数 $\sum_{k=1}^{\infty} x_k p_k$ 绝对收敛，则称级数 $\sum_{k=1}^{\infty} x_k p_k$ 的和为随机变量 X 的数学期望，简称期望或均值，记为 $E(X)$，即 $E(X)=\sum_{k=1}^{\infty} x_k p_k$.

(2) **连续型随机变量的数学期望**　设连续型随机变量 X 的概率密度为 $f(x)$，若积分 $\int_{-\infty}^{+\infty} xf(x)\mathrm{d}x$ 绝对收敛，则称积分 $\int_{-\infty}^{+\infty} xf(x)\mathrm{d}x$ 的值为随机变量 X 的数学期望，简称期望或均值，记为 $E(X)$，即 $E(X)=\int_{-\infty}^{+\infty} xf(x)\mathrm{d}x$.

注　定义中级数(积分)绝对收敛不可少，若级数(积分)仅条件收敛，则数学期望不存在.

2. 随机变量函数的数学期望

(1) 设随机变量 X 的函数 $Y=g(X)$，且 $E[g(X)]$ 存在.

① 设 X 为离散型随机变量，其分布律为 $P\{X=x_k\}=p_k, k=1,2,\cdots$，则

$$E(Y)=E[g(X)]=\sum_{k=1}^{\infty}g(x_k)p_k.$$

② 设 X 为连续型随机变量，其概率密度为 $f(x)$，则

$$E(Y)=E[g(X)]=\int_{-\infty}^{+\infty}g(x)f(x)\mathrm{d}x.$$

(2) 设随机变量 (X,Y) 的函数 $Z=g(X,Y)$，且 $E[g(X,Y)]$ 存在，则

① 若 (X,Y) 为离散型随机变量，其联合分布律为

$$P\{X=x_i,Y=y_j\}=p_{ij}\ (i,j=1,2,\cdots),$$

则

$$E(Z)=E[g(X,Y)]=\sum_{i=1}^{\infty}\sum_{j=1}^{\infty}g(x_i,y_j)p_{ij}.$$

② 若 (X,Y) 为连续型随机变量，其联合概率密度为 $f(x,y)$，则

$$E(Z)=E[g(X,Y)]=\int_{-\infty}^{+\infty}\int_{-\infty}^{+\infty}g(x,y)f(x,y)\mathrm{d}x\mathrm{d}y.$$

3. 数学期望的性质(假设以下数学期望均存在)

(1) 设 C 为常数，则 $E(C)=C$.

(2) 设 C 为常数，X 为随机变量，则 $E(CX)=CE(X)$.

(3) 设 X,Y 为任意两个随机变量，则 $E(X+Y)=E(X)+E(Y)$.

这一性质可以推广到任意有限多个随机变量之和的情形，即

$$E(X_1+X_2+\cdots+X_n)=E(X_1)+E(X_2)+\cdots+E(X_n).$$

(4) 设 X,Y 为相互独立的随机变量，则 $E(XY)=E(X)E(Y)$.

二 随机变量的方差

1. 方差的定义

设 X 为随机变量，若 $E\{[X-E(X)]^2\}$ 存在，则称 $E\{[X-E(X)]^2\}$ 为随机变量 X 的方差，记为 $D(X)$，即 $D(X)=E\{[X-E(X)]^2\}$，称 $\sqrt{D(X)}$ 为 X 的标准差或均方差，记为 σ_X.

若 X 为离散型随机变量，其分布律为 $P\{X=x_k\}=p_k,k=1,2,\cdots$，则

$$D(X)=\sum_{k=1}^{\infty}[x_k-E(X)]^2p_k.$$

若 X 为连续型随机变量，其概率密度为 $f(x)$，则

$$D(X)=\int_{-\infty}^{+\infty}[x-E(X)]^2f(x)\mathrm{d}x.$$

在计算方差时，常用公式：$D(X)=E(X^2)-[E(X)]^2$.

2. 方差的性质(假设以下遇到的随机变量的方差均存在)

(1) 设 C 为常数，则 $D(C)=0$.

(2) 设 X 为随机变量，C 为常数，则有 $D(CX)=C^2D(X)$.

(3) 设随机变量 X 与 Y 相互独立，则有 $D(X+Y)=D(X)+D(Y)$.

推论 若 $X_1,X_2,\cdots,X_n$ 相互独立，$a_1,a_2,\cdots,a_n$ 为常数，则

$$D(\sum_{i=1}^{n}a_iX_i)=\sum_{i=1}^{n}a_i^2D(X_i).$$

(4) $D(X)=0$ 的充分必要条件是 X 以概率 1 取常数 C，即 $P\{X=C\}=1$.

3. 切比雪夫不等式

设随机变量 X 的数学期望 $E(X)$ 和方差 $D(X)$ 都存在，则对任意的 $\varepsilon>0$，有

$$P\{|X-E(X)|\geqslant\varepsilon\}\leqslant\frac{D(X)}{\varepsilon^2},$$

或

$$P\{|X-E(X)|<\varepsilon\}\geqslant 1-\frac{D(X)}{\varepsilon^2}.$$

三 几种重要的随机变量的数学期望和方差

1. 若随机变量 $X\sim(0-1)$，则 $E(X)=p,D(X)=pq$.
2. 若随机变量 $X\sim B(n,p)$，则 $E(X)=np,D(X)=npq$.
3. 若随机变量 $X\sim P(\lambda)$，则 $E(X)=\lambda,D(X)=\lambda$.
4. 若随机变量 $X\sim G(p)$，则 $E(X)=\frac{1}{p},D(X)=\frac{q}{p^2}$.

5. 若随机变量 $X \sim U(a,b)$，则 $E(X)=\dfrac{a+b}{2}$，$D(X)=\dfrac{(b-a)^2}{12}$.

6. 若随机变量 $X \sim E(\lambda)$，则 $E(X)=\dfrac{1}{\lambda}$，$D(X)=\dfrac{1}{\lambda^2}$.

7. 若随机变量 $X \sim N(\mu,\sigma^2)$，则 $E(X)=\mu$，$D(X)=\sigma^2$.

四 二维随机变量的协方差和相关系数

1. 协方差

(1) **定义**　设二维随机变量(X,Y)，若 $E\{[X-E(X)][Y-E(Y)]\}$ 存在，则称它为随机变量 X 与 Y 的协方差，记为 $\text{cov}(X,Y)$，即

$$\text{cov}(X,Y)=E\{[X-E(X)][Y-E(Y)]\}.$$

注　计算协方差常用公式：$\text{cov}(X,Y)=E(XY)-E(X)E(Y)$.

(2) **性质**

① $\text{cov}(X,Y)=\text{cov}(Y,X)$；

② $\text{cov}(aX,bY)=ab\,\text{cov}(X,Y)$，其中 a,b 为常数；

③ $\text{cov}(X+Y,Z)=\text{cov}(X,Z)+\text{cov}(Y,Z)$；

④ $D(X\pm Y)=D(X)+D(Y)\pm 2\text{cov}(X,Y)$；

⑤ 若 X 与 Y 相互独立，则 $\mathrm{cov}(X,Y)=0$.

2. 相关系数

(1) **定义**　当 $D(X)>0, D(Y)>0$ 时，称 $\rho_{XY}=\dfrac{\mathrm{cov}(X,Y)}{\sqrt{D(X)}\sqrt{D(Y)}}$ 为随机变量 X 与 Y 的相关系数.

(2) **性质**

① $|\rho_{XY}|\leqslant 1$;

② $|\rho_{XY}|=1$ 的充分必要条件是存在常数 a,b 且 $a\neq 0$，使得 $P\{Y=aX+b\}=1$. 若 $a>0$，这时 $\rho_{XY}=1$，称 X 与 Y 正相关；若 $a<0$，这时 $\rho_{XY}=-1$，称 X 与 Y 负相关.

(3) **不相关**

若 $\rho_{XY}=0$，则称随机变量 X 与 Y 不相关.

(4) **独立与不相关的关系**

独立一定不相关，但是不相关不一定独立.

(5) **二维正态随机变量的数字特征**

设 (X,Y) 服从二维正态分布，即 $(X,Y)\sim N(\mu_1,\mu_2;\sigma_1^2,\sigma_2^2;\rho)$，则有下面的结论成立：

$$E(X)=\mu_1, D(X)=\sigma_1^2, E(Y)=\mu_2, D(Y)=\sigma_2^2,$$

$$\mathrm{cov}(X,Y)=\rho\sigma_1\sigma_2, \rho_{XY}=\rho.$$

对二维正态随机变量(X,Y)来说，X与Y相互独立的充要条件为$\rho=0$，故对二维正态随机变量(X,Y)，X与Y不相关等价于X与Y相互独立.

五 随机变量的矩

1. 设X与Y是随机变量，若$E(X^k)$，$k=1,2,\cdots$存在，则称$E(X^k)$为X的k阶原点矩.

2. 若$E\{[X-E(X)]^k\}$，$k=1,2,\cdots$存在，则称$E\{[X-E(X)]^k\}$为X的k阶中心矩.

3. 若$E(X^kY^l)$，$k,l=1,2,\cdots$存在，则称$E(X^kY^l)$为X与Y的$k+l$阶混合矩.

4. 若$E\{[X-E(X)]^k[Y-E(Y)]^l\}$，$k,l=1,2,\cdots$存在，则称$E\{[X-E(X)]^k[Y-E(Y)]^l\}$为$X$与$Y$的$k+l$阶混合中心矩.

六 大数定律

1. 大数定律的定义

设$X_1,X_2,\cdots$是随机变量序列，如果存在常数列$a_1,a_2,\cdots$，使对任意的$\varepsilon>0$，有

$$\lim_{n\to\infty}P\left\{\left|\frac{1}{n}\sum_{k=1}^{n}X_i-a_n\right|<\varepsilon\right\}=1$$

成立，则称随机变量序列$\{X_n\}$服从大数定律.

2. 几个重要的大数定律

(1) 切比雪夫大数定律

设 $X_1, X_2, \cdots$ 是两两不相关的随机变量序列，假设随机变量序列的期望和方差存在，且方差有界，即存在 $C > 0$，使得 $D(X_i) \leqslant C(i = 1,2,\cdots)$ 成立，则对任意的 $\varepsilon > 0$，有

$$\lim_{n\to\infty} P\left\{\left|\frac{1}{n}\sum_{k=1}^{n} X_i - \frac{1}{n}\sum_{k=1}^{n} E(X_i)\right| < \varepsilon\right\} = 1.$$

(2) 伯努利大数定律

设 μ_n 是n 次独立重复试验中事件A 出现的次数，p是事件A 在每次试验中发生的概率，则对任意的 $\varepsilon > 0$，都有$\lim_{n\to\infty} P\left\{\left|\frac{\mu_n}{n} - p\right| < \varepsilon\right\} = 1$.

(3) 辛钦大数定律

设随机变量序列 $X_1, X_2, \cdots$ 相互独立，服从同一分布，且具有数学期望 $E(X_i) = \mu(i = 1, 2,\cdots)$，则对任意的 $\varepsilon > 0$，有

$$\lim_{n\to\infty} P\left\{\left|\frac{1}{n}\sum_{k=1}^{n} X_i - \mu\right| < \varepsilon\right\} = 1.$$

3. 随机变量序列依概率收敛

设 $X_1, X_2, \cdots$ 是随机变量序列，a 是一个常数，若对任意的 $\varepsilon > 0$，都有，$\lim_{n\to\infty} P\{|X_n - a| < \varepsilon\} = 1$，则称随机变量序列 $X_1, X_2, \cdots$ 依概率收敛于常数 a.

依概率收敛满足以下重要性质：设 $X_n \xrightarrow{P} a, Y_n \xrightarrow{P} b$，又设函数 $g(x,y)$ 在 (a,b) 连续，则 $g(X_n, Y_n) \xrightarrow{P} g(a,b)$.

七 中心极限定理

1. 列维—林德伯格定理(独立同分布的中心极限定理)

设随机变量序列 $X_1, X_2, \cdots$ 独立同分布，具有数学期望和方差：$E(X_i) = \mu, D(X_i) = \sigma^2$，$i = 1, 2, \cdots$，则对任意的 x 都有 $\lim\limits_{n\to\infty} P\left\{\dfrac{\sum\limits_{i=1}^{n} X_i - n\mu}{\sqrt{n}\sigma} \leqslant x\right\} = \int_{-\infty}^{x} \dfrac{1}{\sqrt{2\pi}} e^{-\frac{t^2}{2}} \mathrm{d}t = \Phi(x)$.

2. 棣莫弗—拉普拉斯定理

设随机变量 Y_n 服从二项分布 $B(n,p)$，则对于任意 x，有

$$\lim_{n\to\infty} P\left\{\frac{Y_n - np}{\sqrt{np(1-p)}} \leqslant x\right\} = \int_{-\infty}^{x} \frac{1}{\sqrt{2\pi}} e^{-\frac{t^2}{2}} \mathrm{d}t = \Phi(x).$$

第五章 数理统计的基本概念

本章知识结构

- 统计量及其分布
  - 基本概念
    - 总体
    - 样本 — 相互独立且与总体同分布
    - 统计量
      - 样本均值及其性质
      - 样本方差及其性质
  - 统计三大分布
    - χ^2 分布 — 定义、性质
    - t 分布 — 定义、性质
    - F 分布 — 定义、性质
  - 上侧 α 分位数
    - 定义
    - 性质
    - 四大分布的上侧 α 分位数
  - 来自正态总体的统计量的分布
    - 来自单一正态总体的统计量的分布
    - 来自两个正态总体的统计量的分布

一 总体与样本

1. 总体与个体

在数理统计中，我们常关心研究对象的某项数量指标. 我们将研究对象的数量指标的值的全体称为总体，总体中每一个元素称为个体. 总体可按个体个数分为无限总体和有限总体.

一般地，总体即研究对象的某一数量指标 X 的所有取值的全体，具有一定的分布(即 X 的取值具有一定的分布)，所以 X 是一个随机变量. 对总体中值的分布的研究就是对 X 分布的研究，所以在数理统计中，我们将不区分总体和相应的随机变量 X.

2. 样本与样本值

从总体中抽取出的部分个体叫作总体的一个样本，抽取出的个体个数称为样本容量.

从总体中抽取一个个体，相当于对随机变量 X 的取值进行一次观察，而每次观察值是不确定的，是一个随机变量. 所以容量为 n 的样本对应于 n 个随机变量 $X_1, X_2, \cdots, X_n$.

当 n 次观察一经完成，我们就得到一组实数 $x_1, x_2, \cdots, x_n$，它们依次是随机变量 X_1, $X_2, \cdots, X_n$ 的观察值，称为样本观察值，或叫作样本值.

3. 简单随机样本

设 X 是具有分布函数 $F(x)$ 的总体，$X_1, X_2, \cdots, X_n$ 是 n 个相互独立且具有相同分布函数 $F(x)$ 的随机变量，则称 $X_1, X_2, \cdots, X_n$ 是来自总体 X（总体 $F(x)$）的一个容量为 n 的简单随机样本.

设总体的分布函数为$F(x)$，概率密度函数为$f(x)$，$X_1,X_2,\cdots,X_n$是一个容量为n的简单随机样本，则样本的联合分布函数和联合概率密度函数分别为

$$F^*(x_1,x_2,\cdots,x_n)=F(x_1)F(x_2)\cdots F(x_n),$$

$$f^*(x_1,x_2,\cdots,x_n)=f(x_1)f(x_2)\cdots f(x_n).$$

4. 统计量

设$X_1,X_2,\cdots,X_n$是来自总体X的一个样本，$g(X_1,X_2,\cdots,X_n)$是$X_1,X_2,\cdots,X_n$的函数，若$g(x_1,x_2,\cdots,x_n)$是连续函数且$g(x_1,x_2,\cdots,x_n)$中不含任何未知参数，则称$g(X_1,X_2,\cdots,X_n)$是一个统计量.

5. 几个常见统计量

设$X_1,X_2,\cdots,X_n$是来自总体X的一个样本，$x_1,x_2,\cdots,x_n$是这一组样本的观察值.

(1) **样本均值**

$$\overline{X}=\frac{1}{n}\sum_{i=1}^{n}X_i.$$

(2) **样本方差**

$$S^2=\frac{1}{n-1}\sum_{i=1}^{n}(X_i-\overline{X})^2=\frac{1}{n-1}\left(\sum_{i=1}^{n}X_i^2-n\overline{X}^2\right).$$

(3) **样本标准差**

$$S=\sqrt{S^2}=\sqrt{\frac{1}{n-1}\sum_{i=1}^{n}(X_i-\overline{X})^2}=\sqrt{\frac{1}{n-1}\left(\sum_{i=1}^{n}X_i^2-n\overline{X}^2\right)}.$$

(4) **样本 k 阶(原点)矩**

$$A_k=\frac{1}{n}\sum_{i=1}^{n}X_i^k, k=1,2,\cdots.$$

(5) **样本 k 阶中心矩**

$$B_k=\frac{1}{n}\sum_{i=1}^{n}(X_i-\overline{X})^k, k=1,2,\cdots.$$

它们的观察值分别为

$$\overline{x}=\frac{1}{n}\sum_{i=1}^{n}x_i;$$

$$S^2=\frac{1}{n-1}\sum_{i=1}^{n}(x_i-\overline{x})^2=\frac{1}{n-1}\left(\sum_{i=1}^{n}x_i^2-n\overline{x}^2\right);$$

$$S=\sqrt{S^2}=\sqrt{\frac{1}{n-1}\sum_{i=1}^{n}(x_i-\overline{x})^2}=\sqrt{\frac{1}{n-1}\left(\sum_{i=1}^{n}x_i^2-n\overline{x}^2\right)};$$

$$a_k=\frac{1}{n}\sum_{i=1}^{n}x_i^k, k=1,2,\cdots;$$

$$b_k = \frac{1}{n}\sum_{i=1}^{n}(x_i - \overline{x})^k, k = 1,2,\cdots.$$

二 抽样分布

1. 抽样分布的定义

统计量是样本的函数,它也是一个随机变量.统计量的分布称为抽样分布.

2. 分位点

假设随机变量U服从某一分布,对于给定的$\alpha(0<\alpha<1)$,称满足$P\{U>u_\alpha\}=\alpha$的点u_α为该分布的上α分位点.

3. 来自正态总体的几个重要统计量的分布

(1) χ^2 分布

设$X_1,X_2,\cdots,X_n$是来自标准正态总体$N(0,1)$的一个样本,则称统计量

$$\chi^2 = X_1^2 + X_2^2 + \cdots + X_n^2$$

服从自由度为n的χ^2分布,记作$\chi^2 \sim \chi^2(n)$,其密度函数为

$$f(x) = \begin{cases} \dfrac{1}{2^{\frac{n}{2}}\Gamma\left(\dfrac{n}{2}\right)} x^{\frac{n}{2}-1}\mathrm{e}^{-\frac{x}{2}}, & x > 0, \\ 0, & \text{其他}. \end{cases}$$

对于给定的 α，$0<\alpha<1$，称满足 $P\{\chi^2>\chi_\alpha^2(n)\}=\alpha$ 的点 $\chi_\alpha^2(n)$ 为 $\chi^2(n)$ 分布的上 α 分位点(如图 5-1 所示). $\chi^2(n)$ 的密度函数如图 5-2 所示.

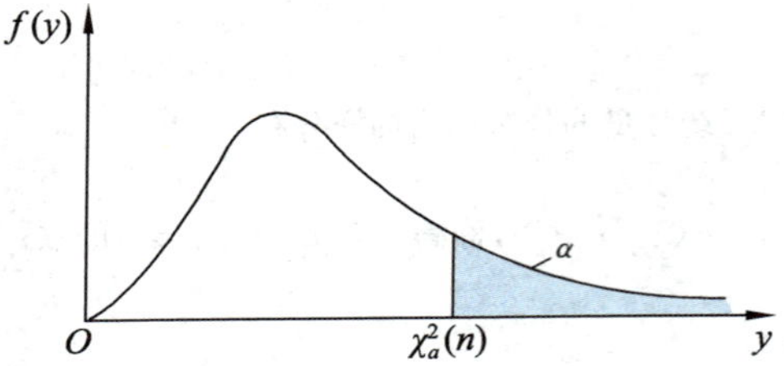

图 5-1

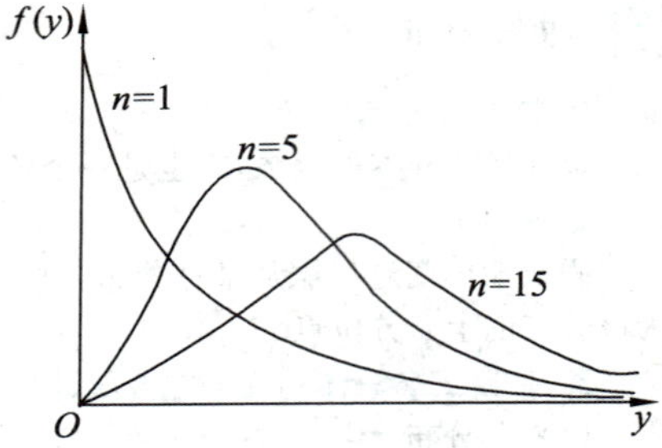

图 5-2

注 ① 若 $\chi_1^2\sim\chi^2(n_1)$，$\chi_2^2\sim\chi^2(n_2)$，且 χ_1^2 与 χ_2^2 相互独立，则 $\chi_1^2+\chi_2^2\sim\chi^2(n_1+n_2)$，即 χ^2 分布具有可加性；

② 设 $\chi^2\sim\chi^2(n)$，则有 $E(\chi^2)=n$，$D(\chi^2)=2n$.

(2) t **分布**

设 X 服从 $N(0,1)$，$Y\sim\chi^2(n)$，且 X 与 Y 相互独立，则称随机变量 $t=\dfrac{X}{\sqrt{\dfrac{Y}{n}}}$ 服从自由度为 n 的 t 分布，记作 $t\sim t(n)$，其密度函数为

$$h(t)=\frac{\Gamma\left(\frac{n+1}{2}\right)}{\sqrt{n\pi}\,\Gamma\left(\frac{n}{2}\right)}\left(1+\frac{t^2}{n}\right)^{-\frac{n+1}{2}},-\infty<t<+\infty.$$

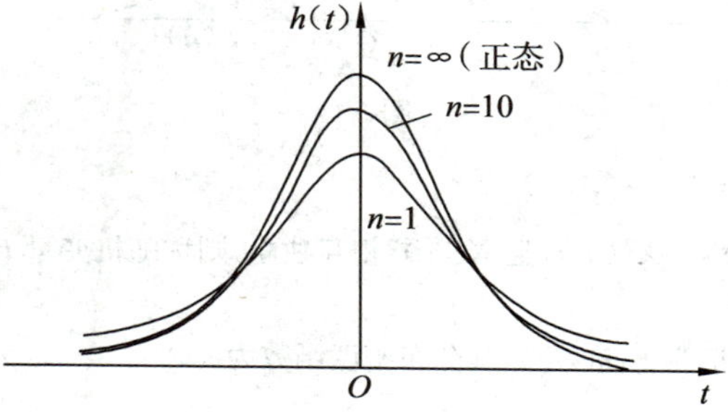

图 5-3

对于给定的α，$0<\alpha<1$，称满足$P\{t>t_\alpha(n)\}=\alpha$的点$t_\alpha(n)$为$t(n)$分布的上$\alpha$分位点.密度函数图形如图 5-3 所示，分位点如图 5-4 所示.

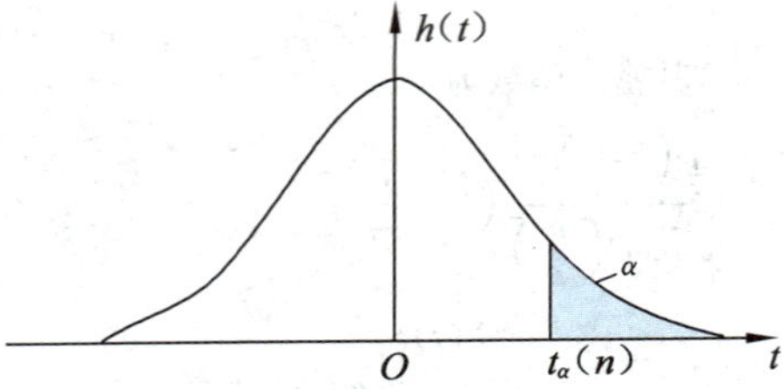

图 5-4

(3) F **分布**

设$X\sim X^2(n_1)$，$Y\sim X^2(n_2)$，且X与Y相互独立，则称随机变量$F=\dfrac{\frac{X}{n_1}}{\frac{Y}{n_2}}$服从自由度为$(n_1,n_2)$的$F$分布，并记为$F(n_1,n_2)$，其分布密度函数为

$$\varphi(x)=\begin{cases}\dfrac{\Gamma\left(\dfrac{n_1+n_2}{2}\right)\left(\dfrac{n_1}{n_2}\right)x^{\frac{n_1}{2}-1}}{\Gamma\left(\dfrac{n_1}{2}\right)\Gamma\left(\dfrac{n_2}{2}\right)\left(1+\dfrac{n_1}{n_2}x\right)^{\frac{n_1+n_2}{2}}}, & x\geqslant 0,\\ 0, & \text{其他}.\end{cases}$$

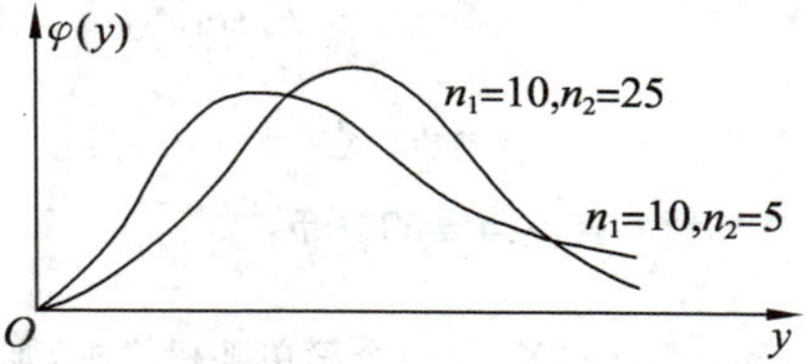

图 5-5

对于给定的 α,$0<\alpha<1$,称满足 $P\{F>F_{\alpha}(n_1,n_2)\}=\alpha$ 的点 $F_{\alpha}(n_1,n_2)$ 为 $F(n_1,n_2)$ 分布的上 α 分位点. F 分布的分位点满足性质:$F_{1-\alpha}(n_2,n_1)=\dfrac{1}{F_{\alpha}(n_1,n_2)}$. 密度函数图形如上图 5-5 所示,分位点如图 5-6 所示.

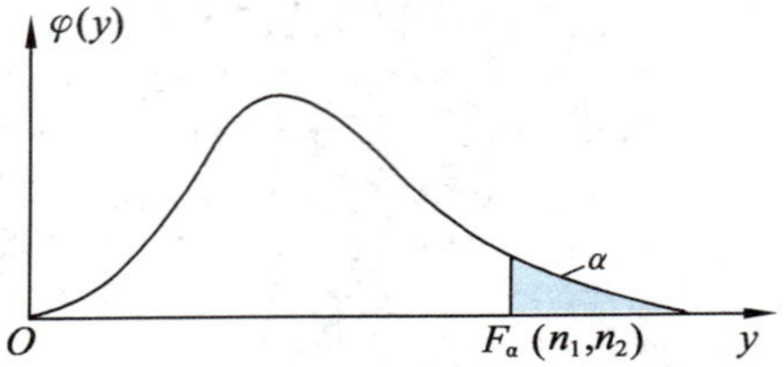

图 5-6

4. 来自正态总体的样本均值和样本方差的分布(数学一)

(1) 单个总体的情形

设总体 $X \sim N(\mu,\sigma^2)$，$X_1, X_2, \cdots, X_n$ 是一个简单随机样本，则

① $\overline{X} \sim N\left(\mu, \dfrac{\sigma^2}{n}\right)$；

② $\dfrac{(n-1)S^2}{\sigma^2} = \dfrac{1}{\sigma^2}\sum\limits_{i=1}^{n}(X_i - \overline{X})^2 \sim \chi^2(n-1)$；

③ $\overline{X}$ 与 S^2 相互独立；

④ $\sqrt{n}\,\dfrac{\overline{X}-\mu}{S} \sim t(n-1)$.

(2) **两个总体的情形**

设 $X_1,X_2,\cdots,X_{n_1}$ 和 $Y_1,Y_2,\cdots,Y_{n_2}$ 分别是两个正态总体 $N(\mu_1,\sigma_1^2)$，$N(\mu_2,\sigma_2^2)$ 的样本，且这两个样本相互独立，$\overline{X}$，$\overline{Y}$ 分别是这两个样本的样本均值，$S_1^2=\dfrac{1}{n_1-1}\sum\limits_{i=1}^{n_1}(X_i-\overline{X})^2$，$S_2^2=\dfrac{1}{n_2-1}\sum\limits_{i=1}^{n_2}(Y_i-\overline{Y})^2$，分别是两个样本的样本方差，则有

① $\overline{X}-\overline{Y}\sim N\left(\mu_1-\mu_2,\dfrac{\sigma_1^2}{n_1}+\dfrac{\sigma_2^2}{n_2}\right)$；

② 若 $\sigma_1^2=\sigma_2^2=\sigma^2$，则 $\dfrac{(\overline{X}-\overline{Y})-(\mu_1-\mu_2)}{\sigma\sqrt{\dfrac{1}{n_1}+\dfrac{1}{n_2}}}\sim N(0,1)$；

③ 若 $\sigma_1^2=\sigma_2^2=\sigma^2$，但 σ^2 未知，则有 $\dfrac{(\overline{X}-\overline{Y})-(\mu_1-\mu_2)}{S_w\sqrt{\dfrac{1}{n_1}+\dfrac{1}{n_2}}}\sim t(n_1+n_2-2)$，其中 $S_w^2=\dfrac{(n_1-1)S_1^2+(n_2-1)S_2^2}{n_1+n_2-2}$；

④ $\dfrac{S_1^2/S_2^2}{\sigma_1^2/\sigma_2^2}\sim F(n_1-1,n_2-1)$，若 $\sigma_1^2=\sigma_2^2=\sigma^2$，则 $\dfrac{S_1^2}{S_2^2}\sim F(n_1-1,n_2-1)$.

第六章　参数估计

本章知识结构

- 参数估计
  - 点估计
    - 矩估计
    - 最大似然估计
      - 离散型
      - 连续型
    - 估计量的评价标准
      - 无偏性
      - 有效性
      - 相合性
  - 区间估计
    - 置信区间的概念
      - 双侧置信区间
      - 单侧置信区间
    - 正态总体参数的置信区间
      - 单个正态总体均值差和方差比的置信区间
      - 两个正态总体均值差和方差比的置信区间

一 点估计

1. 点估计的定义

设总体 X 的分布函数 $F(X;\theta)$ 的形式为已知，θ 是待估计的参数. $X_1,X_2,\cdots,X_n$ 是 X 的一个样本，$x_1,x_2,\cdots,x_n$ 是相应的一组观察值. 点估计问题就是要构造一个适当的统计量 $\hat{\theta}(X_1,X_2,\cdots,X_n)$，用它的观察值 $\hat{\theta}(x_1,x_2,\cdots,x_n)$ 来估计参数 θ 的值，称 $\hat{\theta}(X_1,X_2,\cdots,X_n)$ 为 θ 的点估计量，简称估计量，称 $\hat{\theta}(x_1,x_2,\cdots,x_n)$ 为参数 θ 的估计值.

2. 矩估计法

用样本矩作为相应的总体矩的估计量. 矩估计法的理论根据是：样本矩依概率收敛于相应的总体矩.

(1) **一个参数** $EX=\dfrac{1}{n}\sum\limits_{i=1}^{n}X_i=\overline{X}$；

(2) **两个参数** $\begin{cases} EX=\dfrac{1}{n}\sum\limits_{i=1}^{n}X_i=\overline{X}, \\ EX^2=\dfrac{1}{n}\sum\limits_{i=1}^{n}X_i^2. \end{cases}$

3. 最大似然估计法

(1) **一个待估参数** 设 X 是连续型随机变量，其密度函数是 $f(x;\theta)$，$X_1,X_2,\cdots,X_n$ 是总

体 X 的一个样本，则求参数 θ 的最大似然估计的步骤如下

① 写出似然函数：$L(\theta)=L(x_1,x_2,\cdots,x_n;\theta)=\prod_{i=1}^{n}f(x_i;\theta)$；

② 取对数：$\ln L(\theta)=\sum_{i=1}^{n}\ln f(x_i;\theta)$.

③ 解似然方程：$\dfrac{\mathrm{d}\ln L}{\mathrm{d}\theta}=0$.

（2）**多个待估参数**　若总体 X 的分布中含有 k 个未知待估参数 $\theta_1,\theta_2,\cdots,\theta_k$，则似然函数为

$$L(\theta_1,\theta_2,\cdots,\theta_k)=\prod_{i=1}^{n}f(x_i;\theta_1,\theta_2,\cdots,\theta_k).$$

此时只需要解似然方程组

$$\frac{\partial L}{\partial\theta_j}=0,j=1,2,\cdots,k,$$

或者对数似然方程组

$$\frac{\partial\ln L}{\partial\theta_j}=0,j=1,2,\cdots,k,$$

即可得到参数的最大似然估计 $\hat{\theta}_1,\hat{\theta}_2,\cdots,\hat{\theta}_k$.

注 当似然方程组无解时,应该直接寻求使 $L(\theta)$ 达到最大的解来求得最大似然估计值.

二 点估计的评判标准(数学一)

1. 无偏性

设 $\hat{\theta}=\hat{\theta}(X_1,X_2,\cdots,X_n)$ 是未知参数 θ 的估计量,若 $E(\hat{\theta})=\theta$,则称 $\hat{\theta}$ 为 θ 的无偏估计.

注 (1) 样本均值 $\overline{X}$ 是总体均值 μ 的无偏估计量;

(2) 样本方差 $S^2=\dfrac{1}{n-1}\sum\limits_{i=1}^{n}(X_i-\overline{X})^2$ 是总体方差 σ^2 的无偏估计量,而样本的二阶中心矩 $B_2=\dfrac{1}{n}\sum\limits_{i=1}^{n}(X_i-\overline{X})^2$ 不是总体方差 σ^2 的无偏估计量.

2. 有效性

设 $\hat{\theta}_1=\hat{\theta}_1(X_1,X_2,\cdots,X_n)$ 和 $\hat{\theta}_2=\hat{\theta}_2(X_1,X_2,\cdots,X_n)$ 都是 θ 的无偏估计量,如果 $D(\hat{\theta}_1)<D(\hat{\theta}_2)$,则称 $\hat{\theta}_1$ 比 $\hat{\theta}_2$ 有效.

3. 一致性(相合性)

设 $\hat{\theta}$ 为未知参数 θ 的估计量,若对任意的 $\varepsilon>0$,都有

$$\lim_{n\to\infty}P\{|\hat{\theta}-\theta|<\varepsilon\}=1,$$

即$\hat{\theta}$依概率收敛于参数θ，则称$\hat{\theta}$为θ的相合（一致）估计量.

若总体X的k阶矩$\mu_k=E(X^k)$存在，则由大数定律可知，$A_k=\frac{1}{n}\sum_{i=1}^{n}X_i^k$依概率收敛于$\mu_k$，故$A_k=\frac{1}{n}\sum_{i=1}^{n}X_i^k$是$\mu_k$的相合估计量.

三 区间估计（数学一）

1. 区间估计的定义

设θ为总体的未知参数，若对于给定的$\alpha(0<\alpha<1)$，存在统计量$\hat{\theta}_1=\hat{\theta}_1(X_1,X_2,\cdots,X_n)$和$\hat{\theta}_2=\hat{\theta}_2(X_1,X_2,\cdots,X_n)$，使得$P\{\hat{\theta}_1\leqslant\theta\leqslant\hat{\theta}_2\}=1-\alpha$，则称随机区间$[\hat{\theta}_1,\hat{\theta}_2]$为参数$\theta$的置信度（或置信水平）为$1-\alpha$的置信区间，$\hat{\theta}_1$和$\hat{\theta}_2$分别称为置信下限和置信上限，$1-\alpha$称为置信度.

2. 求置信区间的一般步骤

（1）寻求一个样本$X_1,X_2,\cdots,X_n$与待估计参数的函数$Z=Z(X_1,X_2,\cdots,X_n;\theta)$，它不含其他任何参数. Z的分布已知且不依赖于任何未知参数.

（2）对于给定的置信度$1-\alpha$，定出两个常数a,b，使

$$P\{a\leqslant Z(X_1,X_2,\cdots,X_n;\theta)\leqslant b\}=1-\alpha;$$

(3) 若能从 $a \leqslant Z(X_1,X_2,\cdots,X_n;\theta) \leqslant b$ 得到等价的不等式 $\underline{\theta} \leqslant \theta \leqslant \bar{\theta}$，其中 $\underline{\theta} = \underline{\theta}(X_1,X_2,\cdots,X_n)$，$\bar{\theta} = \bar{\theta}(X_1,X_2,\cdots,X_n)$ 都是统计量，那么 $[\underline{\theta},\bar{\theta}]$ 就是 θ 的一个置信度为 $1-\alpha$ 的置信区间.

四 正态总体均值和方差的区间估计(数学一)

1. 单个总体 $N(\mu,\sigma^2)$ 的情形

设已经给定置信度 $1-\alpha$，$X_1,X_2,\cdots,X_n$ 是总体 $N(\mu,\sigma^2)$ 的一个样本，$\overline{X}$，S^2 分别是样本均值和样本方差.

(1) **均值 μ 的置信区间**

① σ^2 已知：构造样本和待估计参数 μ 的函数 $Z = \dfrac{(\overline{X}-\mu)\sqrt{n}}{\sigma} \sim N(0,1)$，易得 $P\{|Z| \leqslant Z_{\frac{\alpha}{2}}\} = 1-\alpha$，求解 $|Z| = \left|\dfrac{(\overline{X}-\mu)\sqrt{n}}{\sigma}\right| \leqslant Z_{\frac{\alpha}{2}}$ 得等价不等式

$$\overline{X} - \frac{\sigma}{\sqrt{n}}Z_{\frac{\alpha}{2}} \leqslant \mu \leqslant \overline{X} + \frac{\sigma}{\sqrt{n}}Z_{\frac{\alpha}{2}},$$

所以 μ 的 $1-\alpha$ 置信区间为 $\left[\overline{X} - \frac{\sigma}{\sqrt{n}}Z_{\frac{\alpha}{2}}, \overline{X} + \frac{\sigma}{\sqrt{n}}Z_{\frac{\alpha}{2}}\right]$，简记为 $\left[\overline{X} \pm \frac{\sigma}{\sqrt{n}}Z_{\frac{\alpha}{2}}\right]$.

② σ^2 未知：构造样本和待估计参数 μ 的函数为 $\frac{(\overline{X}-\mu)\sqrt{n}}{S}\sim t(n-1)$，参数 μ 的 $1-\alpha$ 置信区间为 $\left[\overline{X}-\frac{S}{\sqrt{n}}t_{\frac{\alpha}{2}}(n-1),\overline{X}+\frac{S}{\sqrt{n}}t_{\frac{\alpha}{2}}(n-1)\right]$，简记为 $\left[\overline{X}\pm\frac{S}{\sqrt{n}}t_{\frac{\alpha}{2}}(n-1)\right]$.

(2) **方差 σ^2 的置信区间**

① μ 未知：构造样本和待估参数 σ^2 的函数 $\frac{(n-1)S^2}{\sigma^2}\sim\chi^2(n-1)$，易得

$$P\left\{\chi^2_{1-\frac{\alpha}{2}}(n-1)\leqslant\frac{(n-1)S^2}{\sigma^2}\leqslant\chi^2_{\frac{\alpha}{2}}(n-1)\right\}=1-\alpha,$$

等价不等式为 $\frac{(n-1)S^2}{\chi^2_{\frac{\alpha}{2}}(n-1)}\leqslant\sigma^2\leqslant\frac{(n-1)S^2}{\chi^2_{1-\frac{\alpha}{2}}(n-1)}$，所以 σ^2 的 $1-\alpha$ 置信区间为

$$\left[\frac{(n-1)S^2}{\chi^2_{\frac{\alpha}{2}}(n-1)},\frac{(n-1)S^2}{\chi^2_{1-\frac{\alpha}{2}}(n-1)}\right].$$

② μ 已知：构造样本和待估参数 σ^2 的函数 $\chi^2=\frac{\sum_{i=1}^{n}(X_i-\mu)^2}{\sigma^2}\sim\chi^2(n)$，易得

$$P\left\{\chi^2_{1-\frac{\alpha}{2}}(n) \leqslant \frac{\sum_{i=1}^{n}(X_i-\mu)^2}{\sigma^2} \leqslant \chi^2_{\frac{\alpha}{2}}(n)\right\}=1-\alpha,$$

等价不等式为$\frac{\sum_{i=1}^{n}(X_i-\mu)^2}{\chi^2_{\frac{\alpha}{2}}(n)} \leqslant \sigma^2 \leqslant \frac{\sum_{i=1}^{n}(X_i-\mu)^2}{\chi^2_{1-\frac{\alpha}{2}}(n)}$,所以 σ^2 的 $1-\alpha$ 置信区间为

$$\left[\frac{\sum_{i=1}^{n}(X_i-\mu)^2}{\chi^2_{\frac{\alpha}{2}}(n)}, \frac{\sum_{i=1}^{n}(X_i-\mu)^2}{\chi^2_{1-\frac{\alpha}{2}}(n)}\right].$$

2. 两个总体 $N(\mu_1,\sigma_1^2)$,$N(\mu_2,\sigma_2^2)$ 的情形

设已经给定置信度 $1-\alpha$,$X_1,X_2,\cdots,X_{n_1}$ 是第一个总体的样本,$Y_1,Y_2,\cdots,Y_{n_2}$ 是第二个总体的样本,两个样本相互独立. $\overline{X}$,$\overline{Y}$ 分别是两个样本的均值,S_1^2,S_2^2 分别是两个样本的样本方差.

(1) 两个总体均值差 $\mu_1-\mu_2$ 的置信区间

① σ_1^2,σ_2^2 均已知:构造样本和待估计 $\mu_1-\mu_2$ 的函数为

$$\frac{\overline{X}-\overline{Y}-(\mu_1-\mu_2)}{\sqrt{\frac{\sigma_1^2}{n_1}+\frac{\sigma_2^2}{n_2}}} \sim N(0,1),$$

$\mu_1-\mu_2$ 的 $1-\alpha$ 置信区间为$\left[(\overline{X}-\overline{Y})-u_{\frac{\alpha}{2}}\sqrt{\frac{\sigma_1^2}{n_1}+\frac{\sigma_2^2}{n_2}},(\overline{X}-\overline{Y})+u_{\frac{\alpha}{2}}\sqrt{\frac{\sigma_1^2}{n_1}+\frac{\sigma_2^2}{n_2}}\right]$，简记为 $\left[(\overline{X}-\overline{Y})\pm u_{\frac{\alpha}{2}}\sqrt{\frac{\sigma_1^2}{n_1}+\frac{\sigma_2^2}{n_2}}\right]$.

② σ_1^2,σ_2^2 均未知：当样本容量 n_1,n_2 都很大时(大于 50)，构造样本和待估计 $\mu_1-\mu_2$ 的函数为

$$\frac{\overline{X}-\overline{Y}-(\mu_1-\mu_2)}{\sqrt{\frac{S_1^2}{n_1}+\frac{S_2^2}{n_2}}}\overset{\text{近似}}{\sim}N(0,1),$$

从而 $\mu_1-\mu_2$ 的 $1-\alpha$ 置信区间近似为$\left[(\overline{X}-\overline{Y})-Z_{\frac{\alpha}{2}}\sqrt{\frac{S_1^2}{n_1}+\frac{S_2^2}{n_2}},(\overline{X}-\overline{Y})+Z_{\frac{\alpha}{2}}\sqrt{\frac{S_1^2}{n_1}+\frac{S_2^2}{n_2}}\right]$，简记为$\left[(\overline{X}-\overline{Y})\pm Z_{\frac{\alpha}{2}}\sqrt{\frac{S_1^2}{n_1}+\frac{S_2^2}{n_2}}\right]$.

③ $\sigma_1^2=\sigma_2^2=\sigma^2$，但 σ^2 未知：构造样本和待估计 $\mu_1-\mu_2$ 的函数为

$$\frac{(\overline{X}-\overline{Y})-(\mu_1-\mu_2)}{S_w\sqrt{\frac{1}{n_1}+\frac{1}{n_2}}}\sim t(n_1+n_2-2),$$

其中 $S_w^2=\frac{(n_1-1)S_1^2+(n_2-1)S_2^2}{n_1+n_2-2}$. 从而 $\mu_1-\mu_2$ 的 $1-\alpha$ 置信区间为

$$\left[\overline{X}-\overline{Y}-t_{\frac{\alpha}{2}}(n_1+n_2-2)S_w\sqrt{\frac{1}{n_1}+\frac{1}{n_2}},\overline{X}-\overline{Y}+t_{\frac{\alpha}{2}}(n_1+n_2-2)S_w\sqrt{\frac{1}{n_1}+\frac{1}{n_2}}\right],$$

简记为$\left[\overline{X}-\overline{Y}\pm t_{\frac{\alpha}{2}}(n_1+n_2-2)S_w\sqrt{\frac{1}{n_1}+\frac{1}{n_2}}\right]$.

(2) **两个总体方差比$\frac{\sigma_1^2}{\sigma_2^2}$的置信区间** 构造样本和待估计$\frac{\sigma_1^2}{\sigma_2^2}$的函数为

$$\frac{\frac{S_1^2}{\sigma_1^2}}{\frac{S_2^2}{\sigma_2^2}}\sim F(n_1-1,n_2-1),$$

从而$\frac{\sigma_1^2}{\sigma_2^2}$的 $1-\alpha$ 置信区间为$\left[\frac{S_1^2}{S_2^2}F_{1-\frac{\alpha}{2}}(n_2-1,n_1-1),\frac{S_1^2}{S_2^2}F_{\frac{\alpha}{2}}(n_2-1,n_1-1)\right]$.

第七章　假设检验（数学一）

本章知识结构

- 假设检验
  - 基本概念
    - 基本思想
    - 方法步骤
    - 两类错误
      - 第一类错误
      - 第二类错误
  - 单个正态总体均值和方差比的假设检验
    - U 检验
      - 单侧检验
      - 双侧检验
    - T 检验
      - 单侧检验
      - 双侧检验
    - χ^2 检验
      - 单侧检验
      - 双侧检验
  - 两个正态总体均值差和方差比的假设检验
    - U 检验
    - T 检验
    - F 检验

一 假设检验的基本概念

1. 基本思想

设$X_1,X_2,\cdots,X_n$是总体X的样本,$x_1,x_2,\cdots,x_n$是样本观察值,α(显著性水平)是一个很小的正数.假设检验的基本思想就是首先根据实际问题提出关于总体分布的两个相互对立的假设,分别称为原假设H_0和备择假设H_1,然后构造一个统计量$T(X_1,X_2,\cdots,X_n)$,称为检验统计量,使得检验统计量的分布在原假设H_0为真时已知,从而可以利用检验统计量构造一个H_0为真时的小概率事件(概率小于等于给定的α),即确定一个集合D(称为拒绝域),使得$P\{T(X_1,X_2,\cdots,X_n)\in D\mid H_0\}\leqslant\alpha$.对于一组样本观察值$x_1,x_2,\cdots,x_n$,计算检验统计量的观察值$T(x_1,x_2,\cdots,x_n)$,若$T(x_1,x_2,\cdots,x_n)\in D$,则在一次试验中小概率事件发生,由实际推断原理拒绝原假设H_0而接受备择假设H_1,否则接受原假设H_0.简单地说,假设检验就是利用样本对在实际问题中提出的关于总体分布的两个对立假设的取舍准则.

2. 两类错误及其概率

在假设检验中,是接受H_0还是接受H_1是由检验统计量的取值是否落入拒绝域确定的.而检验统计量是随机变量,它的取值具有随机性,从而导致了两种不可避免的错误:

第一类错误(弃真错误):在H_0为真时拒绝了H_0的错误.犯第一类错误的概率记为

$$P\{拒绝\ H_0\mid H_0\ 为真\}.$$

第二类错误(存伪错误)：在 H_0 不真时接受了 H_0 的错误. 犯第二类错误的概率记为

$$P\{接受 H_0 \mid H_0 不真\}.$$

注 (1) 一般地，犯两类错误的概率不可能同时减小，犯一类错误概率的减小将导致犯另一类错误概率的增大，两类错误是相互矛盾的. 在假设检验中，出于保护原假设的考虑，通常优先限制犯第一类错误的概率为一个预先给定的小的正数 α，这样的假设检验称为显著性假设检验，α 称为显著性水平.

(2) 增大样本容量可以同时减小犯两类错误的概率. 如果假设检验中总体的分布类型已知，未知的仅仅是分布函数中包含的参数，假设是针对参数的，则这样的假设检验称为参数假设检验.

3. 参数假设检验的实现步骤

(1) 根据实际问题的要求，提出原假设 H_0 和备择假设 H_1；

(2) 给定显著性水平 α 以及样本容量 n；

(3) 确定检验统计量以及拒绝域形式；

(4) 按 $P\{拒绝 H_0 \mid H_0 为真\} = \alpha$，求出拒绝域 D；

(5) 取样，根据样本观察值计算统计量观察值，由统计量观察值是否落入拒绝域确定接受还是拒绝 H_0.

二 单个正态总体 $N(\mu,\sigma^2)$ 均值 μ 的检验

1. σ^2 已知，关于 μ 的检验（U 检验法）

(1) 建立假设 $H_0:\mu=\mu_0, H_1:\mu\neq\mu_0$;

(2) 选取检验统计量 $U=\dfrac{\overline{X}-\mu_0}{\sigma/\sqrt{n}}\sim N(0,1)$;

(3) 按照显著性水平 α，确定拒绝域 $\{|U|>u_{\frac{\alpha}{2}}\}$;

(4) 由样本观测值求出统计量的观测值 u，然后作判断.

2. σ^2 未知，关于 μ 的检验（T 检验法）

(1) 建立假设 $H_0:\mu=\mu_0, H_1:\mu\neq\mu_0$;

(2) 选取检验统计量 $T=\dfrac{\overline{X}-\mu_0}{S/\sqrt{n}}$，在 H_0 为真时，统计量 $T\sim t(n-1)$;

(3) 按照显著性水平 α，确定拒绝域 $\{|T|>t_{\frac{\alpha}{2}}(n-1)\}$. 由样本观测值求出统计量的观测值 t，然后作判断.

3. μ 已知，关于 σ^2 的检验（χ^2 检验法）

(1) 检验假设 $H_0:\sigma^2=\sigma_0^2, H_1:\sigma^2\neq\sigma_0^2$;

(2) 选取检验统计量 $\chi^2=\dfrac{\sum\limits_{i=1}^{n}(X_i-\mu)^2}{\sigma^2}$，在 H_0 为真时，统计量 $\chi^2\sim\chi^2(n)$.

(3) 按照显著性水平 α，可得拒绝域 $\{\chi^2>\chi^2_{\frac{\alpha}{2}}(n)\}$ 或 $\{\chi^2<\chi^2_{1-\frac{\alpha}{2}}(n)\}$.

4. μ 未知，关于 σ^2 的检验（χ^2 检验法）

(1) 检验假设 $H_0:\sigma^2=\sigma_0^2$，$H_1:\sigma^2\neq\sigma_0^2$；

(2) 选取检验统计量 $\chi^2=\dfrac{(n-1)S^2}{\sigma_0^2}$，在 H_0 为真时，统计量 $\chi^2\sim\chi^2(n-1)$；

(3) 按照显著性水平 α，可得拒绝域 $\{\chi^2>\chi^2_{\frac{\alpha}{2}}(n-1)\}$ 或 $\{\chi^2<\chi^2_{1-\frac{\alpha}{2}}(n-1)\}$.

三 两个正态总体 $N(\mu_1,\sigma_1^2)$ 和 $N(\mu_2,\sigma_2^2)$ 均值差 $\mu_1-\mu_2$ 的检验

设总体 $X\sim N(\mu_1,\sigma_1^2)$，总体 $Y\sim N(\mu_2,\sigma_2^2)$，$X$ 与 Y 独立，样本 $X_1,X_2,\cdots,X_{n_1}$ 来自总体 X，样本 $Y_1,Y_2,\cdots,Y_{n_2}$ 来自总体 Y，给定显著性水平为 $\alpha(0<\alpha<1)$，下面给出三种最常见的检验类型：

1. σ_1^2,σ_2^2 已知，关于均值差 $\mu_1-\mu_2$ 的检验

(1) 检验假设 $H_0:\mu_1=\mu_2$，$H_1:\mu_1\neq\mu_2$；

(2) 选取检验统计量 $U=\dfrac{\overline{X}-\overline{Y}-(\mu_1-\mu_2)}{\sqrt{\dfrac{\sigma_1^2}{n_1}+\dfrac{\sigma_2^2}{n_2}}}$，当 H_0 为真时，统计量 $U\sim N(0,1)$；

(3) 按照显著性水平 α，可得拒绝域为 $\{|U|>u_{\frac{\alpha}{2}}\}$.

2. σ_1^2,σ_2^2 未知，但 $\sigma_1^2=\sigma_2^2$，关于均值差 $\mu_1-\mu_2$ 的检验

(1) 检验假设 $H_0:\mu_1=\mu_2,H_1:\mu_1\neq\mu_2$；

(2) 选取检验统计量 $T=\dfrac{\overline{X}-\overline{Y}-(\mu_1-\mu_2)}{S_w\sqrt{\dfrac{1}{n_1}+\dfrac{1}{n_2}}}$，其中 $S_w^2=\dfrac{(n_1-1)S_1^2+(n_2-1)S_2^2}{n_1+n_2-2}$；

(3) 当 H_0 为真时，统计量 $T\sim t(n_1+n_2-2)$；

(4) 按照显著性水平 α，可得拒绝域为 $\{|T|>t_{\frac{\alpha}{2}}(n_1+n_2-2)\}$.

3. μ_1,μ_2 未知，关于方差比 $\dfrac{\sigma_1^2}{\sigma_2^2}$ 的检验

(1) 检验假设 $H_0:\sigma_1^2=\sigma_2^2,H_1:\sigma_1^2\neq\sigma_2^2$；

(2) 选取统计量 $F=\dfrac{S_1^2/\sigma_1^2}{S_2^2/\sigma_2^2}=\dfrac{S_1^2}{S_2^2}\cdot\dfrac{\sigma_2^2}{\sigma_1^2}$，当 H_0 为真时，统计量 $F\sim F(n_1-1,n_2-1)$，

(3) 按照显著性水平 α，可得拒绝域为 $\{F<F_{1-\frac{\alpha}{2}}(n_1-1,n_2-1)\}$ 或 $\{F>F_{\frac{\alpha}{2}}(n_1-1,n_2-1)\}$.

四 单个正态总体 $N(\mu,\sigma^2)$ 方差 σ^2 的检验（χ^2 检验）

1. μ 已知

(1) 检验假设 $H_0:\sigma^2=\sigma_0^2, H_1:\sigma^2\neq\sigma_0^2$；

(2) 选取检验统计量 $\chi^2=\dfrac{\sum\limits_{i=1}^{n}(X_i-\mu)^2}{\sigma_0^2}$，当 H_0 为真时，统计量 $\chi^2\sim\chi^2(n)$；

(3) 按照显著性水平 α，可得拒绝域为 $\{\chi^2<\chi^2_{1-\frac{\alpha}{2}}(n)\}$ 或 $\{\chi^2>\chi^2_{\frac{\alpha}{2}}(n)\}$.

2. μ 未知

(1) 检验假设 $H_0:\sigma^2=\sigma_0^2, H_1:\sigma^2\neq\sigma_0^2$；

(2) 选取检验统计量 $\chi^2=\dfrac{(n-1)S^2}{\sigma_0^2}$，当 H_0 为真时，统计量 $\chi^2\sim\chi^2(n-1)$.

(3) 按照显著性水平 α，可得拒绝域为 $\{\chi^2<\chi^2_{1-\frac{\alpha}{2}}(n-1)\}$ 或 $\{\chi^2>\chi^2_{\frac{\alpha}{2}}(n-1)\}$.

五 两个正态总体 $N(\mu_1,\sigma_1^2)$ 和 $N(\mu_2,\sigma_2^2)$ 方差比的检验（F 检验）

1. μ_1,μ_2 均已知

(1) 检验假设 $H_0:\sigma_1^2=\sigma_2^2, H_1:\sigma_1^2\neq\sigma_2^2$；

(2) 选取检验统计量 $F=\dfrac{\dfrac{\sum\limits_{i=1}^{n_1}(X_i-\mu_1)^2}{n_1}}{\dfrac{\sum\limits_{j=1}^{n_2}(Y_j-\mu_2)^2}{n_2}}$，当 H_0 为真时，统计量 $F\sim F(n_1,n_2)$；

(3) 按照显著性水平 α，可得拒绝域为 $\{F<F_{1-\frac{\alpha}{2}}(n_1,n_2)\}$ 或 $\{F>F_{\frac{\alpha}{2}}(n_1,n_2)\}$.

2. μ_1,μ_2 均未知

(1) 检验假设 $H_0:\sigma_1^2=\sigma_2^2,H_1:\sigma_1^2\neq\sigma_2^2$；

(2) 选取检验统计量 $F=\dfrac{S_1^2}{S_2^2}$，当 H_0 为真时，统计量 $F\sim F(n_1-1,n_2-1)$；

(3) 按照显著性水平 α，可得拒绝域为 $\{F<F_{1-\frac{\alpha}{2}}(n_1-1,n_2-1)\}$ 或 $\{F>F_{\frac{\alpha}{2}}(n_1-1,n_2-1)\}$.

第四篇 附 录

附录 1 积分表

(一) 含有 $ax+b(a\neq 0)$ 的积分

1. $\int \frac{\mathrm{d}x}{ax+b}=\frac{1}{a}\ln|ax+b|+C$

2. $\int (ax+b)^{u}\mathrm{d}x=\frac{1}{a(u+1)}(ax+b)^{u+1}+C(u\neq -1)$

3. $\int \frac{x}{ax+b}\mathrm{d}x=\frac{1}{a^{2}}(ax+b-b\ln|ax+b|)+C$

4. $\int \frac{x^{2}}{ax+b}\mathrm{d}x=\frac{1}{a^{3}}\left[\frac{1}{2}(ax+b)^{2}-2b(ax+b)+b^{2}\ln|ax+b|\right]+C$

5. $\int \frac{1}{x(ax+b)}\mathrm{d}x = \frac{1}{b}(\ln|x| - \ln|ax+b|) + C$

6. $\int \frac{1}{x^2(ax+b)}\mathrm{d}x = -\frac{1}{bx} + \frac{a}{b^2}(\ln|ax+b| - \ln|x|) + C$

7. $\int \frac{x}{(ax+b)^2}\mathrm{d}x = \frac{1}{a^2}\left(\ln|ax+b| + \frac{b}{ax+b}\right) + C$

8. $\int \frac{x^2}{(ax+b)^2}\mathrm{d}x = \frac{1}{a^3}\left(ax+b-2b\ln|ax+b| - \frac{b^2}{ax+b}\right) + C$

9. $\int \frac{1}{x(ax+b)^2}\mathrm{d}x = \frac{1}{b(ax+b)} - \frac{1}{b^2}(\ln|ax+b| - \ln|x|) + C$

（二）含有 $\sqrt{ax+b}\,(a \neq 0)$ 的积分

10. $\int \sqrt{ax+b}\,\mathrm{d}x = \frac{2}{3a}\sqrt{(ax+b)^3} + C$

11. $\int x\sqrt{ax+b}\,\mathrm{d}x = \frac{2}{15a^2}(3ax-2b)\sqrt{(ax+b)^3} + C$

12. $\int x^2\sqrt{ax+b}\,\mathrm{d}x = \frac{2}{105a^3}(8b^2 - 12abx + 15a^2x^2)\sqrt{(ax+b)^3} + C$

13. $\int \frac{x}{\sqrt{ax+b}}\mathrm{d}x = \frac{2}{3a^2}(ax-2b)\sqrt{ax+b} + C$

14. $\int \frac{x^2}{\sqrt{ax+b}}\mathrm{d}x = \frac{2}{15a^3}(3a^2x^2 - 4abx + 8b^2)\sqrt{ax+b} + C$

15. $\int \frac{1}{x\sqrt{ax+b}}\mathrm{d}x = \begin{cases} \frac{1}{\sqrt{b}}\ln\left|\frac{\sqrt{ax+b}-\sqrt{b}}{\sqrt{ax+b}+\sqrt{b}}\right| + C, & b > 0, \\ \frac{2}{\sqrt{-b}}\arctan\sqrt{\frac{ax+b}{-b}} + C, & b < 0 \end{cases}$

16. $\int \frac{1}{x^2\sqrt{ax+b}}\mathrm{d}x = -\frac{\sqrt{ax+b}}{bx} - \frac{a}{2b}\int \frac{1}{x\sqrt{ax+b}}\mathrm{d}x$

17. $\int \frac{\sqrt{ax+b}}{x}\mathrm{d}x = 2\sqrt{ax+b} + b\int \frac{1}{x\sqrt{ax+b}}\mathrm{d}x$

18. $\int \frac{\sqrt{ax+b}}{x^2}\mathrm{d}x = -\frac{\sqrt{ax+b}}{x} + \frac{a}{2}\int \frac{1}{x\sqrt{ax+b}}\mathrm{d}x$

（三）含有 $x^2 \pm a^2 (a \neq 0)$ 的积分

19. $\int \frac{\mathrm{d}x}{x^2+a^2} = \frac{1}{a}\arctan\frac{x}{a} + C$

20. $\int \frac{\mathrm{d}x}{(x^2+a^2)^n} = \frac{x}{2(n-1)a^2(x^2+a^2)^{n-1}} + \frac{2n-3}{2(n-1)a^2}\int \frac{\mathrm{d}x}{(x^2+a^2)^{n-1}} (n > 1)$

21. $\int \frac{dx}{x^2 - a^2} = \frac{1}{2a}\ln\left|\frac{x-a}{x+a}\right| + C$

(四) 含有 $ax^2 + b(a > 0)$ 的积分

22. $\int \frac{dx}{ax^2 + b} = \begin{cases} \frac{1}{\sqrt{ab}}\arctan\sqrt{\frac{a}{b}} \cdot x + C(b > 0) \\ \frac{1}{2\sqrt{-ab}}\ln\left|\frac{\sqrt{ax} - \sqrt{-b}}{\sqrt{ax} + \sqrt{-b}}\right| + C(b < 0) \end{cases}$

23. $\int \frac{x}{ax^2 + b}dx = \frac{1}{2a}\ln|ax^2 + b| + C$

24. $\int \frac{x^2}{ax^2 + b}dx = \frac{x}{a} - \frac{b}{a}\int \frac{dx}{ax^2 + b}$

25. $\int \frac{dx}{x(ax^2 + b)} = \frac{1}{2b}\ln\frac{x^2}{|ax^2 + b|} + C$

26. $\int \frac{dx}{x^2(ax^2 + b)} = -\frac{1}{bx} - \frac{a}{b}\int \frac{dx}{ax^2 + b}$

27. $\int \frac{dx}{x^3(ax^2 + b)} = \frac{a}{2b^2}\ln\frac{|ax^2 + b|}{x^2} - \frac{1}{2bx^2} + C$

28. $\int \frac{dx}{(ax^2 + b)^2} = \frac{x}{2b(ax^2 + b)} + \frac{1}{2b}\int \frac{dx}{ax^2 + b}$

（五）含有 $ax^2+bx+c(a>0)$ 的积分

29. $$\int\frac{\mathrm{d}x}{ax^2+bx+c}=\begin{cases}\dfrac{2}{\sqrt{4ac-b^2}}\arctan\dfrac{2ax+b}{\sqrt{4ac-b^2}}+C(b^2<4ac)\\[2ex]\dfrac{1}{\sqrt{b^2-4ac}}\ln\left|\dfrac{2ax+b-\sqrt{b^2-4ac}}{2ax+b+\sqrt{b^2-4ac}}\right|+C(b^2>4ac)\end{cases}$$

30. $$\int\frac{x}{ax^2+bx+c}\mathrm{d}x=\frac{1}{2a}\ln|ax^2+bx+c|-\frac{b}{2a}\int\frac{\mathrm{d}x}{ax^2+bx+c}$$

（六）含有 $\sqrt{x^2+a^2}(a>0)$ 的积分

31. $$\int\sqrt{x^2+a^2}\,\mathrm{d}x=\frac{x}{2}\sqrt{x^2+a^2}+\frac{a^2}{2}\ln(x+\sqrt{x^2+a^2})+C$$

32. $$\int\sqrt{(x^2+a^2)^3}\,\mathrm{d}x=\frac{x}{8}(2x^2+5a^2)\sqrt{x^2+a^2}+\frac{3}{8}a^4\ln(x+\sqrt{x^2+a^2})+C$$

33. $$\int x\sqrt{x^2+a^2}\,\mathrm{d}x=\frac{1}{3}\sqrt{(x^2+a^2)^3}+C$$

34. $$\int\frac{\mathrm{d}x}{\sqrt{x^2+a^2}}=\ln(x+\sqrt{x^2+a^2})+C$$

35. $$\int\frac{\mathrm{d}x}{(\sqrt{x^2+a^2})^3}=\frac{x}{a^2\sqrt{x^2+a^2}}+C$$

36. $\int \frac{x}{\sqrt{x^2+a^2}}dx = \sqrt{x^2+a^2}+C$

37. $\int \frac{x}{(\sqrt{x^2+a^2})^3}dx = -\frac{1}{\sqrt{x^2+a^2}}+C$

38. $\int \frac{x^2}{\sqrt{x^2+a^2}}dx = \frac{x}{2}\sqrt{x^2+a^2}-\frac{a^2}{2}\ln(x+\sqrt{x^2+a^2})+C$

39. $\int \frac{x^2}{\sqrt{(x^2+a^2)^3}}dx = -\frac{x}{\sqrt{x^2+a^2}}+\ln(x+\sqrt{x^2+a^2})+C$

40. $\int \frac{dx}{x\sqrt{x^2+a^2}} = \frac{1}{a}\ln\frac{\sqrt{x^2+a^2}-a}{|x|}+C$

41. $\int \frac{dx}{x^2\sqrt{x^2+a^2}} = -\frac{\sqrt{x^2+a^2}}{a^2x}+C$

42. $\int x^2\sqrt{x^2+a^2}\,dx = \frac{x}{8}(2x^2+a^2)\sqrt{x^2+a^2}-\frac{a^4}{8}\ln(x+\sqrt{x^2+a^2})+C$

43. $\int \frac{\sqrt{x^2+a^2}}{x}dx = \sqrt{x^2+a^2}+a\ln\frac{\sqrt{x^2+a^2}-a}{|x|}+C$

44. $\int \frac{\sqrt{x^2+a^2}}{x^2}dx = -\frac{\sqrt{x^2+a^2}}{x}+\ln(x+\sqrt{x^2+a^2})+C$

（七）含有 $\sqrt{x^2-a^2}\,(a>0)$ 的积分

45. $\int \sqrt{x^2-a^2}\,\mathrm{d}x = \frac{x}{2}\sqrt{x^2-a^2} - \frac{a^2}{2}\ln(x+\sqrt{x^2-a^2})+C$

46. $\int \sqrt{(x^2-a^2)^3}\,\mathrm{d}x = \frac{x}{8}(2x^2-5a^2)\sqrt{x^2-a^2} + \frac{3}{8}a^4\ln\left|x+\sqrt{x^2-a^2}\right|+C$

47. $\int x\sqrt{x^2-a^2}\,\mathrm{d}x = \frac{1}{3}\sqrt{(x^2-a^2)^3}+C$

48. $\int \frac{\mathrm{d}x}{\sqrt{x^2-a^2}} = \ln\left|x+\sqrt{x^2-a^2}\right|+C$

49. $\int \frac{\mathrm{d}x}{(\sqrt{x^2-a^2})^3} = -\frac{x}{a^2\sqrt{x^2-a^2}}+C$

50. $\int \frac{x}{\sqrt{x^2-a^2}}\mathrm{d}x = \sqrt{x^2-a^2}+C$

51. $\int \frac{x}{\sqrt{(x^2-a^2)^3}}\mathrm{d}x = -\frac{1}{\sqrt{x^2-a^2}}+C$

52. $\int \frac{x^2}{\sqrt{x^2-a^2}}\mathrm{d}x = \frac{x}{2}\sqrt{x^2-a^2} + \frac{a^2}{2}\ln\left|x+\sqrt{x^2-a^2}\right|+C$

53. $\int \frac{x^2}{\sqrt{(x^2-a^2)^3}}\mathrm{d}x = -\frac{x}{\sqrt{x^2-a^2}} + \ln\left|x+\sqrt{x^2-a^2}\right| + C$

54. $\int \frac{\mathrm{d}x}{x\sqrt{x^2-a^2}} = \frac{1}{a}\arccos\frac{a}{|x|} + C$

55. $\int \frac{\mathrm{d}x}{x^2\sqrt{x^2-a^2}} = \frac{\sqrt{x^2-a^2}}{a^2 x} + C$

56. $\int x^2\sqrt{x^2-a^2}\,\mathrm{d}x = \frac{x}{8}(2x^2-a^2)\sqrt{x^2-a^2} - \frac{a^4}{8}\ln\left|x+\sqrt{x^2-a^2}\right| + C$

57. $\int \frac{\sqrt{x^2-a^2}}{x}\mathrm{d}x = \sqrt{x^2-a^2} - a\arccos\frac{a}{|x|} + C$

58. $\int \frac{\sqrt{x^2-a^2}}{x^2}\mathrm{d}x = -\frac{\sqrt{x^2-a^2}}{x} + \ln\left|x+\sqrt{x^2-a^2}\right| + C$

(八)含有 $\sqrt{a^2-x^2}\ (a>0)$ 的积分

59. $\int \sqrt{a^2-x^2}\,\mathrm{d}x = \frac{x}{2}\sqrt{a^2-x^2} + \frac{a^2}{2}\arcsin\frac{x}{a} + C$

60. $\int \sqrt{(a^2-x^2)^3}\,\mathrm{d}x = \frac{x}{8}(5a^2-2x^2)\sqrt{a^2-x^2} + \frac{3}{8}a^4\arcsin\frac{x}{a} + C$

61. $\int x\sqrt{a^2-x^2}\,\mathrm{d}x=-\frac{1}{3}\sqrt{(a^2-x^2)^3}+C$

62. $\int\frac{\mathrm{d}x}{\sqrt{a^2-x^2}}=\arcsin\frac{x}{a}+C$

63. $\int\frac{\mathrm{d}x}{\sqrt{(a^2-x^2)^3}}=\frac{x}{a^2\sqrt{a^2-x^2}}+C$

64. $\int\frac{x}{\sqrt{a^2-x^2}}\mathrm{d}x=-\sqrt{a^2-x^2}+C$

65. $\int\frac{x}{\sqrt{(a^2-x^2)^3}}\mathrm{d}x=\frac{1}{\sqrt{a^2-x^2}}+C$

66. $\int\frac{x^2}{\sqrt{a^2-x^2}}\mathrm{d}x=-\frac{x}{2}\sqrt{a^2-x^2}+\frac{a^2}{2}\arcsin\frac{x}{a}+C$

67. $\int\frac{x^2}{\sqrt{(a^2-x^2)^3}}\mathrm{d}x=\frac{x}{\sqrt{a^2-x^2}}-\arcsin\frac{x}{a}+C$

68. $\int\frac{\mathrm{d}x}{x\sqrt{a^2-x^2}}=\frac{1}{a}\ln\frac{a-\sqrt{a^2-x^2}}{|x|}+C$

69. $\int\frac{\mathrm{d}x}{x^2\sqrt{a^2-x^2}}=-\frac{\sqrt{a^2-x^2}}{a^2x}+C$

70. $\int x^2\sqrt{a^2-x^2}\,\mathrm{d}x=\frac{x}{8}(2x^2-a^2)\sqrt{a^2-x^2}+\frac{a^4}{8}\arcsin\frac{x}{a}+C$

71. $\int\frac{\sqrt{a^2-x^2}}{x}\mathrm{d}x=\sqrt{a^2-x^2}+a\ln\frac{a-\sqrt{a^2-x^2}}{|x|}+C$

72. $\int\frac{\sqrt{a^2-x^2}}{x^2}\mathrm{d}x=-\frac{\sqrt{a^2-x^2}}{x}-\arcsin\frac{x}{a}+C$

（九）含有 $\sqrt{\pm ax^2+bx+c}\,(a>0)$ 的积分

73. $\int\frac{\mathrm{d}x}{\sqrt{ax^2+bx+c}}=\frac{1}{\sqrt{a}}\ln\left|2ax+b+2\sqrt{a}\sqrt{ax^2+bx+c}\right|+C$

74. $\int\sqrt{ax^2+bx+c}\,\mathrm{d}x=\frac{2ax+b}{4a}\sqrt{ax^2+bx+c}$

$+\frac{4ac-b^2}{8\sqrt{a^3}}\ln\left|2ax+b+2\sqrt{a}\sqrt{ax^2+bx+c}\right|+C$

75. $\int\frac{x}{\sqrt{ax^2+bx+c}}\mathrm{d}x=\frac{1}{a}\sqrt{ax^2+bx+c}$

$-\frac{b}{2\sqrt{a^3}}\ln\left|2ax+b+2\sqrt{a}\sqrt{ax^2+bx+c}\right|+C$

76. $\int\frac{\mathrm{d}x}{\sqrt{c+bx-ax^2}}=\frac{1}{\sqrt{a}}\arcsin\frac{2ax-b}{\sqrt{b^2+4ac}}+C(b^2+4ac>0)$

77. $\int \sqrt{c+bx-ax^2}\,\mathrm{d}x = \frac{2ax-b}{4a}\sqrt{c+bx-ax^2} + \frac{b^2+4ac}{8\sqrt{a^3}}\arcsin\frac{2ax-b}{\sqrt{b^2+4ac}} + C$

$(b^2+4ac>0)$

78. $\int \frac{x}{\sqrt{c+bx-ax^2}}\,\mathrm{d}x = -\frac{1}{a}\sqrt{c+bx-ax^2} + \frac{b}{2\sqrt{a^3}}\arcsin\frac{2ax-b}{\sqrt{b^2+4ac}} + C(b^2+4ac>0)$

（十）含有$\sqrt{\pm\frac{x-a}{x-b}}$或$\sqrt{(x-a)(b-x)}$的积分

79. $\int \sqrt{\frac{x-a}{x-b}}\,\mathrm{d}x = (x-b)\sqrt{\frac{x-a}{x-b}} + (b-a)\ln(\sqrt{|x-a|}+\sqrt{|x-b|}) + C$

80. $\int \sqrt{\frac{x-a}{b-x}}\,\mathrm{d}x = (x-b)\sqrt{\frac{x-a}{b-x}} + (b-a)\arcsin\sqrt{\frac{x-a}{b-a}} + C(a<b)$

81. $\int \frac{\mathrm{d}x}{\sqrt{(x-a)(b-x)}} = 2\arcsin\sqrt{\frac{x-a}{b-a}} + C(a<b)$

82. $\int \sqrt{(x-a)(b-x)}\,\mathrm{d}x = \frac{2x-a-b}{4}\sqrt{(x-a)(b-x)}$

$+\frac{(b-a)^2}{4}\arcsin\sqrt{\frac{x-a}{b-a}} + C(a<b)$

（十一）含有三角函数的积分（$ab \neq 0$）

83. $\int \sin x\mathrm{d}x = -\cos x + C$

84. $\int \cos x\mathrm{d}x = \sin x + C$

85. $\int \tan x\mathrm{d}x = -\ln|\cos x| + C$

86. $\int \cot x\mathrm{d}x = \ln|\sin x| + C$

87. $\int \sec x\mathrm{d}x = \ln|\sec x + \tan x| + C = \ln\left|\tan(\frac{\pi}{4} + \frac{x}{2})\right| + C$

88. $\int \csc x\mathrm{d}x = \ln|\csc x - \cot x| + C = \ln\left|\tan\frac{x}{2}\right| + C$

89. $\int \sec^2 x\mathrm{d}x = \tan x + C$

90. $\int \csc^2 x\mathrm{d}x = -\cot x + C$

91. $\int \sec x\tan x\mathrm{d}x = \sec x + C$

92. $\int \csc x\cot x\mathrm{d}x = -\csc x + C$

93. $\int \sin^2 x\mathrm{d}x = \frac{x}{2} - \frac{1}{4}\sin 2x + C$

94. $\int \cos^2 x\mathrm{d}x = \frac{x}{2} + \frac{1}{4}\sin 2x + C$

95. $\int \sin^n x\mathrm{d}x = -\frac{1}{n}\sin^{n-1}x\cos x + \frac{n-1}{n}\int \sin^{n-2}x\mathrm{d}x$

96. $\int \cos^n x\mathrm{d}x = \frac{1}{n}\cos^{n-1}x\sin x + \frac{n-1}{n}\int \cos^{n-2}x\mathrm{d}x$

97. $\int \frac{\mathrm{d}x}{\sin^n x} = -\frac{1}{n-1}\frac{\cos x}{\sin^{n-1}x} + \frac{n-2}{n-1}\int \frac{\mathrm{d}x}{\sin^{n-2}x}$

98. $\int \frac{\mathrm{d}x}{\cos^n x} = \frac{1}{n-1}\frac{\sin x}{\cos^{n-1}x} + \frac{n-2}{n-1}\int \frac{\mathrm{d}x}{\cos^{n-2}x}$

99. $\int \cos^m x\sin^n x\mathrm{d}x = \frac{1}{m+n}\cos^{m-1}x\sin^{n+1}x + \frac{m-1}{m+n}\int \cos^{m-2}x\sin^n x\mathrm{d}x$

$= -\frac{1}{m+n}\cos^{m+1}x\sin^{n-1}x + \frac{n-1}{m+n}\int \cos^m x\sin^{n-2}x\mathrm{d}x$

100. $\int \sin ax\cos bx\mathrm{d}x = -\frac{1}{2(a+b)}\cos(a+b)x - \frac{1}{2(a-b)}\cos(a-b)x + C(a^2 \neq b^2)$

101. $\int \sin ax\sin bx\mathrm{d}x = -\frac{1}{2(a+b)}\sin(a+b)x + \frac{1}{2(a-b)}\sin(a-b)x + C(a^2 \neq b^2)$

102. $\int \cos ax \cos bx \mathrm{d}x = \frac{1}{2(a+b)}\sin(a+b)x + \frac{1}{2(a-b)}\sin(a-b)x + C(a^2 \neq b^2)$

103. $\int \frac{\mathrm{d}x}{a+b\sin x} = \frac{2}{\sqrt{a^2-b^2}}\arctan\frac{a\tan\frac{x}{2}+b}{\sqrt{a^2-b^2}} + C(a^2 > b^2)$

104. $\int \frac{\mathrm{d}x}{a+b\sin x} = \frac{1}{\sqrt{b^2-a^2}}\ln\left|\frac{a\tan\frac{x}{2}+b-\sqrt{b^2-a^2}}{a\tan\frac{x}{2}+b+\sqrt{b^2-a^2}}\right| + C(a^2 < b^2)$

105. $\int \frac{\mathrm{d}x}{a+b\cos x} = \frac{2}{a+b}\sqrt{\frac{a+b}{a-b}}\arctan\left(\sqrt{\frac{a-b}{a+b}}\tan\frac{x}{2}\right) + C(a^2 > b^2)$

106. $\int \frac{\mathrm{d}x}{a+b\cos x} = \frac{1}{a+b}\sqrt{\frac{a+b}{b-a}}\ln\left|\frac{\tan\frac{x}{2}+\sqrt{\frac{a+b}{b-a}}}{\tan\frac{x}{2}-\sqrt{\frac{a+b}{b-a}}}\right| + C(a^2 < b^2)$

107. $\int \frac{\mathrm{d}x}{a^2\cos^2 x + b^2\sin^2 x} = \frac{1}{ab}\arctan\left(\frac{b}{a}\tan x\right) + C$

108. $\int \frac{\mathrm{d}x}{a^2\cos^2 x - b^2\sin^2 x} = \frac{1}{2ab}\ln\left|\frac{b\tan x + a}{b\tan x - a}\right| + C$

109. $\int x\sin ax\mathrm{d}x = \frac{1}{a^2}\sin ax - \frac{1}{a}x\cos ax + C$

110. $\int x^2\sin ax\mathrm{d}x = -\frac{1}{a}x^2\cos ax + \frac{2}{a^2}x\sin ax + \frac{2}{a^3}\cos ax + C$

111. $\int x\cos ax\mathrm{d}x = \frac{1}{a^2}\cos ax + \frac{1}{a}x\sin ax + C$

112. $\int x^2\cos ax\mathrm{d}x = \frac{1}{a}x^2\sin ax + \frac{2}{a^2}x\cos ax - \frac{2}{a^3}\sin ax + C$

（十二）含有反三角函数的积分（其中 $a > 0$）

113. $\int \arcsin\frac{x}{a}\mathrm{d}x = x\arcsin\frac{x}{a} + \sqrt{a^2 - x^2} + C$

114. $\int x\arcsin\frac{x}{a}\mathrm{d}x = \left(\frac{x^2}{2} - \frac{a^2}{4}\right)\arcsin\frac{x}{a} + \frac{x}{4}\sqrt{a^2 - x^2} + C$

115. $\int x^2\arcsin\frac{x}{a}\mathrm{d}x = \frac{x^3}{3}\arcsin\frac{x}{a} + \frac{1}{9}(x^2 + 2a^2)\sqrt{a^2 - x^2} + C$

116. $\int \arccos\frac{x}{a}\mathrm{d}x = x\arccos\frac{x}{a} - \sqrt{a^2 - x^2} + C$

117. $\int x\arccos\frac{x}{a}\mathrm{d}x = \left(\frac{x^2}{2} - \frac{a^2}{4}\right)\arccos\frac{x}{a} - \frac{x}{4}\sqrt{a^2 - x^2} + C$

118. $\int x^2 \arccos \frac{x}{a} \mathrm{d}x = \frac{x^3}{3} \arccos \frac{x}{a} - \frac{1}{9}(x^2 + 2a^2) \sqrt{a^2 - x^2} + C$

119. $\int \arctan \frac{x}{a} \mathrm{d}x = x\arctan \frac{x}{a} - \frac{a}{2}\ln(a^2 + x^2) + C$

120. $\int x\arctan \frac{x}{a} \mathrm{d}x = \frac{1}{2}(a^2 + x^2)\arctan \frac{x}{a} - \frac{a}{2}x + C$

121. $\int x^2 \arctan \frac{x}{a} \mathrm{d}x = \frac{x^3}{3} \arctan \frac{x}{a} - \frac{a}{6}x^2 + \frac{a^3}{6}\ln(a^2 + x^2) + C$

（十三）含有指数函数的积分$(a > 0, a \neq 1)$

122. $\int a^x \mathrm{d}x = \frac{1}{\ln a}a^x + C$

123. $\int \mathrm{e}^{ax} \mathrm{d}x = \frac{1}{a}\mathrm{e}^{ax} + C$

124. $\int x\mathrm{e}^{ax} \mathrm{d}x = \frac{1}{a^2}(ax - 1)\mathrm{e}^{ax} + C$

125. $\int x^n \mathrm{e}^{ax} \mathrm{d}x = \frac{1}{a}x^n \mathrm{e}^{ax} - \frac{n}{a}\int x^{n-1} \mathrm{e}^{ax} \mathrm{d}x$

126. $\int xa^x \mathrm{d}x = \frac{x}{\ln a}a^x - \frac{1}{\ln^2 a}a^x + C$

127. $\int x^n a^x \mathrm{d}x = \dfrac{x^n a^x}{\ln a} - \dfrac{n}{\ln a}\int x^{n-1} a^x \mathrm{d}x$

128. $\int \mathrm{e}^{ax} \sin bx \mathrm{d}x = \dfrac{\mathrm{e}^{ax}(a\sin bx - b\cos bx)}{a^2 + b^2} + C$

129. $\int \mathrm{e}^{ax} \cos bx \mathrm{d}x = \dfrac{\mathrm{e}^{ax}(b\sin bx + a\cos bx)}{a^2 + b^2} + C$

130. $\int \mathrm{e}^{ax} \sin^n bx \mathrm{d}x = \dfrac{1}{a^2 + n^2 b^2} \mathrm{e}^{ax} \sin^{n-1} bx(a\sin bx - nb\cos bx) + \dfrac{n(n-1)b^2}{a^2 + n^2 b^2}\int \mathrm{e}^{ax} \sin^{n-2} bx \mathrm{d}x$

131. $\int \mathrm{e}^{ax} \cos^n bx \mathrm{d}x = \dfrac{1}{a^2 + n^2 b^2} \mathrm{e}^{ax} \cos^{n-1} bx(a\cos bx + nb\sin bx) + \dfrac{n(n-1)b^2}{a^2 + n^2 b^2}\int \mathrm{e}^{ax} \cos^{n-2} bx \mathrm{d}x$

（十四）含有对数函数的积分

132. $\int \ln x \mathrm{d}x = x\ln x - x + C$

133. $\int \dfrac{1}{x\ln x} \mathrm{d}x = \ln|\ln x| + C$

134. $\int x^n \ln x \mathrm{d}x = \dfrac{x^{n+1}}{n+1}\left(\ln x - \dfrac{1}{n+1}\right) + C$

135. $\int \ln^n x \mathrm{d}x = x\ln^n x - n\int \ln^{n-1} x \mathrm{d}x$

136. $\int x^m \ln^n x \mathrm{d}x = \frac{x^{m+1}}{m+1}\ln^n x - \frac{n}{m+1}\int x^m \ln^{n-1} x \mathrm{d}x$

（十五）含有双曲函数的积分

137. $\int \mathrm{sh}\, x \mathrm{d}x = \mathrm{ch}\, x + C$

138. $\int \mathrm{ch}\, x \mathrm{d}x = \mathrm{sh}\, x + C$

139. $\int \mathrm{th}\, x \mathrm{d}x = \ln \mathrm{ch} x + C$

140. $\int \mathrm{sh}^2 x \mathrm{d}x = -\frac{x}{2} + \frac{1}{4}\mathrm{sh}2x + C$

141. $\int \mathrm{ch}^2 x \mathrm{d}x = \frac{x}{2} + \frac{1}{4}\mathrm{sh}2x + C$

（十六）定积分

142. $\int_{-\pi}^{\pi} \cos nx \mathrm{d}x = \int_{-\pi}^{\pi} \sin nx \mathrm{d}x = 0$

143. $\int_{-\pi}^{\pi} \cos mx \sin nx \mathrm{d}x = 0$

144. $\int_{-\pi}^{\pi} \cos mx \cos nx \mathrm{d}x = \begin{cases} 0, m \neq n, \\ \pi, m = n \end{cases}$

145. $\int_{-\pi}^{\pi}\sin mx\sin nx\mathrm{d}x=\begin{cases}0,m\neq n,\\ \pi,m=n\end{cases}$

146. $\int_{0}^{\pi}\sin mx\sin nx\mathrm{d}x=\int_{0}^{\pi}\cos mx\cos nx\mathrm{d}x=\begin{cases}0,m\neq n,\\ \dfrac{\pi}{2},m=n\end{cases}$

147. (1) $I_n=\int_{0}^{\frac{\pi}{2}}\sin^n x\mathrm{d}x=\int_{0}^{\frac{\pi}{2}}\cos^n x\mathrm{d}x$

(2) $I_n=\dfrac{n-1}{n}I_{n-2}$

(3) $I_n=\dfrac{n-1}{n}\cdot\dfrac{n-3}{n-2}\cdot\cdots\cdot\dfrac{4}{5}\cdot\dfrac{2}{3}$（$n$ 为大于 1 的奇数），$I_1=1$，

(4) $I_n=\dfrac{n-1}{n}\cdot\dfrac{n-3}{n-2}\cdot\cdots\cdot\dfrac{3}{4}\cdot\dfrac{2}{2}\cdot\dfrac{\pi}{2}$（$n$ 为正偶数），$I_0=\dfrac{\pi}{2}$

附录 2　标准正态分布表

$$\Phi(z)=\frac{1}{\sqrt{2\pi}}\int_{-\infty}^{z}e^{-\frac{u^2}{2}}\,\mathrm{d}u=P\{Z\leqslant z\}$$

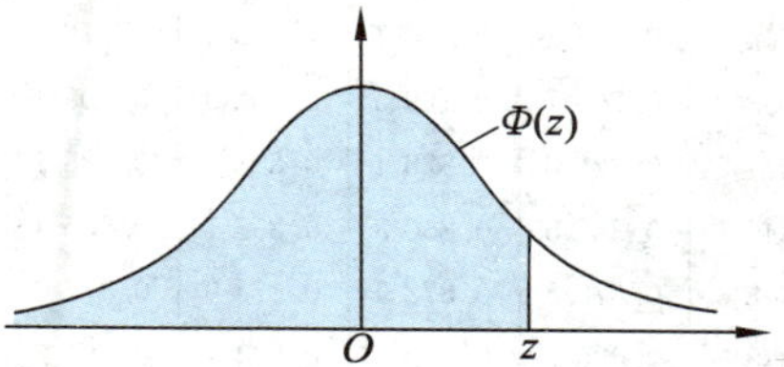

z	0	1	2	3	4	5	6	7	8	9
0.0	0.500 0	0.504 0	0.508 0	0.512 0	0.516 0	0.519 9	0.523 9	0.527 9	0.531 9	0.535 9
0.1	0.539 8	0.543 8	0.547 8	0.551 7	0.555 7	0.559 6	0.563 6	0.567 5	0.571 4	0.575 3
0.2	0.579 3	0.583 2	0.587 1	0.591 0	0.594 8	0.598 7	0.602 6	0.606 4	0.610 3	0.614 1
0.3	0.617 9	0.621 7	0.625 5	0.629 3	0.633 1	0.636 8	0.640 6	0.644 3	0.648 0	0.651 7

续表一

z	0	1	2	3	4	5	6	7	8	9
0.4	0.655 4	0.659 1	0.662 8	0.666 4	0.670 0	0.673 6	0.677 2	0.680 8	0.684 4	0.687 9
0.5	0.691 5	0.695 0	0.698 5	0.701 9	0.705 4	0.708 8	0.712 3	0.715 7	0.719 0	0.722 4
0.6	0.725 7	0.729 1	0.732 4	0.735 7	0.738 9	0.742 2	0.745 4	0.748 6	0.751 7	0.754 9
0.7	0.758 0	0.761 1	0.764 2	0.767 3	0.770 3	0.773 4	0.776 4	0.779 4	0.782 3	0.785 2
0.8	0.788 1	0.791 0	0.793 9	0.796 7	0.799 5	0.802 3	0.805 1	0.807 8	0.810 6	0.813 3
0.9	0.815 9	0.818 6	0.821 2	0.823 8	0.826 4	0.828 9	0.835 1	0.834 0	0.836 5	0.838 9
1.0	0.841 3	0.843 8	0.846 1	0.848 5	0.850 8	0.853 1	0.855 4	0.857 7	0.859 9	0.862 1
1.1	0.864 3	0.866 5	0.868 6	0.870 8	0.872 9	0.874 9	0.877 0	0.879 0	0.881 0	0.883 0
1.2	0.884 9	0.886 9	0.888 8	0.890 7	0.892 5	0.894 4	0.896 2	0.898 0	0.899 7	0.901 5
1.3	0.903 2	0.904 9	0.906 6	0.908 2	0.909 9	0.911 5	0.913 1	0.914 7	0.916 2	0.917 7
1.4	0.919 2	0.920 7	0.922 2	0.923 6	0.925 1	0.926 5	0.927 8	0.929 2	0.930 6	0.931 9
1.5	0.933 2	0.934 5	0.935 7	0.937 0	0.938 2	0.939 4	0.940 6	0.941 8	0.943 0	0.944 1
1.6	0.945 2	0.946 3	0.947 4	0.948 4	0.949 5	0.950 5	0.951 5	0.952 5	0.953 5	0.954 5
1.7	0.955 4	0.956 4	0.957 3	0.958 2	0.959 1	0.959 9	0.960 8	0.961 6	0.962 5	0.963 3
1.8	0.964 1	0.964 8	0.965 6	0.966 4	0.967 1	0.967 8	0.968 6	0.969 3	0.970 0	0.970 6

续表二

z	0	1	2	3	4	5	6	7	8	9
1.9	0.971 3	0.971 9	0.972 6	0.973 2	0.973 8	0.974 4	0.975 0	0.975 6	0.976 2	0.976 7
2.0	0.977 2	0.977 8	0.978 3	0.978 8	0.979 3	0.979 8	0.980 3	0.980 8	0.981 2	0.981 7
2.1	0.982 1	0.982 6	0.983 0	0.983 4	0.983 8	0.984 2	0.984 6	0.985 0	0.985 4	0.985 7
2.2	0.986 1	0.986 4	0.986 8	0.987 1	0.987 4	0.987 8	0.988 1	0.988 4	0.988 7	0.989 0
2.3	0.989 3	0.989 6	0.989 8	0.990 1	0.990 4	0.990 6	0.990 9	0.991 1	0.991 3	0.991 6
2.4	0.991 8	0.992 0	0.992 2	0.992 5	0.992 7	0.992 9	0.993 1	0.993 2	0.993 4	0.993 6
2.5	0.993 8	0.994 0	0.994 1	0.994 3	0.994 5	0.994 6	0.994 8	0.994 9	0.995 1	0.995 2
2.6	0.995 3	0.995 5	0.995 6	0.995 7	0.995 9	0.996 0	0.996 1	0.996 2	0.996 3	0.996 4
2.7	0.996 5	0.996 6	0.996 7	0.996 8	0.996 9	0.997 0	0.997 1	0.997 2	0.997 3	0.997 4
2.8	0.997 4	0.997 5	0.997 6	0.997 7	0.997 7	0.997 8	0.997 9	0.997 9	0.998 0	0.998 1
2.9	0.998 1	0.998 2	0.998 2	0.998 3	0.998 4	0.998 4	0.998 5	0.998 5	0.998 6	0.998 6
3.0	0.998 7	0.999 0	0.999 3	0.999 5	0.999 7	0.999 8	0.999 8	0.999 9	0.999 9	1.000 0

注：表中末行系函数值 $\Phi(3.0),\Phi(3.1),\cdots,\Phi(3.9)$.

附录3　泊松分布表

$$I-F(x-1)=\sum_{r=x}^{+\infty}\frac{e^{-\lambda}\lambda^{r}}{r!}$$

x	$\lambda=0.2$	$\lambda=0.3$	$\lambda=0.4$	$\lambda=0.5$	$\lambda=0.6$
0	1.000 000 0	1.000 000 0	1.000 000 0	1.000 000 0	1.000 000 0
1	0.181 269 2	0.259 181 8	0.329 680 0	0.393 469	0.451 188
2	0.017 523 1	0.036 936 3	0.061 551 9	0.090 204	0.121 901
3	0.001 148 5	0.003 599 5	0.007 926 3	0.014 388	0.023 115
4	0.000 056 8	0.000 265 8	0.000 776 3	0.001 752	0.003 358
5	0.000 002 3	0.000 015 8	0.000 061 2	0.000 172	0.000 394
6	0.000 000 1	0.000 000 8	0.000 004 0	0.000 014	0.000 039
7			0.000 000 2	0.000 000 1	0.000 003
x	$\lambda=0.7$	$\lambda=0.8$	$\lambda=0.9$	$\lambda=1.0$	$\lambda=1.2$
0	1.000 000	1.000 000	1.000 000	1.000 000	1.000 000
1	0.503 415	0.550 671	0.593 430	0.632 121	0.698 806

续表一

x	$\lambda=0.7$	$\lambda=0.8$	$\lambda=0.9$	$\lambda=1.0$	$\lambda=1.2$
2	0.155 805	0.191 208	0.227 518	0.264 241	0.337 373
3	0.034 142	0.047 423	0.062 857	0.080 301	0.120 513
4	0.005 753	0.009 080	0.013 459	0.018 988	0.033 769
5	0.000 786	0.001 411	0.002 344	0.003 660	0.007 746
6	0.000 090	0.000 184	0.000 343	0.000 594	0.001 500
7	0.000 009	0.000 021	0.000 043	0.000 083	0.000 251
8	0.000 001	0.000 002	0.000 005	0.000 010	0.000 037
9				0.000 001	0.000 005
10					0.000 001
x	$\lambda=1.4$	$\lambda=1.6$	$\lambda=1.8$	$\lambda=2.0$	$\lambda=2.2$
0	1.000 000	1.000 000	1.000 000	1.000 000	1.000 000
1	0.753 403	0.798 103	0.834 701	0.864 665	0.889 197
2	0.408 167	0.475 069	0.537 163	0.593 994	0.645 430
3	0.166 502	0.216 642	0.269 379	0.323 324	0.377 286
4	0.053 725	0.078 813	0.108 708	0.142 877	0.180 648
5	0.014 253	0.023 682	0.036 407	0.052 653	0.072 496

续表二

x	$\lambda=1.4$	$\lambda=1.6$	$\lambda=1.8$	$\lambda=2.0$	$\lambda=2.2$
6	0.003 201	0.006 040	0.010 378	0.016 564	0.024 910
7	0.000 622	0.001 336	0.002 569	0.004 534	0.007 461
8	0.000 107	0.000 260	0.000 562	0.001 097	0.001 978
9	0.000 016	0.000 045	0.000 110	0.000 237	0.000 470
10	0.000 002	0.000 007	0.000 019	0.000 046	0.000 101
11		0.000 001	0.000 003	0.000 008	0.000 020

续表三

x	$\lambda=2.5$	$\lambda=3.0$	$\lambda=3.5$	$\lambda=4.0$	$\lambda=4.5$	$\lambda=5.0$
0	1.000 000	1.000 000	1.000 000	1.000 000	1.000 000	1.000 000
1	0.917 915	0.950 213	0.969 803	0.981 684	0.988 891	0.993 262
2	0.712 703	0.800 852	0.864 112	0.908 422	0.938 901	0.959 572
3	0.456 187	0.576 810	0.679 153	0.761 897	0.826 422	0.875 348
4	0.242 424	0.352 768	0.463 367	0.566 530	0.657 704	0.734 974
5	0.108 822	0.184 737	0.274 555	0.371 163	0.467 896	0.559 507
6	0.042 021	0.083 918	0.142 386	0.214 870	0.297 070	0.384 039

续表四

x	$\lambda=2.5$	$\lambda=3.0$	$\lambda=3.5$	$\lambda=4.0$	$\lambda=4.5$	$\lambda=5.0$
7	0.014 187	0.033 509	0.065 288	0.110 674	0.168 949	0.237 817
8	0.004 247	0.011 905	0.026 739	0.051 134	0.086 586	0.133 372
9	0.001 140	0.003 803	0.009 874	0.021 363	0.040 257	0.068 094
10	0.000 277	0.001 102	0.003 315	0.008 132	0.017 093	0.031 828
11	0.000 062	0.000 292	0.001 019	0.002 840	0.006 669	0.013 695
12	0.000 013	0.000 071	0.000 289	0.000 915	0.002 404	0.005 453
13	0.000 002	0.000 016	0.000 076	0.000 274	0.000 805	0.002 019
14		0.000 003	0.000 019	0.000 076	0.000 252	0.000 698
15		0.000 001	0.000 004	0.000 020	0.000 074	0.000 226
16			0.000 001	0.000 005	0.000 020	0.000 069
17				0.000 001	0.000 005	0.000 020
18					0.000 001	0.000 005
19						0.000 001

附录 4　t 分布表

$$P\{t(n) > t_\alpha(n)\} = \alpha$$

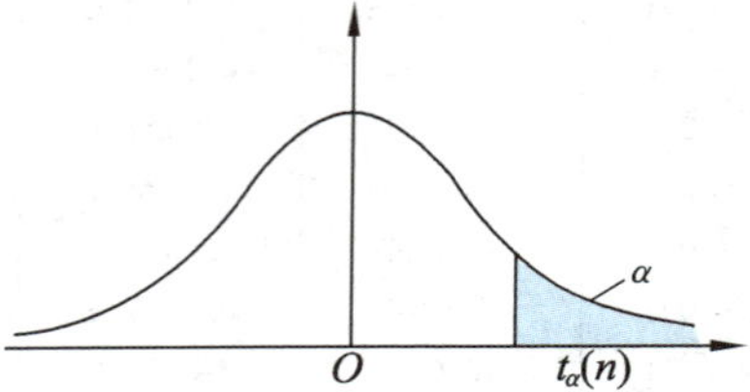

n	$\alpha=0.25$	$\alpha=0.10$	$\alpha=0.05$	$\alpha=0.025$	$\alpha=0.01$	$\alpha=0.005$
1	1.000 0	3.077 7	6.313 8	12.706 2	31.820 7	63.657 4
2	0.816 5	1.885 6	2.920 0	4.302 7	6.964 6	9.924 8
3	0.764 9	1.637 7	2.353 4	3.182 4	4.540 7	5.840 9
4	0.740 7	1.533 2	2.131 8	2.776 4	3.746 9	4.604 1
5	0.726 7	1.475 9	2.015 0	2.570 6	3.364 9	4.032 2

续表一

n	$\alpha=0.25$	$\alpha=0.10$	$\alpha=0.05$	$\alpha=0.025$	$\alpha=0.01$	$\alpha=0.005$
6	0.717 6	1.439 8	1.943 2	2.446 9	3.142 7	3.707 4
7	0.711 1	1.414 9	1.894 6	2.364 6	2.998 0	3.499 5
8	0.706 4	1.396 8	1.859 5	2.306 0	2.896 5	3.355 4
9	0.702 7	1.383 0	1.833 1	2.262 2	2.821 4	3.249 8
10	0.699 8	1.372 2	1.812 5	2.228 1	2.763 8	3.169 3
11	0.697 4	1.363 4	1.795 9	2.201 0	2.718 1	3.105 8
12	0.695 5	1.356 2	1.782 3	2.178 8	2.681 0	3.054 5
13	0.693 8	1.350 2	1.770 9	2.160 4	2.650 3	3.012 3
14	0.692 4	1.345 0	1.761 3	2.144 8	2.624 5	2.976 8
15	0.691 2	1.340 6	1.753 1	2.131 5	2.602 5	2.946 7
16	0.690 1	1.336 8	1.745 9	2.119 9	2.583 5	2.920 8
17	0.689 2	1.333 4	1.739 6	2.109 8	2.566 9	2.898 2
18	0.688 4	1.330 4	1.734 1	2.100 9	2.552 4	2.878 4
19	0.687 6	1.327 7	1.729 1	2.093 0	2.539 5	2.860 9
20	0.687 0	1.325 3	1.724 7	2.086 0	2.528 0	2.845 3
21	0.686 4	1.323 2	1.720 7	2.079 6	2.517 7	2.831 4

续表二

n	$\alpha=0.25$	$\alpha=0.10$	$\alpha=0.05$	$\alpha=0.025$	$\alpha=0.01$	$\alpha=0.005$
22	0.685 8	1.321 2	1.717 1	2.073 9	2.508 3	2.818 8
23	0.685 3	1.319 5	1.713 9	2.068 7	2.499 9	2.807 3
24	0.684 8	1.317 8	1.710 9	2.063 9	2.492 2	2.796 9
25	0.684 4	1.316 3	1.710 8	2.059 5	2.485 1	2.787 4
26	0.684 0	1.315 0	1.705 6	2.055 5	2.478 6	2.778 7
27	0.683 7	1.313 7	1.703 3	2.051 8	2.472 7	2.770 7
28	0.683 4	1.312 5	1.701 1	2.048 4	2.467 1	2.763 3
29	0.683 0	1.311 4	1.699 1	2.045 2	2.462 0	2.756 4
30	0.682 8	1.310 4	1.697 3	2.042 3	2.457 3	2.750 0
31	0.682 5	1.309 5	1.695 5	2.039 5	2.452 8	2.744 0
32	0.682 2	1.308 6	1.693 9	2.036 9	2.448 7	2.738 5
33	0.682 0	1.307 7	1.692 4	2.034 5	2.444 8	2.733 3
34	0.681 8	1.307 0	1.690 9	2.032 2	2.441 1	2.728 4
35	0.681 6	1.306 2	1.689 6	2.030 1	2.437 7	2.723 8
36	0.681 4	1.305 5	1.688 3	2.028 1	2.434 5	2.719 5
37	0.681 2	1.304 9	1.687 1	2.026 2	2.431 4	2.715 4

续表三

n	$\alpha=0.25$	$\alpha=0.10$	$\alpha=0.05$	$\alpha=0.025$	$\alpha=0.01$	$\alpha=0.005$
38	0. 681 0	1. 304 2	1. 686 0	2. 024 4	2. 428 6	2. 711 6
39	0. 680 8	1. 303 6	1. 684 9	2. 022 7	2. 425 8	2. 707 9
40	0. 680 7	1. 303 1	1. 683 9	2. 021 1	2. 423 3	2. 704 5
41	0. 680 5	1. 302 5	1. 682 9	2. 019 5	2. 420 8	2. 701 2
42	1. 680 4	1. 302 0	1. 682 0	2. 018 1	2. 418 5	2. 698 1
43	1. 680 2	1. 301 6	1. 681 1	2. 016 7	2. 416 3	2. 695 1
44	1. 680 1	1. 301 1	1. 680 2	2. 015 4	2. 414 1	2. 692 3
45	0. 680 0	1. 300 6	1. 679 4	2. 014 1	2. 412 1	2. 689 6

附录 5 χ^2 分布表

$$P\{\chi^2(n) > \chi^2_\alpha(n)\} = \alpha$$

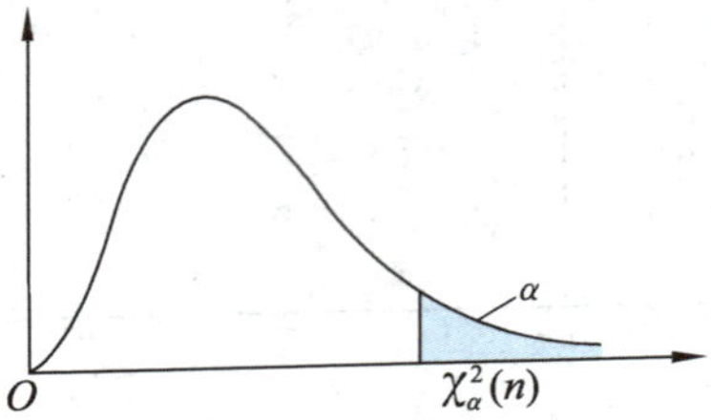

n	$\alpha=0.995$	$\alpha=0.99$	$\alpha=0.975$	$\alpha=0.95$	$\alpha=0.90$	$\alpha=0.75$
1	—	—	0.001	0.004	0.016	0.102
2	0.010	0.020	0.051	0.103	0.211	0.575
3	0.072	0.115	0.216	0.352	0.584	1.213
4	0.207	0.297	0.484	0.711	1.064	1.923

续表一

n	$\alpha=0.995$	$\alpha=0.99$	$\alpha=0.975$	$\alpha=0.95$	$\alpha=0.90$	$\alpha=0.75$
5	0.412	0.554	0.831	1.145	1.610	2.675
6	0.676	0.872	1.237	1.635	2.204	3.455
7	0.989	1.239	1.690	2.167	2.833	4.255
8	1.344	1.646	2.180	2.733	3.490	5.071
9	1.735	2.088	2.700	3.325	4.168	5.899
10	2.156	2.558	3.247	3.940	4.865	6.737
11	2.603	3.053	3.816	4.575	5.578	7.584
12	3.074	3.571	4.404	5.226	6.304	8.438
13	3.565	4.107	5.009	5.892	7.042	9.299
14	4.075	4.660	5.629	6.571	7.790	10.165
15	4.601	5.229	6.262	7.261	8.547	11.037
16	5.142	5.812	6.908	7.962	9.312	11.912
17	5.697	6.408	7.564	8.672	10.085	12.792
18	6.265	7.015	8.231	9.390	10.865	13.675
19	6.844	7.633	8.907	10.117	11.651	14.562
20	7.434	8.260	9.591	10.851	12.443	15.452

续表二

n	$\alpha=0.995$	$\alpha=0.99$	$\alpha=0.975$	$\alpha=0.95$	$\alpha=0.90$	$\alpha=0.75$
21	8.034	8.897	10.283	11.591	13.240	16.344
22	8.643	9.542	10.982	12.338	14.042	17.240
23	9.260	10.196	11.689	13.091	14.848	18.137
24	9.886	10.856	12.401	13.848	15.659	19.037
25	10.520	11.524	13.120	14.611	16.473	19.939
26	11.160	12.198	13.844	15.379	17.292	20.843
27	11.808	12.879	14.573	16.151	18.114	21.749
28	12.461	13.565	15.308	16.928	18.939	22.657
29	13.121	14.257	16.047	17.708	19.768	23.567
30	13.787	14.954	16.791	18.493	20.599	24.478
31	14.458	15.655	17.539	19.281	21.434	25.390
32	15.134	16.362	18.291	20.072	22.271	26.304
33	15.815	17.074	19.047	20.867	23.110	27.219
34	16.501	17.789	19.806	21.664	23.952	28.136
35	17.192	18.509	20.569	22.465	24.797	29.054
36	17.887	19.233	21.336	23.269	25.643	29.973

续表三

n	$\alpha=0.995$	$\alpha=0.99$	$\alpha=0.975$	$\alpha=0.95$	$\alpha=0.90$	$\alpha=0.75$
37	18.586	19.960	22.106	24.075	26.492	30.893
38	19.289	20.691	22.878	24.884	27.343	31.815
39	19.996	21.426	23.654	25.695	28.196	32.737
40	20.707	22.164	24.433	26.509	29.051	33.660
41	21.421	22.906	25.215	27.326	29.907	34.585
42	22.138	23.650	25.999	28.144	30.765	35.510
43	22.859	24.398	26.785	28.965	31.625	36.436
44	23.584	25.148	27.575	29.787	32.487	37.363
45	24.311	25.901	28.366	30.612	33.350	38.291
n	$\alpha=0.25$	$\alpha=0.10$	$\alpha=0.05$	$\alpha=0.025$	$\alpha=0.01$	$\alpha=0.005$
1	1.323	2.706	3.841	5.024	6.635	7.879
2	2.773	4.605	5.991	7.378	9.210	10.597
3	4.108	6.251	7.815	9.348	11.345	12.838
4	5.385	7.779	9.488	11.143	13.277	14.860
5	6.626	9.236	11.071	12.833	15.086	16.750
6	7.841	10.645	12.592	14.449	16.812	18.548

续表四

n	$\alpha=0.25$	$\alpha=0.10$	$\alpha=0.05$	$\alpha=0.025$	$\alpha=0.01$	$\alpha=0.005$
7	9.037	12.017	14.067	16.013	18.475	20.278
8	10.219	13.362	15.507	17.535	20.090	21.955
9	11.389	14.684	16.919	19.023	21.666	23.589
10	12.549	15.987	18.307	20.483	23.209	25.188
11	13.701	17.275	19.675	21.920	24.725	26.757
12	14.845	18.549	21.026	23.337	26.217	28.299
13	15.984	19.812	22.362	24.736	27.688	29.819
14	17.117	21.064	23.685	26.119	29.141	31.319
15	18.245	22.307	24.996	27.488	30.578	32.801
16	19.369	23.542	26.296	28.845	32.000	34.267
17	21.489	24.769	27.587	30.191	33.409	35.718
18	21.605	25.989	28.869	31.526	34.805	37.156
19	22.718	27.204	30.144	32.852	36.191	38.582
20	23.828	28.412	31.410	34.170	37.566	39.997
21	24.935	29.615	32.671	35.479	38.932	41.401
22	26.039	30.813	33.924	36.781	40.289	42.796

续表五

n	$\alpha=0.25$	$\alpha=0.10$	$\alpha=0.05$	$\alpha=0.025$	$\alpha=0.01$	$\alpha=0.005$
23	27.141	32.007	35.172	38.076	41.638	44.181
24	28.241	33.196	36.415	39.364	42.980	45.559
25	29.339	34.382	37.652	40.646	44.314	46.928
26	30.435	35.563	38.885	41.923	45.642	48.290
27	31.528	36.741	40.113	43.194	46.963	49.645
28	32.620	37.916	41.337	44.461	48.273	50.993
29	33.711	39.087	42.557	45.722	49.588	52.336
30	34.800	40.256	43.773	46.979	50.892	53.672
31	35.887	41.422	44.985	48.232	52.191	55.003
32	36.973	42.585	46.194	49.480	53.486	56.328
33	38.058	43.745	47.400	50.725	54.776	57.648
34	39.141	44.903	48.602	51.966	56.061	58.964
35	40.223	46.059	49.802	53.203	57.342	60.275
36	41.304	47.212	50.998	54.437	58.619	61.581
37	42.383	48.363	52.192	55.668	59.892	62.883
38	43.462	49.513	53.384	56.896	61.162	64.181

续表六

n	$\alpha=0.25$	$\alpha=0.10$	$\alpha=0.05$	$\alpha=0.025$	$\alpha=0.01$	$\alpha=0.005$
39	44.539	50.660	54.572	58.120	62.428	65.476
40	45.616	51.805	55.758	59.342	63.691	66.766
41	46.692	52.949	56.942	60.561	64.950	68.053
42	47.766	54.090	58.124	61.777	66.206	69.336
43	48.840	55.230	59.304	62.990	67.459	70.616
44	49.913	56.369	60.481	64.201	68.710	71.393
45	50.985	57.505	61.656	65.410	69.957	73.166

附录 6 F 分布表

$$P\{F(n_1,n_2) > F_\alpha(n_1,n_2)\} = \alpha$$

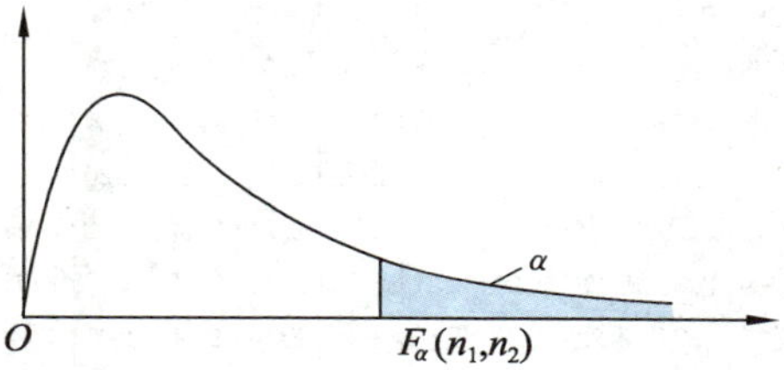

$\alpha = 0.10$

n_2 \ n_1	1	2	3	4	5	6	7	8	9	10	12	15	20	24	30	40	60	120	∞
1	39.86	49.50	53.59	55.83	57.24	58.20	58.91	59.44	59.86	60.19	60.71	61.22	61.74	62.00	62.26	62.53	62.79	63.06	63.33
2	8.53	9.00	9.16	9.24	9.29	9.33	9.35	9.37	9.38	9.39	9.41	9.42	9.44	9.45	9.46	9.47	9.47	9.48	9.49
3	5.54	5.46	5.39	5.34	5.31	5.28	5.27	5.25	5.24	5.23	5.22	5.20	5.18	5.18	5.17	5.16	5.15	5.14	5.13
4	4.54	4.32	4.19	4.11	4.05	4.01	3.98	3.95	3.94	3.92	3.90	3.87	3.84	3.83	3.82	3.80	3.79	3.78	3.76

续表一

n_2 \ n_1	1	2	3	4	5	6	7	8	9	10	12	15	20	24	30	40	60	120	∞
5	4.06	3.78	3.62	3.52	3.45	3.40	3.37	3.34	3.32	3.30	3.27	3.24	3.21	3.19	3.17	3.16	3.14	3.12	3.10
6	3.78	3.46	3.29	3.18	3.11	3.05	3.01	2.98	2.96	2.94	2.90	2.87	2.84	2.82	2.80	2.78	2.76	2.74	2.72
7	3.59	3.26	3.07	2.96	2.88	2.83	2.78	2.75	2.72	2.70	2.67	2.63	2.59	2.58	2.56	2.54	2.51	2.49	2.47
8	3.46	3.11	2.92	2.81	2.73	2.67	2.62	2.59	2.56	2.54	2.50	2.46	2.42	2.40	2.38	2.36	2.34	2.32	2.29
9	3.36	3.01	2.81	2.69	2.61	2.55	2.51	2.47	2.44	2.42	2.38	2.34	2.30	2.28	2.25	2.23	2.21	2.18	2.16
10	3.29	2.92	2.73	2.61	2.52	2.46	2.41	2.38	2.35	2.32	2.28	2.24	2.20	2.18	2.16	2.13	2.11	2.08	2.06
11	3.23	2.86	2.66	2.54	2.45	2.39	2.34	2.30	2.27	2.25	2.21	2.17	2.12	2.10	2.08	2.05	2.03	2.00	1.97
12	3.18	2.81	2.61	2.48	2.39	2.33	2.28	2.24	2.21	2.19	2.15	2.10	2.06	2.04	2.01	1.99	1.96	1.93	1.90
13	3.14	2.76	2.56	2.43	2.35	2.28	2.23	2.20	2.16	2.14	2.10	2.05	2.01	1.98	1.96	1.93	1.90	1.88	1.85
14	3.10	2.73	2.52	2.39	2.31	2.24	2.19	2.15	2.12	2.10	2.05	2.01	1.96	1.94	1.91	1.89	1.86	1.83	1.80
15	3.07	2.70	2.49	2.36	2.27	2.21	2.16	2.12	2.09	2.06	2.02	1.97	1.92	1.90	1.87	1.85	1.82	1.79	1.76
16	3.05	2.67	2.46	2.33	2.24	2.18	2.13	2.09	2.06	2.03	1.99	1.94	1.89	1.87	1.84	1.81	1.78	1.75	1.72
17	3.03	2.64	2.44	2.31	2.22	2.15	2.10	2.06	2.03	2.00	1.96	1.91	1.86	1.84	1.81	1.78	1.75	1.72	1.69
18	3.01	2.62	2.42	2.29	2.20	2.13	2.08	2.04	2.00	1.98	1.93	1.89	1.84	1.81	1.78	1.75	1.72	1.69	1.66
19	2.99	2.61	2.40	2.27	2.18	2.11	2.06	2.02	1.98	1.96	1.91	1.86	1.81	1.79	1.76	1.73	1.70	1.67	1.63
20	2.97	2.59	2.38	2.25	2.16	2.09	2.04	2.00	1.96	1.94	1.89	1.84	1.79	1.77	1.74	1.71	1.68	1.64	1.61

续表二

n_2 \ n_1	1	2	3	4	5	6	7	8	9	10	12	15	20	24	30	40	60	120	∞
21	2.96	2.57	2.36	2.23	2.14	2.08	2.02	1.98	1.95	1.92	1.87	1.83	1.78	1.75	1.72	1.69	1.66	1.62	1.59
22	2.95	2.56	2.35	2.22	2.13	2.06	2.01	1.97	1.93	1.90	1.86	1.81	1.76	1.73	1.70	1.67	1.64	1.60	1.57
23	2.94	2.55	2.34	2.21	2.11	2.05	1.99	1.95	1.92	1.89	1.84	1.80	1.74	1.72	1.69	1.66	1.62	1.59	1.55
24	2.93	2.54	2.33	2.19	2.10	2.04	1.98	1.94	1.91	1.88	1.83	1.78	1.73	1.70	1.67	1.64	1.61	1.57	1.53
25	2.92	2.53	2.32	2.18	2.09	2.02	1.97	1.93	1.89	1.87	1.82	1.77	1.72	1.69	1.66	1.63	1.59	1.56	1.52
26	2.91	2.52	2.31	2.17	2.08	2.01	1.96	1.92	1.88	1.86	1.81	1.76	1.71	1.68	1.65	1.61	1.58	1.54	1.50
27	2.90	2.51	2.30	2.17	2.07	2.00	1.95	1.91	1.87	1.85	1.80	1.75	1.70	1.67	1.64	1.60	1.57	1.53	1.49
28	2.89	2.50	2.29	2.16	2.06	2.00	1.94	1.90	1.87	1.84	1.79	1.74	1.69	1.66	1.63	1.59	1.56	1.52	1.48
29	2.89	2.50	2.28	2.15	2.06	1.99	1.93	1.89	1.86	1.83	1.78	1.73	1.68	1.65	1.62	1.58	1.55	1.51	1.47
30	2.88	2.49	2.28	2.14	2.05	1.98	1.93	1.88	1.85	1.82	1.77	1.72	1.67	1.64	1.61	1.57	1.54	1.50	1.46
40	2.84	2.44	2.23	2.09	2.00	1.93	1.87	1.83	1.79	1.76	1.71	1.66	1.61	1.57	1.54	1.51	1.47	1.42	1.38
60	2.79	2.39	2.18	2.04	1.95	1.87	1.82	1.77	1.74	1.71	1.66	1.60	1.54	1.51	1.48	1.44	1.40	1.35	1.29
120	2.75	2.35	2.13	1.99	1.90	1.82	1.77	1.72	1.68	1.65	1.60	1.55	1.48	1.45	1.41	1.37	1.32	1.26	1.19
∞	2.71	2.30	2.08	1.94	1.85	1.77	1.72	1.67	1.63	1.60	1.55	1.49	1.42	1.38	1.34	1.30	1.24	1.17	1.00

$\alpha=0.05$

续表三

n_2 \ n_1	1	2	3	4	5	6	7	8	9	10	12	15	20	24	30	40	60	120	∞
1	161. 4	199. 5	215. 7	224. 6	230. 2	234. 0	236. 8	238. 9	240. 5	241. 9	243. 9	245. 9	248. 0	249. 1	250. 1	251. 1	252. 2	253. 3	254. 3
2	18. 51	19. 00	19. 16	19. 25	19. 30	19. 33	19. 35	19. 37	19. 38	19. 40	19. 41	19. 43	19. 45	19. 45	19. 46	19. 47	19. 48	19. 49	19. 50
3	10. 13	9. 55	9. 28	9. 12	9. 01	8. 94	8. 89	8. 85	8. 81	8. 79	8. 74	8. 70	8. 66	8. 64	8. 62	8. 59	8. 57	8. 55	8. 53
4	7. 71	6. 94	6. 59	6. 39	6. 26	6. 16	6. 09	6. 04	6. 00	5. 96	5. 91	5. 86	5. 80	5. 77	5. 75	5. 72	5. 69	5. 66	5. 63
5	6. 61	5. 79	5. 41	5. 19	5. 05	4. 95	4. 88	4. 82	4. 77	4. 74	4. 68	4. 62	4. 56	4. 53	4. 50	4. 46	4. 43	4. 40	4. 36
6	5. 99	5. 14	4. 76	4. 53	4. 39	4. 28	4. 21	4. 15	4. 10	4. 06	4. 00	3. 94	3. 87	3. 84	3. 81	3. 77	3. 74	3. 70	3. 67
7	5. 59	4. 74	4. 35	4. 12	3. 97	3. 87	3. 79	3. 73	3. 68	3. 64	3. 57	3. 51	3. 44	3. 41	3. 38	3. 34	3. 30	3. 27	3. 23
8	5. 32	4. 46	4. 07	3. 84	3. 69	3. 58	3. 50	3. 44	3. 39	3. 35	3. 28	3. 22	3. 15	3. 12	3. 08	3. 04	3. 01	2. 97	2. 93
9	5. 12	4. 26	3. 86	3. 63	3. 48	3. 37	3. 29	3. 23	3. 18	3. 14	3. 07	3. 01	2. 94	2. 90	2. 86	2. 83	2. 79	2. 75	2. 71
10	4. 96	4. 10	3. 71	3. 48	3. 33	3. 22	3. 14	3. 07	3. 02	2. 98	2. 91	2. 85	2. 77	2. 74	2. 70	2. 66	2. 62	2. 58	2. 54
11	4. 84	3. 98	3. 59	3. 36	3. 20	3. 09	3. 01	2. 95	2. 90	2. 85	2. 79	2. 72	2. 65	2. 61	2. 57	2. 53	2. 49	2. 45	2. 40
12	4. 75	3. 89	3. 49	3. 26	3. 11	3. 00	2. 91	2. 85	2. 80	2. 75	2. 69	2. 62	2. 54	2. 51	2. 47	2. 43	2. 38	2. 34	2. 30
13	4. 67	3. 81	3. 41	3. 18	3. 03	2. 92	2. 83	2. 77	2. 71	2. 67	2. 60	2. 53	2. 46	2. 42	2. 38	2. 34	2. 30	2. 25	2. 21
14	4. 60	3. 74	3. 34	3. 11	2. 96	2. 85	2. 76	2. 70	2. 65	2. 60	2. 53	2. 46	2. 39	2. 35	2. 31	2. 27	2. 22	2. 18	2. 13
15	4. 54	3. 68	3. 29	3. 06	2. 90	2. 79	2. 71	2. 64	2. 59	2. 54	2. 48	2. 40	2. 33	2. 29	2. 25	2. 20	2. 16	2. 11	2. 07

续表四

n_2 \ n_1	1	2	3	4	5	6	7	8	9	10	12	15	20	24	30	40	60	120	∞
16	4.49	3.63	3.24	3.01	2.85	2.74	2.66	2.59	2.54	2.49	2.42	2.35	2.28	2.24	2.19	2.15	2.11	2.06	2.01
17	4.45	3.59	3.20	2.96	2.81	2.70	2.61	2.55	2.49	2.45	2.38	2.31	2.23	2.19	2.15	2.10	2.06	2.01	1.96
18	4.41	3.55	3.16	2.93	2.77	2.66	2.58	2.51	2.46	2.41	2.34	2.27	2.19	2.15	2.11	2.06	2.02	1.97	1.92
19	4.38	3.52	3.13	2.90	2.74	2.63	2.54	2.48	2.42	2.38	2.31	2.23	2.16	2.11	2.07	2.03	1.98	1.93	1.88
20	4.35	3.49	3.10	2.87	2.71	2.60	2.51	2.45	2.39	2.35	2.28	2.20	2.12	2.08	2.04	1.99	1.95	1.90	1.84
21	4.32	3.47	3.07	2.84	2.68	2.57	2.49	2.42	2.37	2.32	2.25	2.18	2.10	2.05	2.01	1.96	1.92	1.87	1.81
22	4.30	3.44	3.05	2.82	2.66	2.55	2.46	2.40	2.34	2.30	2.23	2.15	2.07	2.03	1.98	1.94	1.89	1.84	1.78
23	4.28	3.42	3.03	2.80	2.64	2.53	2.44	2.37	2.32	2.27	2.20	2.13	2.05	2.01	1.96	1.91	1.86	1.81	1.76
24	4.26	3.40	3.01	2.78	2.62	2.51	2.42	2.36	2.30	2.25	2.18	2.11	2.03	1.98	1.94	1.89	1.84	1.79	1.73
25	4.24	3.39	2.99	2.76	2.60	2.49	2.40	2.34	2.28	2.24	2.16	2.09	2.01	1.96	1.92	1.87	1.82	1.77	1.71
26	4.23	3.37	2.98	2.74	2.59	2.47	2.39	2.32	2.27	2.22	2.15	2.07	1.99	1.95	1.90	1.85	1.80	1.75	1.69
27	4.21	3.35	2.96	2.73	2.57	2.46	2.37	2.31	2.25	2.20	2.13	2.06	1.97	1.93	1.88	1.84	1.79	1.73	1.67
28	4.20	3.34	2.95	2.71	2.56	2.45	2.36	2.29	2.24	2.19	2.12	2.04	1.96	1.91	1.87	1.82	1.77	1.71	1.65
29	4.18	3.33	2.93	2.70	2.55	2.43	2.35	2.28	2.22	2.18	2.10	2.03	1.94	1.90	1.85	1.81	1.75	1.70	1.64
30	4.17	3.32	2.92	2.69	2.53	2.42	2.33	2.27	2.21	2.16	2.09	2.01	1.93	1.89	1.84	1.79	1.74	1.68	1.62
40	4.08	3.23	2.84	2.61	2.45	2.34	2.25	2.18	2.12	2.08	2.00	1.92	1.84	1.79	1.74	1.69	1.64	1.58	1.51

续表五

n_2 \ n_1	1	2	3	4	5	6	7	8	9	10	12	15	20	24	30	40	60	120	∞
60	4.00	3.15	2.76	2.53	2.37	2.25	2.17	2.10	2.04	1.99	1.92	1.84	1.75	1.70	1.65	1.59	1.53	1.47	1.39
120	3.92	3.07	2.68	2.45	2.29	2.17	2.09	2.02	1.96	1.91	1.83	1.75	1.66	1.61	1.55	1.50	1.43	1.35	1.25
∞	3.84	3.00	2.60	2.37	2.21	2.10	2.01	1.94	1.88	1.83	1.75	1.67	1.57	1.52	1.46	1.39	1.32	1.22	1.00

$\alpha = 0.025$

n_2 \ n_1	1	2	3	4	5	6	7	8	9	10	12	15	20	24	30	40	60	120	∞
1	647.8	799.5	864.2	899.6	921.8	937.1	948.2	956.7	963.3	368.6	976.7	984.9	993.1	997.2	1001	1006	1010	1014	1018
2	38.51	39.00	39.17	39.25	39.30	39.33	39.36	39.37	39.39	39.40	39.41	39.43	39.45	39.46	39.46	39.47	39.48	39.49	39.50
3	17.44	16.04	15.44	15.10	14.88	14.73	14.62	14.54	14.47	14.42	14.34	14.25	14.17	14.12	14.08	14.04	13.99	13.95	13.90
4	12.22	10.65	9.98	9.60	9.36	9.20	9.07	8.98	8.90	8.84	8.75	8.66	8.56	8.51	8.46	8.41	8.36	8.31	8.26
5	10.01	8.43	7.76	7.39	7.15	6.98	6.85	6.76	6.68	6.62	6.52	6.43	6.33	6.28	6.23	6.18	6.12	6.07	6.02
6	8.81	7.26	6.60	6.23	5.99	5.82	5.70	5.60	5.52	5.46	5.37	5.27	5.17	5.12	5.07	5.01	4.96	4.90	4.85
7	8.07	6.54	5.89	5.52	5.29	5.12	4.99	4.90	4.82	4.76	4.67	4.57	4.47	4.42	4.36	4.31	4.25	4.20	4.14
8	7.57	6.06	5.42	5.05	4.82	4.65	4.53	4.43	4.36	4.30	4.20	4.10	4.00	3.95	3.89	3.84	3.78	3.73	3.67
9	7.21	5.71	5.08	4.72	4.48	4.23	4.20	4.10	4.03	3.96	3.87	3.77	3.67	3.61	3.56	3.51	3.45	3.39	3.33
10	6.94	5.46	4.83	4.47	4.24	4.07	3.95	3.85	3.78	3.72	3.62	3.52	3.42	3.37	3.31	3.26	3.20	3.14	3.08

续表六

n_2 \ n_1	1	2	3	4	5	6	7	8	9	10	12	15	20	24	30	40	60	120	∞
11	6.72	5.26	4.63	4.28	4.04	3.88	3.76	3.66	3.59	3.53	3.43	3.33	3.23	3.17	3.12	3.06	3.00	2.94	2.88
12	6.55	5.10	4.47	4.12	3.89	3.73	3.61	3.51	3.44	3.37	3.28	3.18	3.07	3.02	2.96	2.91	2.85	2.79	2.72
13	6.41	4.97	4.35	4.00	3.77	3.60	3.48	3.39	3.31	3.25	3.15	3.05	2.95	2.89	2.84	2.78	2.72	2.66	2.60
14	6.30	4.86	4.24	3.89	3.66	3.50	3.38	3.29	3.21	3.15	3.05	2.95	2.84	2.79	2.73	2.67	2.61	2.55	2.49
15	6.20	4.77	4.15	3.80	3.58	3.41	3.29	3.20	3.12	3.06	2.96	2.86	2.76	2.70	2.64	2.59	2.52	2.46	2.40
16	6.12	4.69	4.08	3.73	3.50	3.34	3.22	3.12	3.05	2.99	2.89	2.79	2.68	2.63	2.57	2.51	2.45	2.38	2.32
17	6.04	4.62	4.01	3.66	3.44	3.28	3.16	3.06	2.98	2.92	2.82	2.72	2.62	2.56	2.50	2.44	2.38	2.32	2.25
18	5.98	4.56	3.95	3.61	3.38	3.22	3.10	3.01	2.93	2.87	2.77	2.67	2.56	2.50	2.44	2.38	2.32	2.26	2.19
19	5.92	4.51	3.90	3.56	3.33	3.17	3.05	2.96	2.88	2.82	2.72	2.62	2.51	2.45	2.39	2.33	2.27	2.20	2.13
20	5.87	4.46	3.86	3.51	3.29	3.13	3.01	2.91	2.84	2.77	2.68	2.57	2.46	2.41	2.35	2.29	2.22	2.16	2.09
21	5.83	4.42	3.82	3.48	3.25	3.09	2.97	2.87	2.80	2.73	2.64	2.53	2.42	2.37	2.31	2.25	2.18	2.11	2.04
22	5.79	4.38	3.78	3.44	3.22	3.05	2.93	2.84	2.76	2.70	2.60	2.50	2.39	2.33	2.27	2.21	2.14	2.08	2.00
23	5.75	4.35	3.75	3.41	3.18	3.02	2.90	2.81	2.73	2.67	2.57	2.47	2.36	2.30	2.24	2.18	2.11	2.04	1.97
24	5.72	4.32	3.72	3.38	3.15	2.99	2.87	2.78	2.70	2.64	2.54	2.44	2.33	2.27	2.21	2.15	2.08	2.01	1.94
25	5.69	4.29	3.60	3.35	3.13	2.97	2.85	2.75	2.68	2.61	2.51	2.41	2.30	2.24	2.18	2.12	2.05	1.98	1.91
26	5.66	4.27	3.67	3.33	3.10	2.94	2.82	2.73	2.65	2.59	2.49	2.39	2.28	2.22	2.16	2.09	2.03	1.95	1.88

续表七

n_2 \ n_1	1	2	3	4	5	6	7	8	9	10	12	15	20	24	30	40	60	120	∞
27	5.63	4.24	3.65	3.31	3.08	2.92	2.80	2.71	2.63	2.57	2.47	2.36	2.25	2.19	2.13	2.07	2.00	1.93	1.85
28	5.61	4.33	3.63	3.29	3.06	2.90	2.78	2.69	2.61	2.55	2.45	2.34	2.23	2.17	2.11	2.05	1.98	1.91	1.83
29	5.59	4.20	3.61	3.27	3.04	2.88	2.76	2.67	2.59	2.53	2.43	2.32	2.21	2.15	2.09	2.03	1.96	1.89	1.18
30	5.57	4.18	3.59	3.25	3.03	2.87	2.75	2.65	2.57	2.51	2.41	2.31	2.20	2.14	2.07	2.01	1.94	1.87	1.79
40	5.42	4.05	3.46	3.13	2.90	2.74	2.62	2.53	2.45	2.39	2.29	2.18	2.07	2.01	1.94	1.88	1.80	1.72	1.64
60	5.29	3.93	3.34	3.01	2.79	2.63	2.51	2.41	2.33	2.27	2.17	2.06	1.94	1.88	1.82	2.74	1.64	1.58	1.48
120	5.15	3.80	3.23	2.89	2.67	2.52	2.39	2.30	2.22	2.16	2.05	1.94	1.82	1.76	1.69	1.61	2.53	1.43	1.31
∞	5.02	3.69	3.12	2.79	2.57	2.41	2.29	2.19	2.11	2.05	1.94	1.83	1.71	1.64	1.57	1.48	1.39	1.27	1.00

$\alpha = 0.01$

n_2 \ n_1	1	2	3	4	5	6	7	8	9	10	12	15	20	24	30	40	60	120	∞
1	4 052	4 999.5	5 403	5 625	5 764	5 859	5 928	5 982	6 022	6 056	6 106	6 157	6 209	6 235	6 261	6 287	6 313	6 339	6 366
2	98.50	99.00	99.17	99.25	99.30	99.33	99.36	99.37	99.39	99.40	99.42	99.43	99.45	99.46	99.47	99.47	99.48	99.49	99.50
3	34.12	30.82	29.46	28.71	28.24	27.91	27.67	27.49	27.35	27.23	27.05	26.87	26.69	26.60	26.50	26.41	26.32	26.22	26.13
4	21.20	18.00	16.69	15.98	15.52	15.21	14.98	14.80	14.66	14.55	14.37	14.20	14.02	13.93	13.84	13.75	13.65	13.56	13.46
5	16.26	13.27	12.06	11.39	10.97	10.67	10.46	10.29	10.16	10.05	9.89	9.72	9.55	9.47	9.38	9.29	9.20	9.11	9.02

续表八

n_2 \ n_1	1	2	3	4	5	6	7	8	9	10	12	15	20	24	30	40	60	120	∞
6	13.75	10.92	9.78	9.15	8.75	8.47	8.26	8.10	7.98	7.87	7.72	7.56	7.40	7.31	7.23	7.14	7.06	6.97	6.88
7	12.25	9.55	8.45	7.85	7.46	7.19	6.99	6.84	6.72	6.62	6.47	6.31	6.16	6.07	5.99	5.91	5.82	5.74	5.65
8	11.26	8.65	7.59	7.01	6.63	6.37	6.18	6.03	5.91	5.81	5.67	5.52	5.36	5.28	5.20	5.12	5.03	4.95	4.86
9	10.56	8.02	6.99	6.42	6.06	5.80	5.61	5.47	5.35	5.26	5.11	4.96	4.81	4.73	4.65	4.57	4.48	4.40	4.31
10	10.04	7.56	6.55	5.99	5.64	5.39	5.20	5.06	4.94	4.85	4.71	4.56	4.41	4.33	4.25	4.17	4.08	4.00	3.91
11	9.65	7.21	6.22	5.67	5.32	5.07	4.89	4.74	4.63	4.54	4.40	4.25	4.10	4.02	3.94	3.86	3.78	3.69	3.60
12	9.33	6.93	5.95	5.41	5.06	4.82	4.64	4.50	4.39	4.30	4.16	4.01	3.86	3.78	3.70	3.62	3.54	3.45	3.36
13	9.07	6.70	5.74	5.21	4.86	4.62	4.44	4.30	4.19	4.10	3.96	3.82	3.66	3.59	3.51	3.43	3.34	3.25	3.17
14	8.86	6.51	5.56	5.04	4.69	4.46	4.28	4.14	4.03	3.94	3.80	3.66	3.51	3.43	3.35	3.27	3.18	3.09	3.00
15	8.68	6.36	5.42	4.89	4.56	4.32	4.14	4.00	3.89	3.80	3.67	3.52	3.37	3.29	3.21	3.13	3.05	2.96	2.87
16	8.53	6.23	5.29	4.77	4.44	4.20	4.03	3.89	3.78	3.69	3.55	3.41	3.26	3.18	3.10	3.02	2.93	2.84	2.75
17	8.40	6.11	5.18	4.67	4.34	4.10	3.93	3.79	3.68	3.59	3.46	3.31	3.16	3.08	3.00	2.92	2.83	2.75	2.65
18	8.29	6.01	5.09	4.58	4.25	4.01	3.84	3.71	3.60	3.51	3.37	3.23	3.08	3.00	2.92	2.84	2.75	2.66	2.57
19	8.18	5.93	5.01	4.50	4.17	3.94	3.77	3.63	3.52	3.43	3.30	3.15	3.00	2.92	2.84	2.76	2.67	2.58	2.49
20	8.10	5.85	4.94	4.43	4.10	3.87	3.70	3.56	3.46	3.37	3.23	3.09	2.94	2.86	2.78	2.69	2.61	2.52	2.42
21	8.02	5.78	4.87	4.37	4.04	3.81	3.64	3.51	3.40	3.31	3.17	3.03	2.88	2.80	2.72	2.64	2.55	2.46	2.36

续表九

n_2 \ n_1	1	2	3	4	5	6	7	8	9	10	12	15	20	24	30	40	60	120	∞
22	7.95	5.72	4.82	4.31	3.99	3.76	3.59	3.45	3.35	3.26	3.12	2.98	2.83	2.75	2.67	2.58	2.50	2.40	2.31
23	7.88	5.66	4.76	4.26	3.94	3.71	3.54	3.41	3.30	3.21	3.07	2.93	2.78	2.70	2.62	2.54	2.45	2.35	2.26
24	7.82	5.61	4.72	4.22	3.90	3.67	3.50	3.36	3.26	3.17	3.03	2.89	2.74	2.66	2.58	2.49	2.40	2.31	2.21
25	7.77	5.57	4.68	4.18	3.85	3.63	3.46	3.32	3.22	3.13	2.99	2.85	2.70	2.62	2.54	2.45	2.36	2.27	2.17
26	7.72	5.53	4.64	4.14	3.82	3.59	3.42	3.29	3.18	3.09	2.96	2.81	2.66	2.58	2.50	2.42	2.33	2.23	2.13
27	7.68	5.49	4.60	4.11	3.78	3.56	3.39	3.26	3.15	3.06	2.93	2.78	2.63	2.55	2.47	2.38	2.29	2.20	2.10
28	7.64	5.45	4.57	4.07	3.75	3.53	3.36	3.23	3.12	3.03	2.90	2.75	2.60	2.52	2.44	2.35	2.26	2.17	2.06
29	7.60	5.42	4.54	4.04	3.73	3.50	3.33	3.20	3.09	3.00	2.87	2.73	2.57	2.49	2.41	2.33	2.23	2.14	2.03
30	7.56	5.39	4.51	4.02	3.70	3.47	3.30	3.17	3.07	2.98	2.84	2.70	2.55	2.47	2.39	2.30	2.21	2.11	2.01
40	7.31	5.18	4.31	3.83	3.51	3.29	3.12	2.99	2.89	2.80	2.66	2.52	2.37	2.29	2.20	2.11	2.02	1.92	1.80
60	7.08	4.98	4.13	3.65	3.34	3.12	2.95	2.82	2.72	2.63	2.50	2.35	2.20	2.12	2.03	1.94	1.84	1.73	1.60
120	6.85	4.79	3.95	3.48	3.17	2.96	2.79	2.66	2.56	2.47	2.34	2.19	2.03	1.95	1.86	1.76	1.66	1.53	1.38
∞	6.63	4.61	3.78	3.32	3.02	2.80	2.64	2.51	2.41	2.32	2.18	2.04	1.88	1.79	1.70	1.59	1.47	1.32	1.00